江苏常见水生生物图谱丛书

浮游植物

（2020—2023 年）

张 咏 单 阳 许 浩◎编著

河海大学出版社
HOHAI UNIVERSITY PRESS
·南京·

图书在版编目(C I P)数据

浮游植物 ：2020—2023 年 / 张咏，单阳，许浩编著.
南京 ：河海大学出版社，2024. 9. --(江苏常见水生
生物图谱丛书 / 张咏主编). -- ISBN 978-7-5630-9241-
3

Ⅰ. Q948.8 -- 64

中国国家版本馆 CIP 数据核字第 2024CD4488 号

书　　名 浮游植物(2020—2023 年)
FUYOU ZHIWU (2020—2023 NIAN)
书　　号 ISBN 978-7-5630-9241-3
责任编辑 杜文渊
文字编辑 朱志航
特约校对 李浪　杜彩平
封面设计 徐娟娟
出版发行 河海大学出版社
地　　址 南京市西康路 1 号(邮编:210098)
电　　话 (025)83737852(总编室)
(025)83722833(营销部)
(025)83787763(编辑室)
经　　销 江苏省新华发行集团有限公司
排　　版 南京布克文化发展有限公司
印　　刷 广东虎彩云印刷有限公司
开　　本 787 毫米×1092 毫米　1/16
印　　张 13.5
字　　数 285 千字
版　　次 2024 年 9 月第 1 版
印　　次 2024 年 9 月第 1 次印刷
定　　价 198.00 元

江苏常见水生生物图谱丛书

《浮游植物（2020—2023年）》

编委会

丛书编著者

主　　编：张　咏

副 主 编：单　阳　蔡　琨

编　　者：范清华　王晨波　吕学研　卜亚谦　邵旭东　杨雅楠　李婧慧　范　帆　马士胜　尤佳艺　毛成责　朱　晨　母亚雯　任诗超　沈　云　沈佳敏　管　会　张婷婷

本书编著者

主　　编：张　咏　单　阳　许　浩

副 主 编：蔡　琨　管　会　邵旭东

编　　者：范清华　吕学研　卜亚谦　王　越　张婷婷　范　帆　张宗祥　杨　鑫　杨雅楠

Contents 目录

1 蓝藻门（Cyanophyta）

1.1 蓝藻纲(Cyanophyceae)

1.1.1 色球藻目(Chroococcales)

平裂藻科(Merismopediaceae)

植物体为不规则扁平的(由单层细胞组成的、管状的)或圆球形胶群体，胶质多数无色、无结构，但有时在圆球形群体中有特殊的中央位的柄状系统发育；圆形细胞有时或常常具简单的薄的个体胶被；细胞呈杆状、卵形、倒卵形或圆球形；以双分式进行细胞分裂，常常具2个相互垂直的分裂面，子细胞在达到原来细胞的形态和大小前进行下一次分裂；罕见单细胞；非常罕见产生微孢子。

束球藻属 *Gomphosphaeria* Kütz 1836

植物体为群体，呈球形或不规则，常由小群体组成，有时具不明显的、水合性的胶被，自由漂浮；中央具辐射状的胶柄系统，有时在群体中部与群体胶被融合，柄宽度常比细胞窄，细胞位于柄的末端，具窄的个体胶被，细胞棒状、倒卵形或长形，细胞分裂后平行排列，形成特征性的心形形态；单个细胞或常两个细胞彼此分离约一定距离，并呈心形联合；有时彼此略呈放射状排列；细胞在群体表面为互相垂直的两个面连续分裂。

束球藻属

Gomphosphaeria sp.

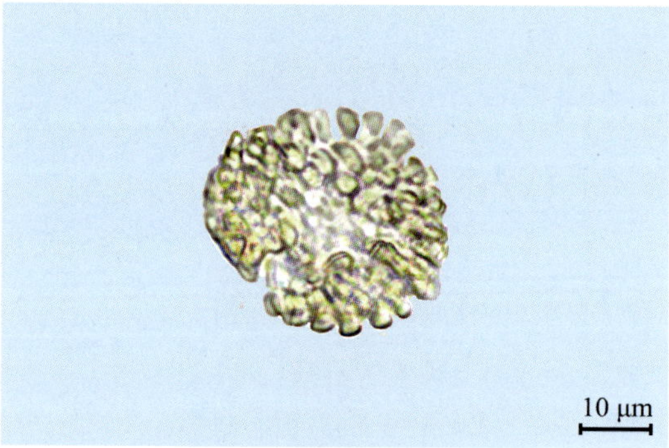

常州市长荡湖-9月

形态特征:植物体为群体,呈球形或不规则,常由小群体组成,有时具不明显的、水合性的胶被,自由漂浮;中央具辐射状的胶柄系统,有时在群体中部与群体胶被融合,柄宽度常比细胞窄,细胞位于柄的末端,具窄的个体胶被,细胞呈棒状、倒卵形或长形,细胞分裂后平行排列,形成特征性的心形形态;单个细胞或常两个细胞彼此分离约一定距离,并呈心形联合;有时彼此略呈放射状排列;细胞在群体表面为互相垂直的两个连续分裂。

生态分布:此种世界广布种。

平裂藻属 *Merismopedia* Meyen 1893

植物体小型、浮游,为一层细胞厚的平板状群体,群体呈长方形或方形。细胞呈椭圆形或球形,内含物均匀,少数具假空泡或微小颗粒;群体中细胞排列整齐,通常两个细胞为一对,两对为一组,四个小组为一群,许多小群集合成大群体,群体中的细胞数目不定,小群体细胞多为32～64个,大群体细胞多可达数百个以至数千个;细胞亮绿色、浅蓝绿色,少数玫瑰红色至蓝紫色;原生质体均匀;细胞有两个互相垂直的分裂面。

细小平裂藻

Merismopedia minima G. Beck, 1897; 朱浩然: 中国淡水藻志, 第二卷, 79页, 图版XXXI: 8, 1991.

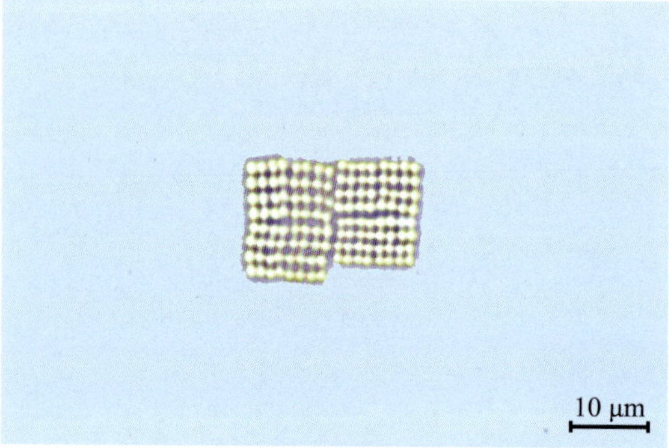

阳澄湖-11月

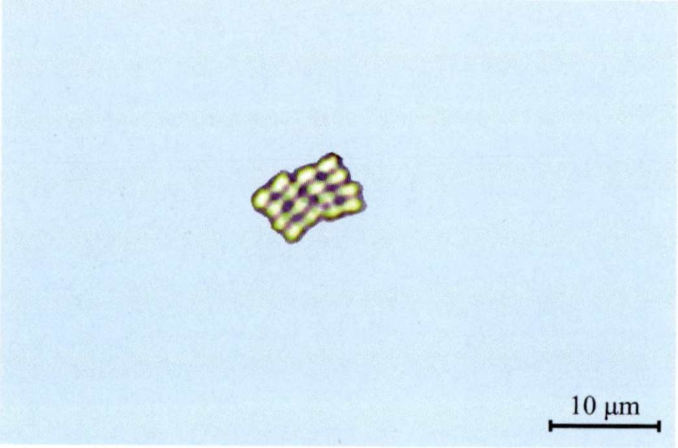

常州市滆湖-8月

形态特征:植物体为群体,由 4 至多个细胞组成;细胞小,互相密贴,呈半球形、球形,直径 0.8~1.2 μm,高 1.5~1.8 μm;原生质体均匀,蓝绿色。

生态分布:此种生长于湖泊及各种静止水体中,为浮游藻类,数量少。在潮湿的和水流经过的岩石上也有生存。

点形平裂藻

Merismopedia punctata Meyen., 1839; Chu, p. 92, pl. XXX, Fig. 100, 1950.

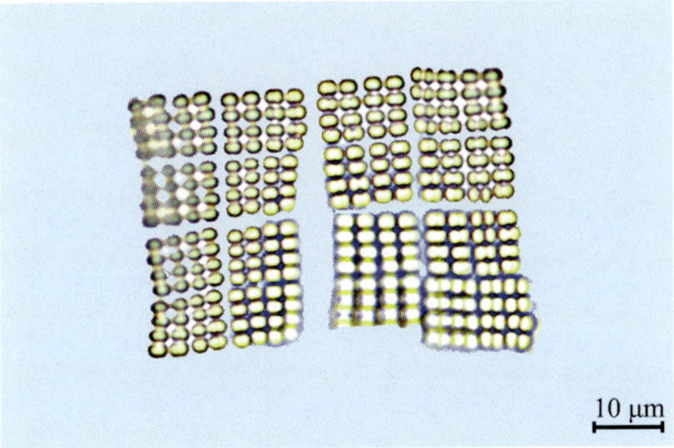

长江泰州段-1 月

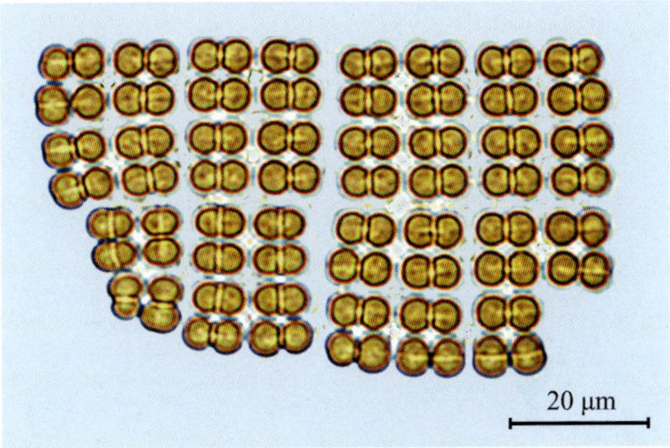

洪泽湖-7 月(鲁哥氏液固定)

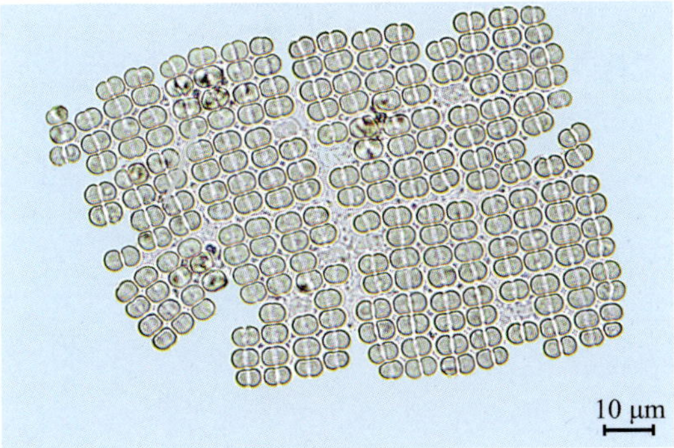

长江南京段-11 月

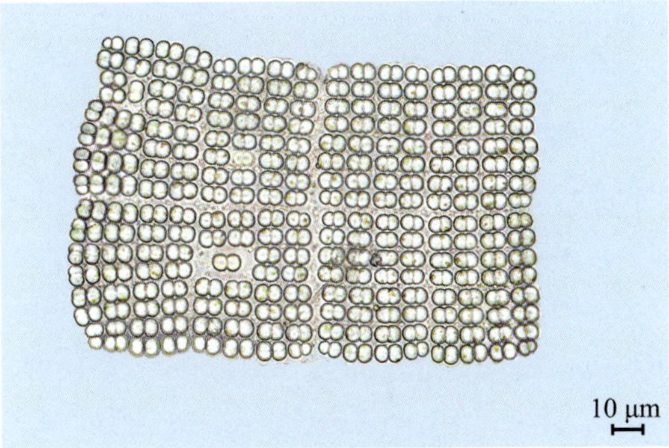

南京市运粮河-11 月

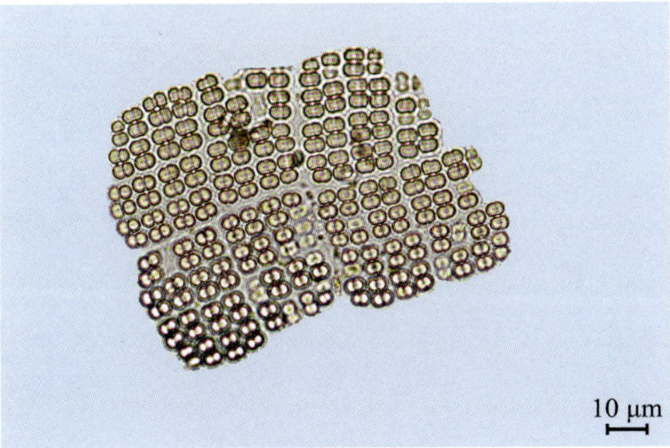

长江南京段-8 月

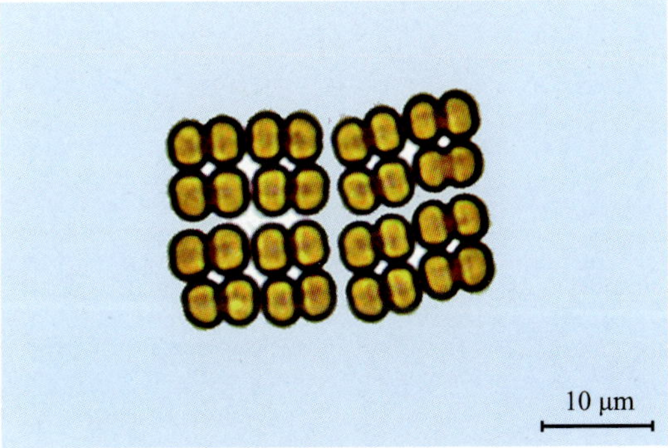

南京市运粮河-12 月(鲁哥氏液固定)

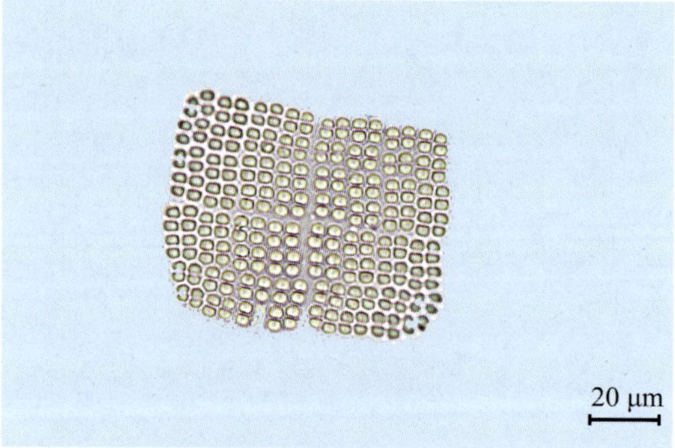

常州市沙河水库-10 月

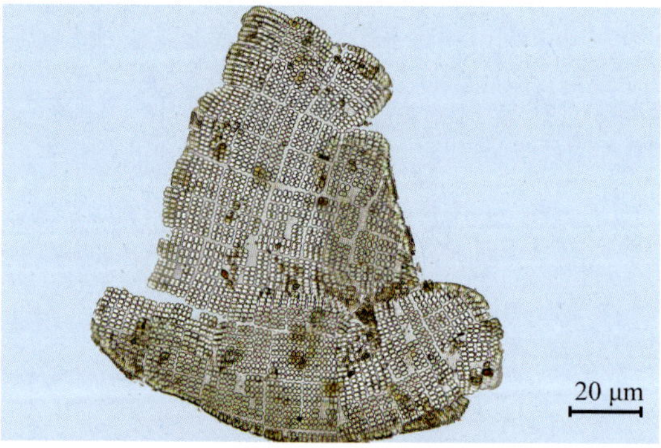

南京市琵琶湖-11 月

形态特征：植物体为群体，微小，一般由 8 或 16 或 32 或 64 个细胞组成；群体中的细胞稀松或密贴，但都排列成十分整齐的行列；细胞呈半球形、宽卵形或球形，直径为 2.3～3.5 μm；原生质体均匀，蓝绿色或淡蓝绿色。

生态分布：此种生长于湖泊及各种静止水体中，为浮游藻类，数量少。在潮湿的和水流经过的岩石上也有生存。

微小平裂藻

Merismopedia tenuissima Lemm., 1889; Chu, p. 94, pl. XXX, Fig. 105, 1950.

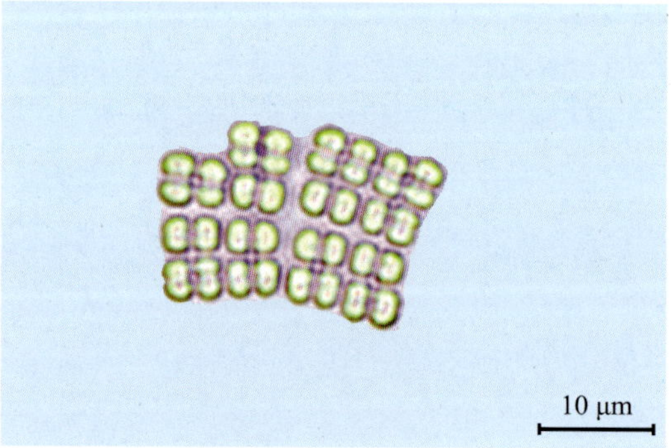

南京市玄武湖-9 月

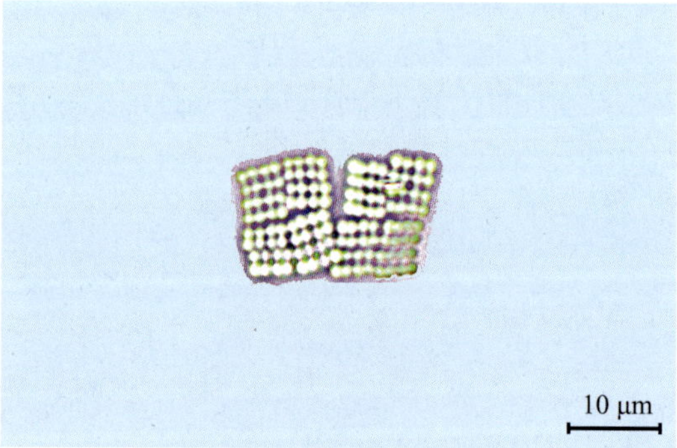

南京市运粮河-9 月

形态特征：植物体群体，微小，呈正方形，由 16 或 32 或 64 或 128 或更多个细胞组成，群体中的细胞常 4 个组成一组，群体胶被薄；细胞呈半球形、球形，外具较明显或完全溶化的胶被；细胞直径 1.3～2.5 μm；原生质体均匀，蓝绿色。

生态分布：此种生长于各种静止的淡水水体，通常混杂在其他藻类间，微盐水中也有生存。

微囊藻科(Microcystaceae)

植物体为群体，细胞在胶群体中无规则地或无三面相互垂直地排列，具或不具个体胶被。细胞圆球形，分裂后为半球形，具或不具气囊。细胞常具分层胶被。胶被呈同质的或特殊的胶质形态。

微囊藻属 *Microcystis* Kützing 1833

植物团块由许多小群体联合组成，自由漂浮于水中或附生于水中其他基物上；群体呈不规则形、椭圆形或球形，有时在群体上有穿孔，形成窗格状或网状团块；群体胶被透明、无色，少数种类具有颜色；细胞呈椭圆形或球形；群体中细胞数目极多，排列紧密而有规律；原生质体橄榄绿色、亮蓝绿色、浅蓝绿色；营漂浮生活种类的细胞中常含有气囊；非漂浮种类，细胞内原生质体大都均匀，无假空泡。

铜绿微囊藻

Microcystis aeruginosa Kützing，1845—1849；Chu，p. 83，pl. XXVIII，Fig. 91，1950.

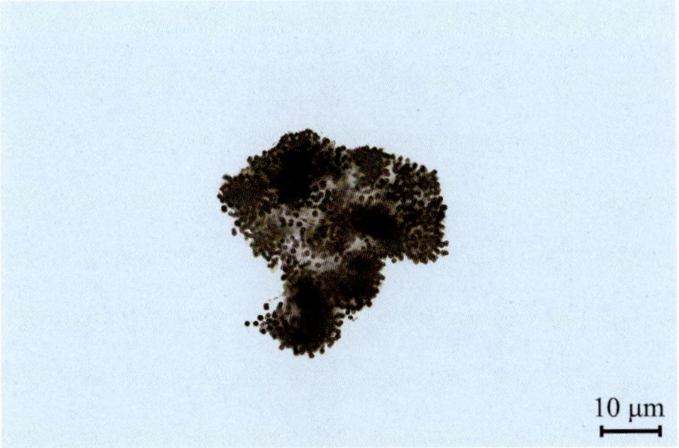

太湖-10 月

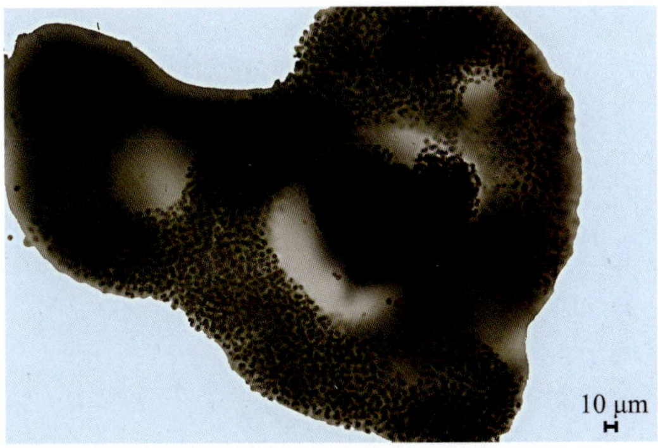

太湖-8 月

形态特征：植物团块大型，肉眼可见，污绿色或橄榄绿色，幼时呈椭圆形、球形，中实；成熟后为中空的囊状体，随着群体的不断增长，胶被的某些区域破裂或穿孔，使群体成窗格状的囊状体或不规则的裂片状的网状体；群体最后破裂成大小不一的、不规则的裂片；此裂片又可成长为一个窗格状群体；群体胶被质地均匀，无层理，透明无色，明显，但边缘部高度水化；细胞呈近球形、球形，直径 3～7 μm；群体中细胞分布均匀又密贴；原生质体呈灰绿色、蓝绿色、亮绿色或灰褐色，多数具有气囊。

生态分布：此种为浮游性藻类，生长于各种水体中。

水华微囊藻

Microcystis flos-aquae（Wittr.）Kirchner，1989；Chu，p. 82，pl. XXVII，Fig. 90，1950.

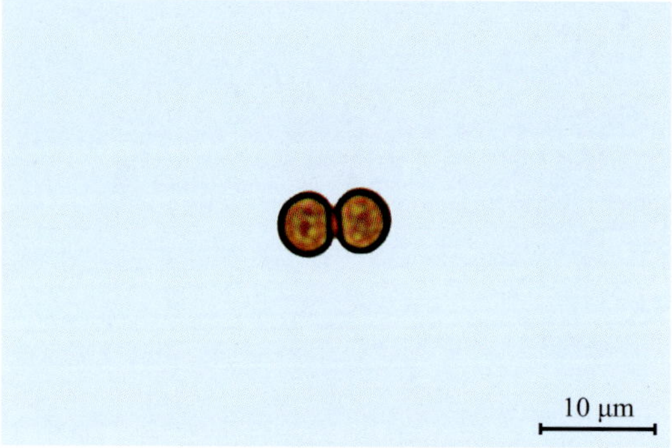

太湖-8月(鲁哥氏液固定)

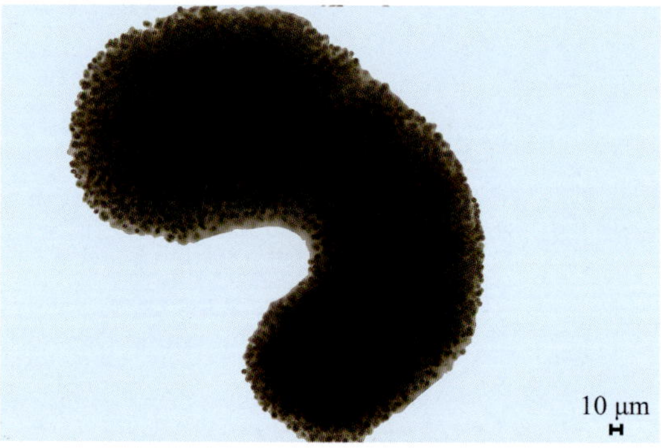

太湖-10月

形态特征:植物团块碧绿色或黑绿色,由许多群体集合而成,肉眼可见,是各种水体中常见的浮游性蓝藻类。群体呈不规则形、椭圆形或球形。成熟的群体不穿孔、不开裂。群体胶被均匀,但不十分明显。细胞球形直径为 3～7 μm,原生质体蓝绿色。有或无气囊。

生态分布:此种生长于各种水体中,生长旺盛时可形成水华。

惠氏微囊藻

Microcystis wesenbergii (Komarek) Komarek ex Komarek, 2006; 虞功亮等, 2007, p. 737. Figs. 19-23.

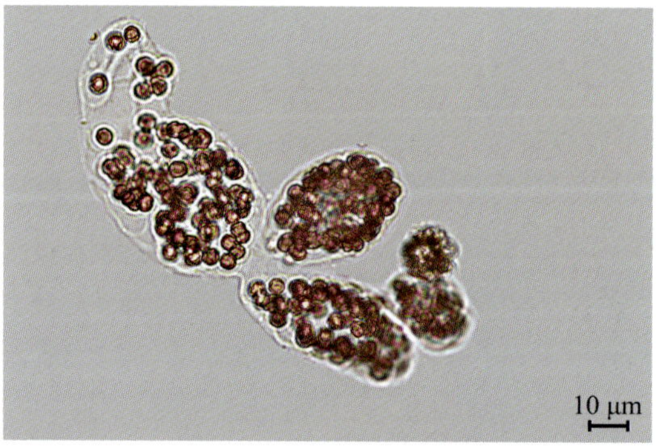

太湖-7月(鲁哥氏液固定)

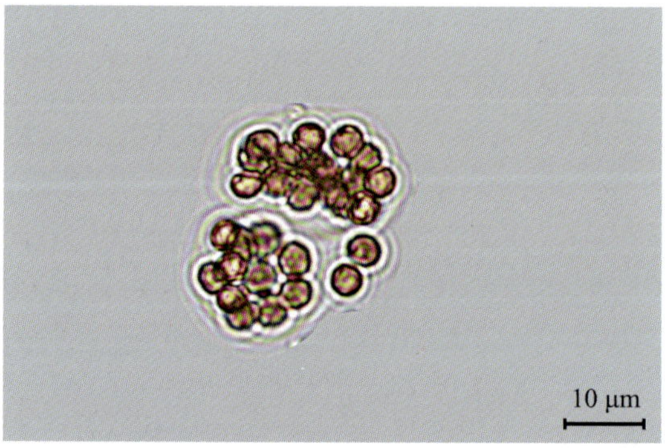

太湖-7月(鲁哥氏液固定)

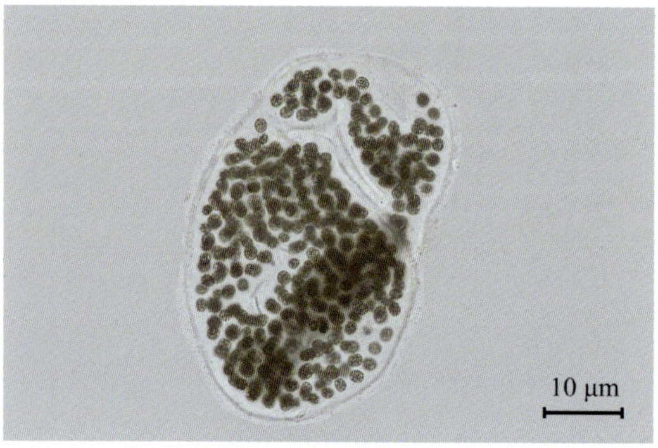

太湖-10月

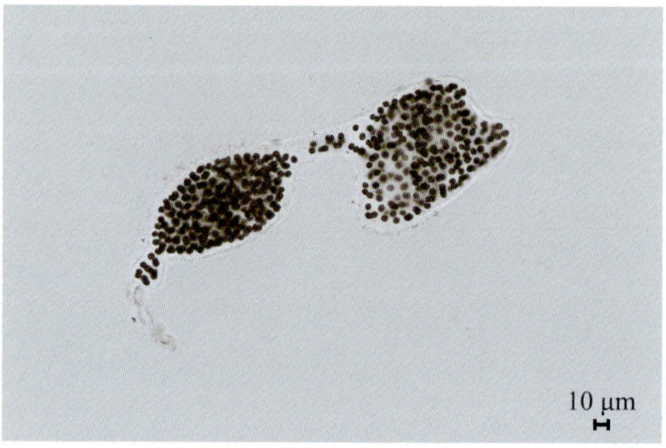

太湖-10月

形态特征：植物团块为自由漂浮，群体形态变化最多，有圆筒状、肾形、卵形、椭圆形、球形，常通过胶被串联成网状或树枝状，集合成更大的群体，肉眼可见；群体胶被明显，边界分明，无色透亮，坚固不易溶解，分层并有明显折光；胶被离细胞边缘较远，达 5～10 μm 甚至更多；细胞原生质体深褐色或深蓝绿色，有气囊。细胞直径 4.6～10.9 μm。

生态分布：此种为淡水种，富营养化水体中常见。

绿色微囊藻

Microcystis viridis（Braun）Lemmermann，1903；虞功亮等，2007，p. 736. Figs. 17-18.

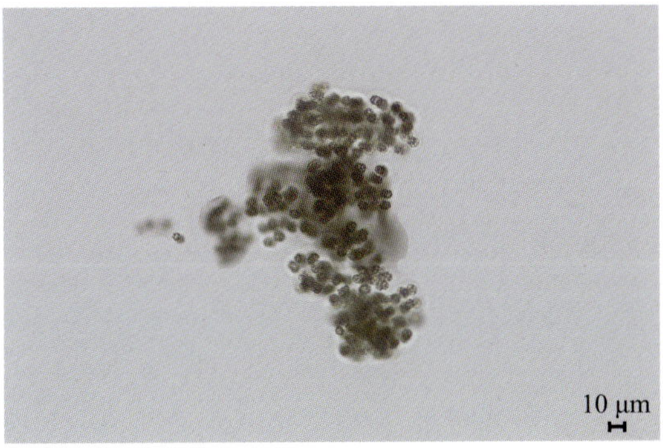

太湖-10 月

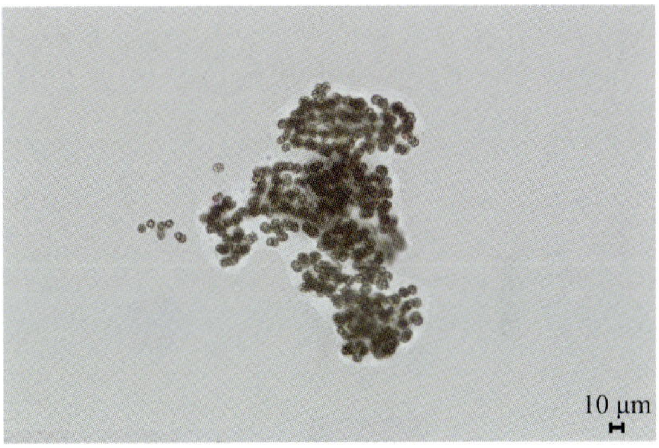

太湖-10 月

形态特征：植物体为群体，棕褐色，通常由上下两层 8 个细胞对称排列组成小立方体亚单位，再由 4 个亚单位组成 32 个细胞的方形小群体，每个亚单位胶被通常与群体胶被融合，可形成肉眼可见的大型团块，不具穿孔或树枝状，小群体之间的间距远大于小群体内各亚单位的间距；细胞直径 4.4～7.5 μm，均值（5.7±0.61）μm；胶被无色，易见，边界模糊，无折光，易溶解；细胞间隙较大，球形；原生质体棕色或蓝绿色。

生态分布：此种为淡水种，富营养化水体中常见。

史密斯微囊藻

Microcystis smithii Komárek et Anagnostidis，1995；虞功亮等，2007，p. 734. Figs. 15-16.

太湖-10 月

形态特征：植物体为群体，呈近球形或球形，不形成穿孔或树枝状；细胞直径 3.1～6.8 μm，均值（5.3±0.63）μm；胶被微黄绿色或无色，易见，边界模糊，无折光，易溶解，离细胞边缘远，距离 5 μm 以上；胶被内细胞稀疏而有规律地排列，单个或成对出现，细胞间隙较大，一般远大于其细胞直径；细胞球形，较小；原生质体茶青色或蓝绿色。

生态分布：此种为淡水种，富营养化水体中常见。

微囊藻属

Microcystis sp.

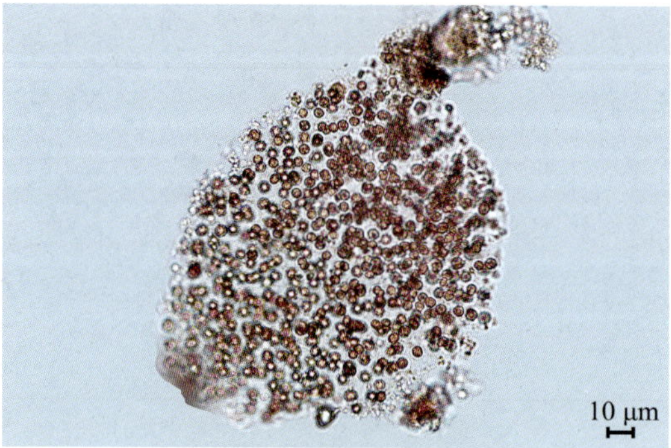

太湖-7 月（鲁哥氏液固定）

形态特征：植物团块由许多小群体联合组成，自由漂浮于水中或附生于水中其他基物上；群体呈不规则形、椭圆形或球形，有时在群体上有穿孔，形成窗格状或网状团块；群体胶被透明、无色，少数种类具有颜色；细胞呈椭圆形或球形；群体中细胞数目极多，排列紧密而有规律；原生质体橄榄绿色、亮蓝绿色、浅蓝绿色；营漂浮生活种类的细胞中常含有气囊；非漂浮种类，细胞内原生质体大都均匀，无假空泡。

生态分布：此种不仅分布在温带的湖泊或池塘，热带的水体里也有分布。

色球藻科（Chroococcaceae）

植物体细胞呈球形，群体，罕见单生，主要为不规则联合，或多或少似堆积的胶质，常为微小的，由少数细胞组成，罕见多细胞的、不规则圆球形群体或成群，罕见短列的成簇彼此密集或彼此远离；群体有时聚合成大型的片层或垫状；在老群体中，细胞排列方式是可变的；胶质薄，水溶性或胶化的、分层的、坚硬的；细胞呈圆球形、半球形、钝圆形、卵形、肾形、多角形或形态不规则。

色球藻属 *Chroococcus* Nägeli 1849

植物体少数为单细胞，多数为 2～6 个甚至更多（很少超过 64 个或 128 个）细胞组成的群体；群体胶被较厚，分层或均匀，紫蓝色、红色、黄褐色或透明；细胞半球形或球形，个体细胞胶被分层或均匀；原生质体均匀或具有颗粒，褐色或黄色、橄榄绿色、蓝绿色、淡蓝绿色、灰色，气囊有或无；细胞有 3 个分裂面。

微小色球藻

Chroococcus minutus（Kütz.）Näg.，1849；Chu，p. 43，pl. Ⅻ，Fig. 28，1963.

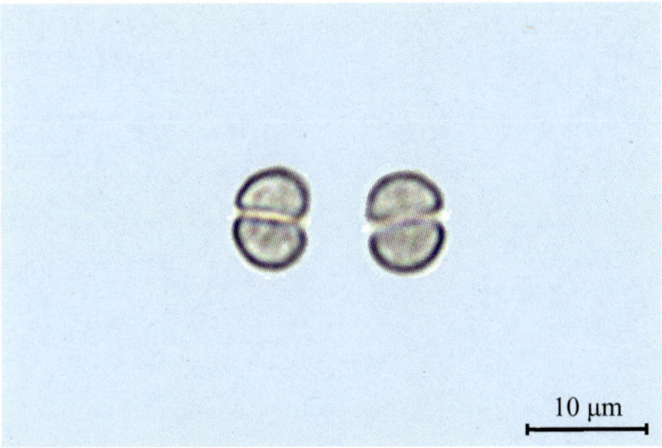

常州市沙河水库-7 月

形态特征：植物体为群体，由 2～4 个细胞组成长圆形或圆球形胶质体，胶被透明无色，不分层；群体中部往往收缢，细胞呈亚球形、球形，直径为（3～）7～10 μm，包括胶被 7～15 μm；原生质体均匀或具少数颗粒体。

生态分布：生长于静止或流动的各种水体中，如湖泊、池塘、高山的寒泉、温泉（25.6～34.5 ℃）及盐泽地区，成为浮游藻，也能在滴水岩石以及瀑布溅水处生长。也发现有亚气生类型，但不是优势种。

色球藻属

Chroococcus sp.

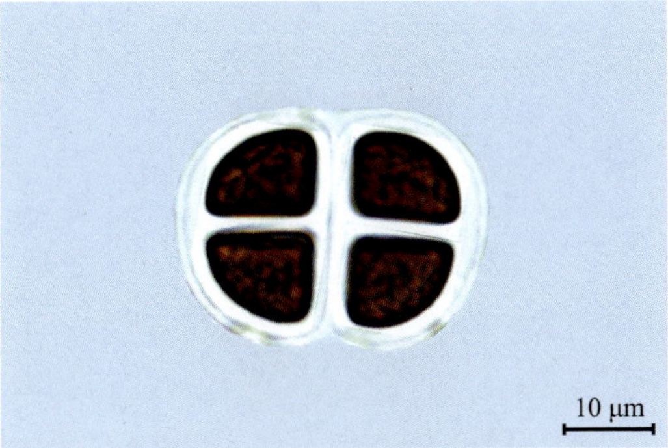

洪泽湖-9 月（鲁哥氏液固定）

形态特征：植物体少数为单细胞，多数为 2～6 个甚至更多（很少超过 64 个或 128 个）细胞组成的群体；群体胶被较厚，分层或均匀，紫蓝色、红色、黄褐色或透明；细胞呈半球形或球形，个体细胞胶被分层或均匀；原生质体均匀或具有颗粒，褐色或黄色、橄榄绿色、蓝绿色、淡蓝绿色、灰色，气囊有或无；细胞有 3 个分裂面。

生态分布:生长于各种大型水体中。

1.1.2 颤藻目(Oscillatoriales)

伪鱼腥藻科(Pseudanabaenaceae)

单条细的不分枝的藻丝,或形成葡萄状群体(小垫状),有时呈半圆形,似泡状或藻丝缠绕;缺乏坚硬的鞘,罕见具薄的胶被;细胞呈方形或柱形,有时横壁处明显收缢或者不收缢;顶端细胞有时渐尖,有的具帽状结构,有的则无;具气囊或无,具气囊时,常位于细胞末端或中央位;每个细胞都能进行分裂;无异形胞,不形成孢子;类囊体大多数为周位平行排列。

假鱼腥藻属 *Pseudanabaena* Lauterborn 1915

藻体呈丝状;藻丝单体或聚合成很细胶状的垫,直线或略呈波状弯曲;不长,无分枝,宽 0.8～3 μm,由圆柱形细胞组成,细胞横壁处常略收缢,幼丝体横隔不清晰,无硬的鞘,有时具窄的、水溶性、无色胶被。藻丝末端不渐细。细胞为圆柱形,长常大于宽,但有时具单个颗粒,或气囊聚合成气囊群,位于细胞末端,末端细胞圆柱形,顶端钝圆或多少圆锥状到盾形或尖锐。

湖生假鱼腥藻

Pseudanabaena limnetica (Lemmermann) Komárek, 1974; 朱浩然, 2007, p. 116, pl. LXXVII, Fig. 5.

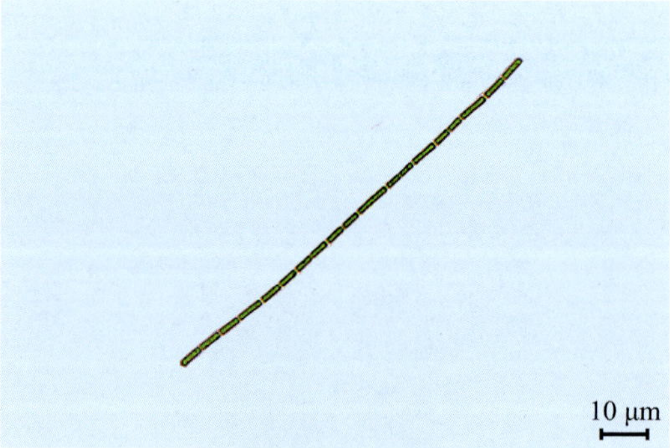

常州市滆湖-8月

形态特征:藻丝游离漂浮,蓝绿色,多细胞,收缢不明显,末端无特殊结构,无胶被,无气囊,细胞均质,长椭圆形。细胞长 1.7～12 μm,宽 0.8～3 μm,长宽比为 1.1～6.9,无运动特性。

生态分布:生活于湖泊、河流、池塘、沟渠等富营养化水体中。

假鱼腥藻属

Pseudanabaena sp.

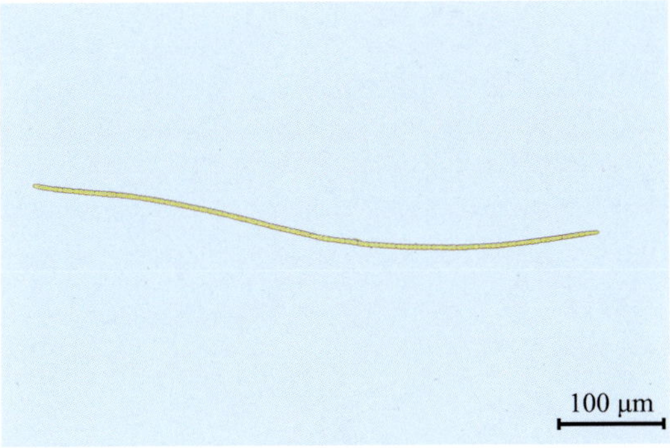

洪泽湖-1月

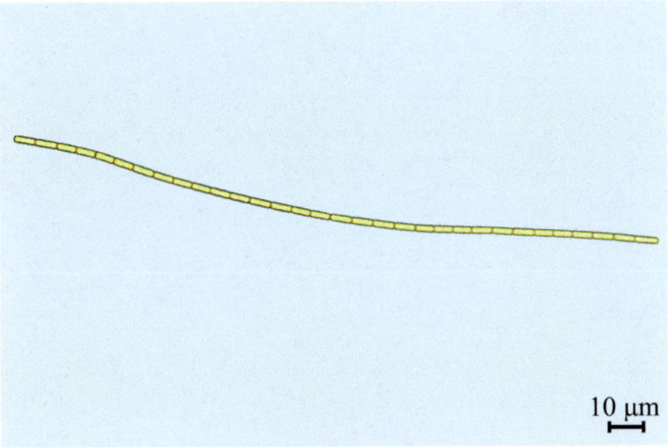

长江南京段-8月

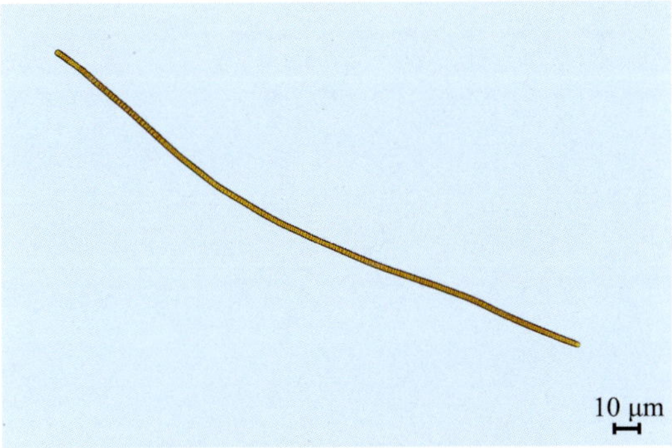

长江南京段-4月(鲁哥氏液固定)

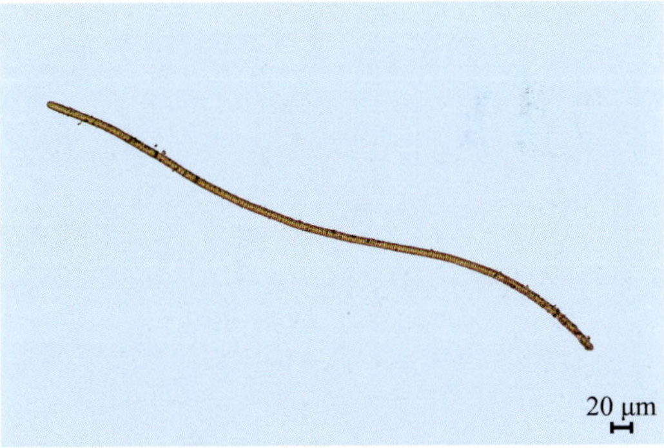

长江南京段-8月(鲁哥氏液固定)

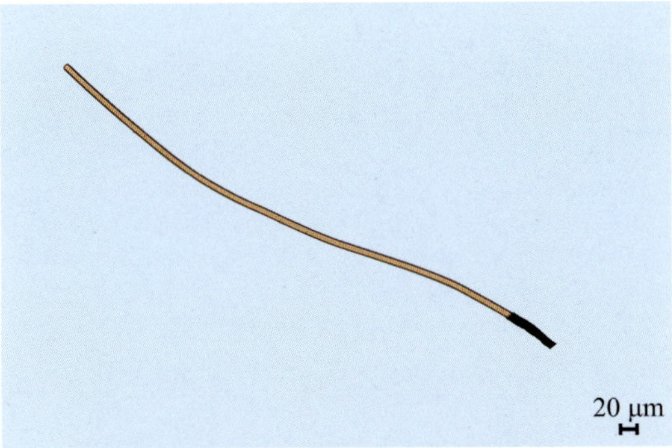

长江南京段-8月(鲁哥氏液固定)

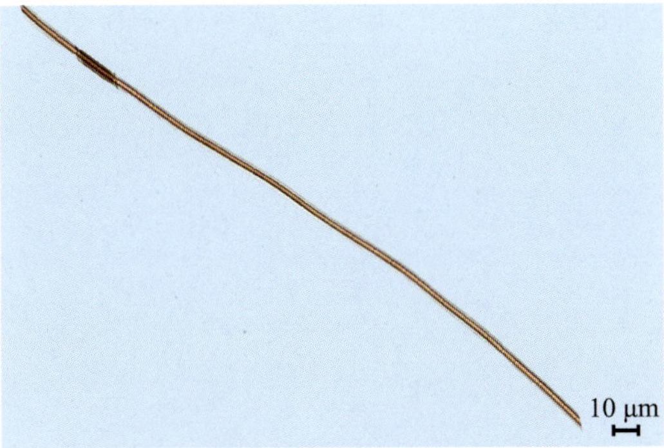

南京市运粮河-11月(鲁哥氏液固定)

形态特征：藻体呈丝状；藻丝单体或聚合成很细胶状的垫，直线或略呈波状弯曲；不长、无分枝，宽 0.8～3 μm，由圆柱形细胞组成，细胞横壁处常略收缢，幼丝体横隔不清晰，无硬的鞘，有时具窄的、水溶性、无色胶被；藻丝末端不渐细；细胞圆柱形，长常大于宽，但有时具单个颗粒，或气囊聚合成气囊群，位于细胞末端，末端细胞圆柱形，顶端钝圆或多少呈圆锥状至尖锐或盾形。

生态分布:生活于东湖、苏州各湖泊、太湖流域、丹江口水库中。

席藻科(Phormidiaceae)

植物体藻丝单生,能动,或呈垫状;无鞘或暂时存在,坚硬或薄,顶端开放,鞘内具1条或多条藻丝;几个属有伪分枝;除顶端细胞外其他细胞均能进行细胞分裂;具气囊或无。

浮丝藻属 *Planktothrix* Anagn. et Kom. 1988

植物体为单生,直或略弯曲,除不正常条件外,无坚硬的鞘;藻丝从中部到顶端渐尖细,具帽状结构,不能运动或不明显运动,宽 3.5～10 μm;细胞圆柱形,罕见方形,气囊充满细胞。

阿氏浮丝藻

Planktothrix agardhii (Gom.) Anagn. Et Kom. Hydrobiol. Suppl. 80, 1-4/Algological Studies 50-55, 416, 1988;Oscillatoria agardhii (Gom.)., 1892;胡鸿钧等:中国淡水藻类,60 页,图版 14-10-13,1980.

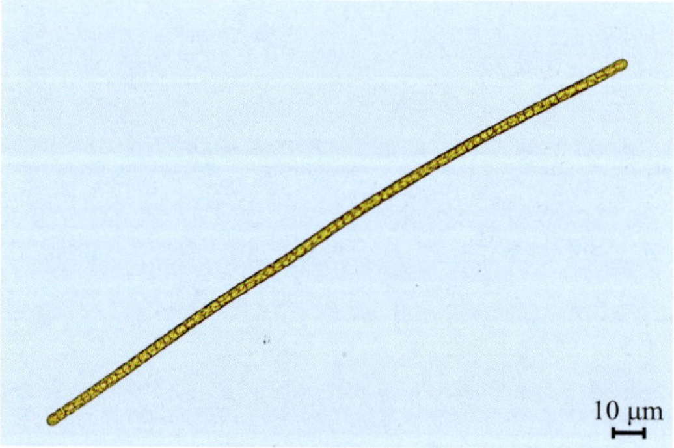

常州市滆湖-1月

形态特征:植物体藻丝多为单生,自由漂浮,长可达 300 μm,直或略微弯曲,有时连成橄榄绿色或蓝绿色的微小的、疏松的簇,偶尔形成底栖的膜状覆盖物,无鞘或非常罕见,幼年时期具薄的鞘;藻丝宽(2.3)4～6(9.8) μm,横壁处具颗粒,不收缢或很微弱收缢,顶端渐尖细;细胞长常比宽小或常为方形;细胞内含物蓝绿色,具气囊;顶端细胞凸起,罕见帽状结构。

生态分布:此种生活于淡水、湖泊、池塘中,常形成水华,在温带分布很广。

螺旋浮丝藻

Planktothrix spiroides Wang et Li 2013; Liu et al., 2013, p. 328, Figs. 1-5.

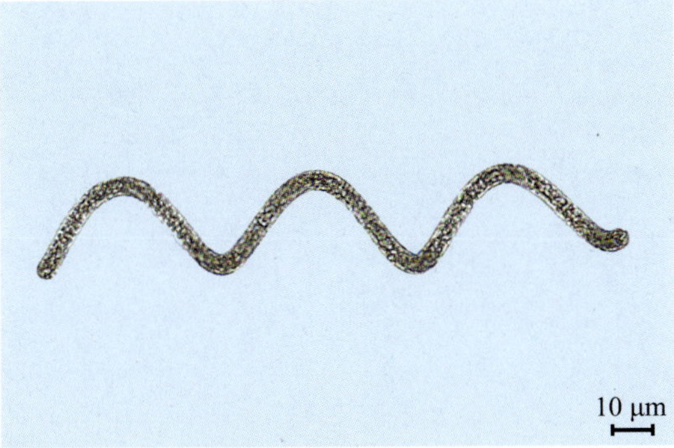

宿迁市骆马湖-7月

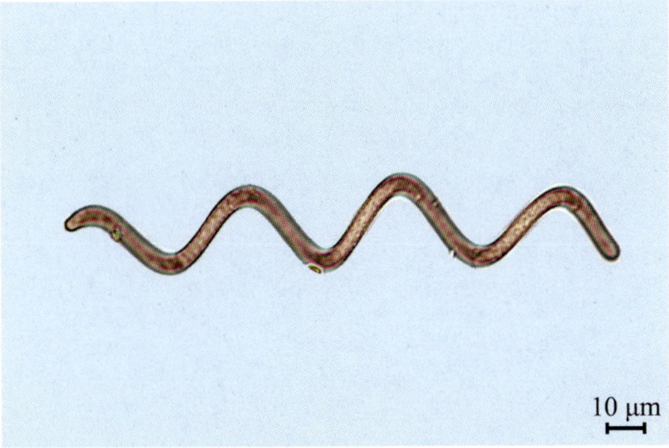

扬州市高邮湖-10月(鲁哥氏液固定)

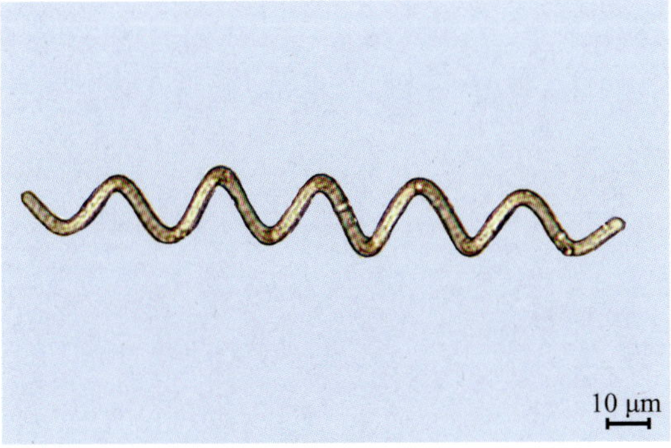

宿迁市骆马湖-8月

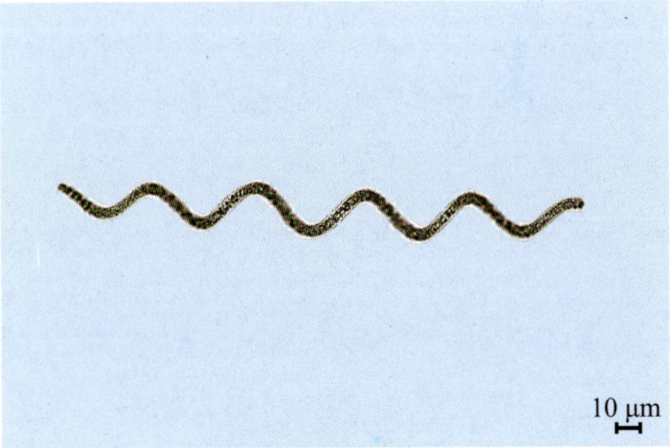

南京市运粮河-11月

形态特征：植物体藻丝一般为橄榄绿色或蓝绿色，少见黄绿色；自由漂浮，有时群体缠绕；藻丝体一端细胞近圆，另一端近圆或稍细圆；藻丝体具规则弯曲，长时间继代培养后，部分螺旋特征（螺距、螺宽等）会发生改变；无假分枝；细胞柱形，假空泡无规则地分布于细胞内；藻细胞宽 3.7～6.4 μm，螺旋宽 26～47 μm，螺高 30～43 μm；基本不运动，少见黏液质的鞘。

生态分布：此种存在于淡水中。

拟浮丝藻属 *Planktothricoides* Suda et Watanabe 2002

植物体单生，自由漂浮；直或略呈弓形，末端变细，顶端微弯，横壁收缢或不收缢，藻丝宽 6～11 μm，轻微活动；偶有极薄或无色的鞘；细胞圆柱形，比较短，细胞长宽比为 2∶7～1∶1；气囊充满细胞，很容易受压力破坏，顶端细胞圆，弓形，多呈锥形，有时弯折，但不尖细，无帽状结构。

拉氏拟浮丝藻

Planktothricoides raciborskii Suda et Watanabe, 2002；吴忠兴等，2008，p. 462，Figs. 1-3. Oscillatoria raciborskii Woloszyńska，1912；朱浩然等，2007，p. 122.

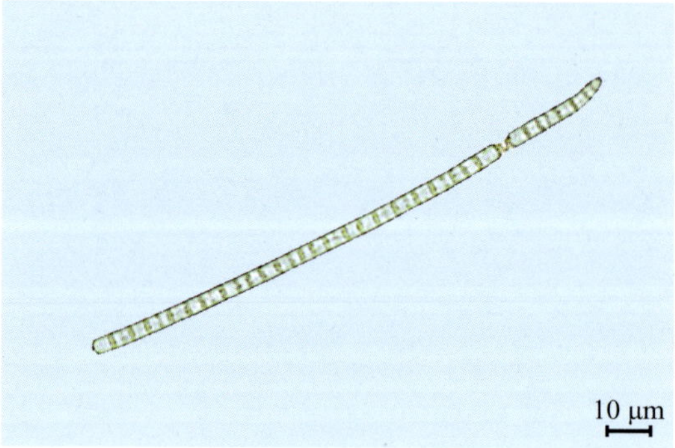

南京市运粮河-3月

形态特征：植物体藻丝为单生，橄榄绿色或黄绿色；宽(5.4)8～9.5(16) μm，长可达1 cm以上，有时可互相缠绕形成块状，横壁无或很浅的收缢，末端短的区段渐细同时弯曲，偶尔具鞘；细胞长3～8 μm，顶端细胞呈锥形或钝尖至钝圆，无帽状结构。

生态分布：于湖泊、淡水中漂浮，常与其他水华蓝藻混生。

颤藻科(Oscillatoriaceae)

植物体藻丝罕见单生，主要为基质上薄的或密的层，有时漂浮于水面，藻丝圆柱状，直或弯曲或螺旋卷曲，横壁收缢或不收缢，鞘的形成有的是暂时的，或者是稳定的。鞘与藻丝连接或略有距离，坚固，有时略分层。细胞呈短的圆盘状。罕见方形，成熟的藻丝的顶端细胞外壁通常增厚或具有帽状结构，无鞘或具鞘藻丝能动或不动。

鞘丝藻属 *Lyngbya* C. Ag. ex Gom. 1892

植物体为不分枝的单列藻丝，或聚集成厚或薄的团块，以基部着生；丝体罕见单生，常为密集的、似革状的、大的层次；丝体罕见伪分枝，波状；藻丝具有鞘，鞘有时分层；藻丝由盘状细胞组成；丝状体有的呈螺旋形弯曲，有的弯曲或呈弧形而以中间部位着生在其他物体上，少数以整条着生，有的漂浮；有坚固的、经久性的鞘，红色、褐色、黄色或无色，分层或不分层。

希罗鞘丝藻

Lyngbya hieronymusii Lemm.，1905；李尧英等：西藏藻类，67页，图版Ⅴ，图8，1992.

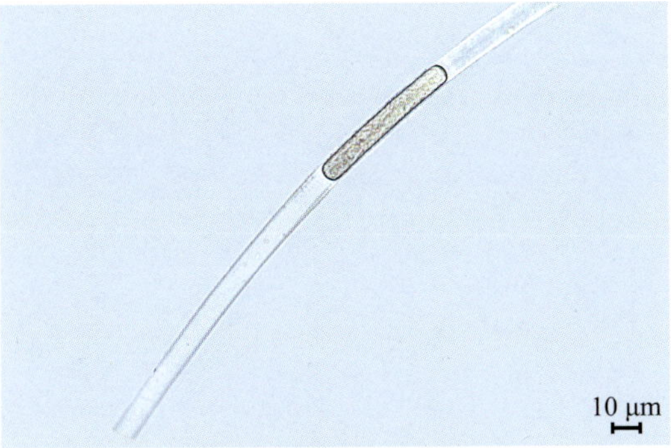

南京市运粮河-3月

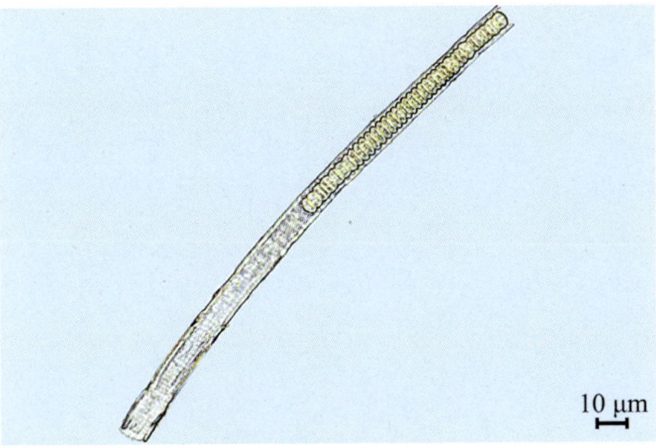

常州市长荡湖-5月

形态特征：植物体丝体宽12～24 μm；鞘坚固，无色；藻丝顶端钝圆，横壁两侧具颗粒及气囊；细胞长2.5～4 μm，宽11～13 μm。

生态分布：常见于静止水体、小水沟中。

颤藻属 *Oscillatoria* Vauch. ex Gom. 1892

植物体为单条藻丝或由许多藻丝组成的皮壳状和块状的漂浮群体，无鞘或罕见极薄的鞘；藻丝不分枝，直或扭曲，能颤动，旋转式或匍匐式运动；横壁不收缢或收缢，顶端细胞形态多样，末端增厚或具帽状结构；细胞盘状或短柱形；内含物具颗粒或均匀，少数具气囊。

巨颤藻

Oscillatoria princes Vauch. ex Gomont. 1892；胡鸿钧等：中国淡水藻类，60-61页，图版14-19-20，1980.

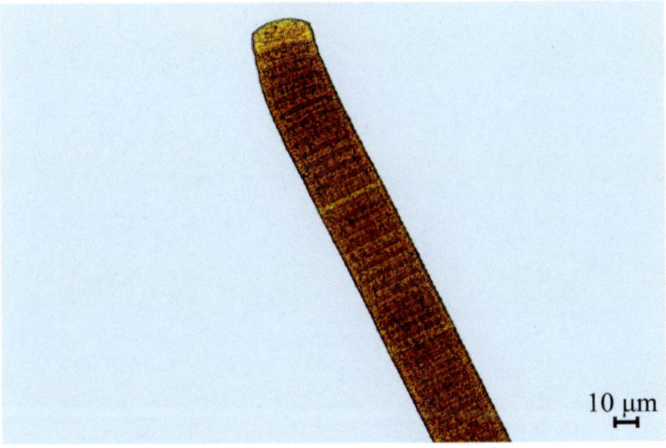

常州市滆湖-12月（鲁哥氏液固定）

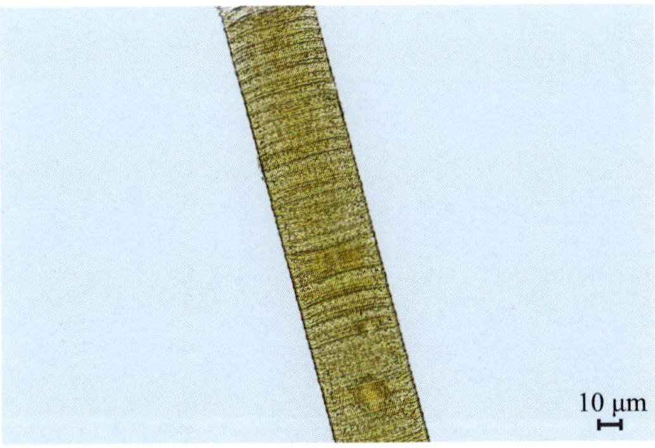

太湖-5月

形态特征：植物体藻丝单条或多数，聚积成淡红色、紫色、淡褐色、蓝绿色或橄榄绿色胶块；细胞长 3.5～7 μm，长为宽的 0.09～0.25 倍；藻丝多数直，暗绿色或鲜绿色，末端略细而弯曲，横壁不收缢，两侧不具颗粒，末端细胞扁圆形，略呈头状，外壁不增厚或略增厚。

生态分布：此种生活于稻田、静止水体表面、稻田底泥上。

弱细颤藻

Oscillatoria tenuis Ag.，1813；李尧英等，西藏藻类，76 页，图版Ⅷ，图 15，1992.

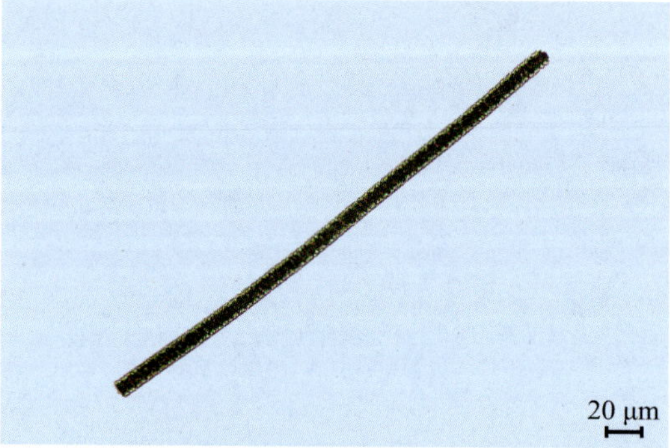

南京市内秦淮河-11 月

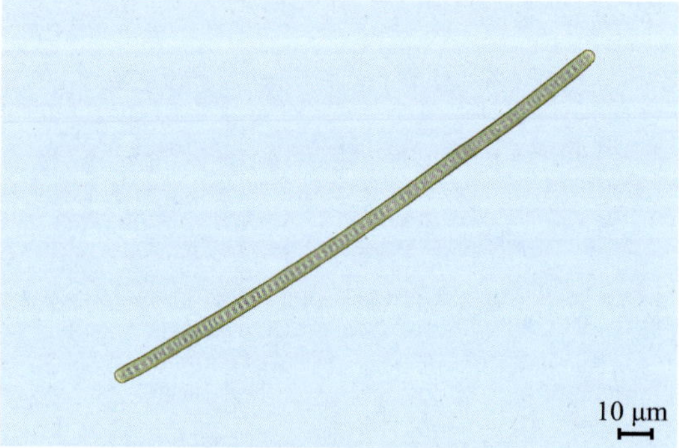

南京市运粮河-10 月

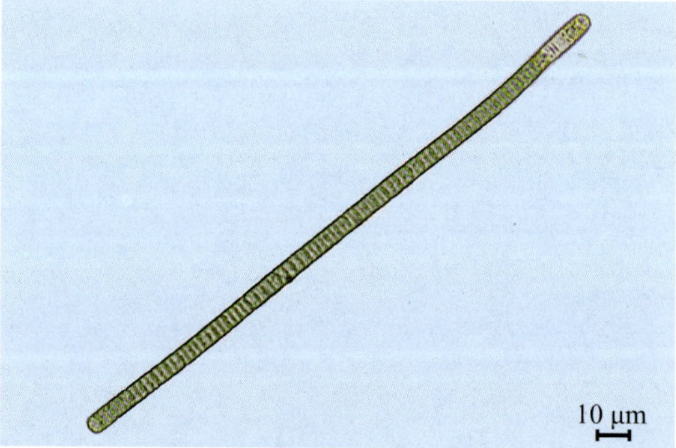

洪泽湖-4 月

形态特征：植物体藻丝胶质呈薄片状，橄榄绿色或蓝绿色，藻丝直，横壁收缢，顶端弯曲或直，不渐尖细，细胞横壁两侧具多数颗粒。细胞长 2.5～5 μm，宽 4～11 μm，顶端细胞半球形，外壁略增厚。

生态分布：在温泉中也有发现此种。

颤藻属

Oscillatoria sp.

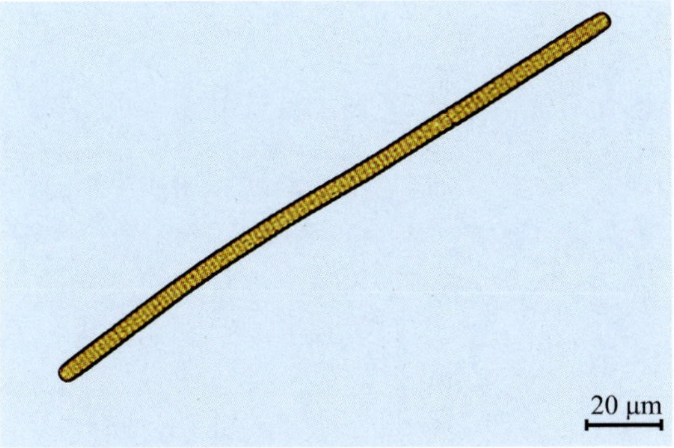

南京市琵琶湖－7 月（鲁哥氏液固定）

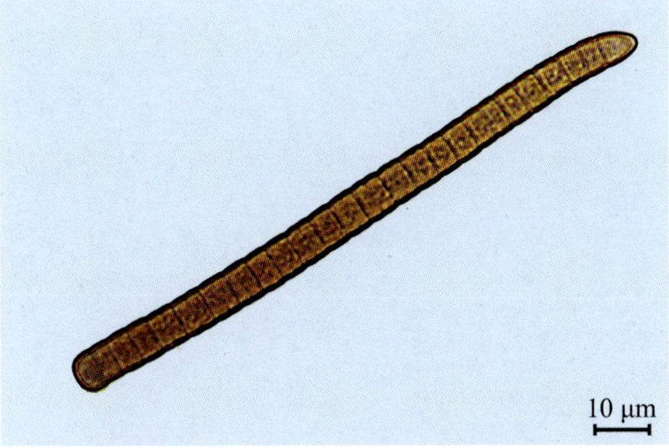

南京市运粮河－8 月（鲁哥氏液固定）

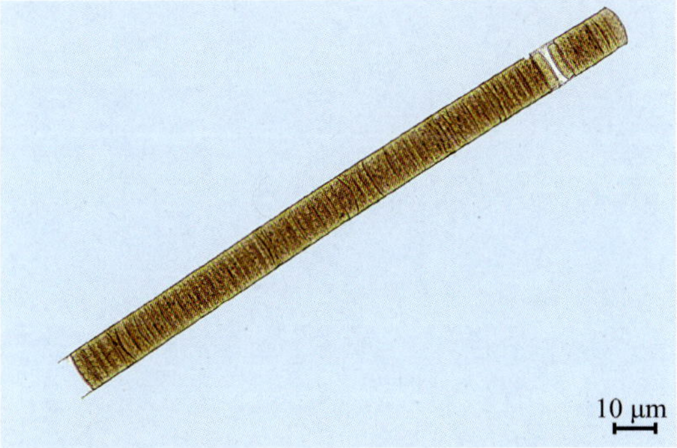

京杭大运河扬州江都段－9 月（鲁哥氏液固定）

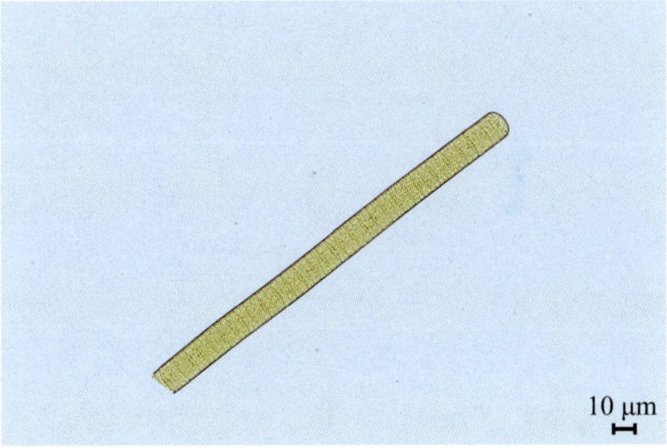

太湖－11 月

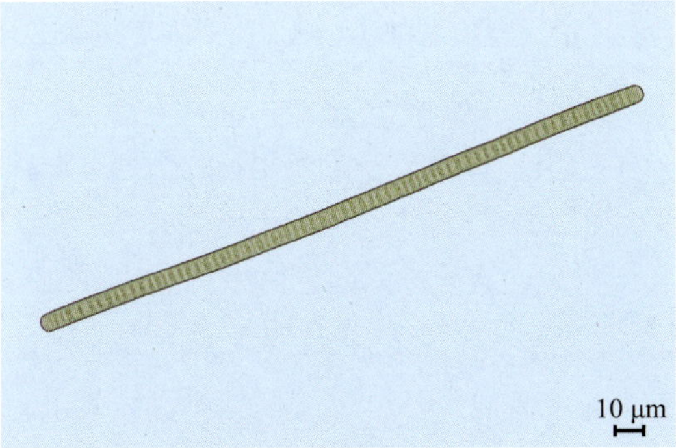

常州市沙河水库－9 月

形态特征：植物体为单条藻丝或由许多藻丝组成的块状和皮壳状的漂浮群体，无鞘或罕见极薄的鞘；藻丝不分枝，直或扭曲，能颤动，旋转式或匍匐式运动；横壁不收缢或收缢，顶端细胞形态多样，末端增厚或具帽状结构；细胞呈盘状或短柱形；内含物具颗粒或均匀，少数具气囊。

生态分布：此种生活于湖泊、河流中。

浮鞘丝藻属 *Planktolyngbya* Anagn. et Kom. 1988

植物体藻丝为单生，直或略弯曲，柔软，不能动，具薄的鞘，无色，不具气囊，罕见伪分枝，有时具胶质；不渐尖细，也不具帽状结构，细胞圆柱形，无死细胞，宽可达 3 μm。

细浮鞘丝藻

Planktolyngbya subtilis (W. West) Anagn. et Kom. Arch. Hydrobiol. Suppl. 80, 1-4/Algological Studies 50-55, 394, 1988; Lyngbya limnetica Lemm., 1898; 李尧英等：西藏藻类，66 页，图版Ⅴ，图 4，1992.

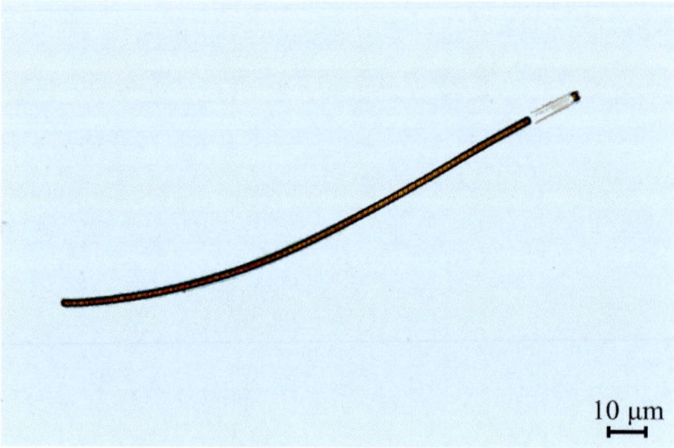

常州市滆湖-1 月(鲁哥氏液固定)

形态特征：植物体藻丝呈絮状或疏松排列，宽 1～2 μm；细胞长 2～5 μm，宽 1～1.5 μm；细胞横壁处无或有一颗粒。

生态分布：生活于泉水、水坑、水塘中。

1.1.3 念珠藻目(Nostocales)

念珠藻科(Nostocaceae)

藻丝末端钝圆或狭窄，顶部有时具有延长的细胞，无真分枝或伪分枝。具有异形胞间位或末端位。所有细胞都有分裂能力，藻丝无分生区。

鱼腥藻属 *Anabaena* Bory 1822

植物体为单一丝体，或柔软膜状，或不定型胶质块。藻丝末端尖或等宽，直或不规则螺旋状弯曲。细胞桶形、球形；异形胞常为间位。

固氮鱼腥藻

Anabaena azotica Ley., 1959; 胡鸿钧等：中国淡水藻类，56 页，图版 13-8，1980.

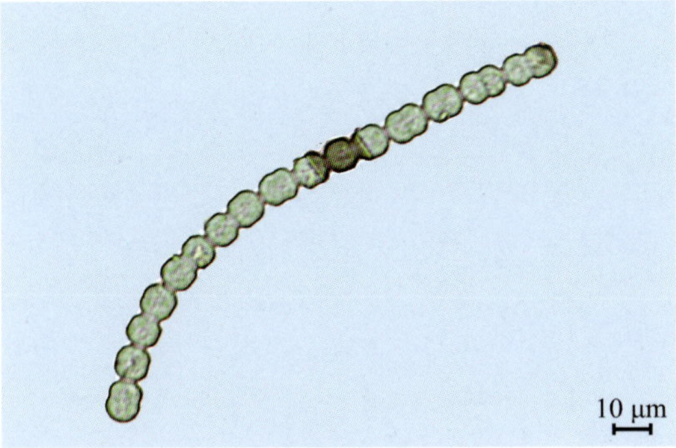

苏州市青剑湖-11月

形态特征：植物体为蓝绿色胶块，丝体紧密，不规则地排列在胶质中，藻丝中部宽3.6～4.8 μm，两端的细胞稍小，末端的细胞略长，顶端钝圆。细胞呈桶形或腰鼓形。长宽相等，长2.5～4.8 μm，宽2～4.8 μm，内含物具有颗粒，培养过程中发现气囊，异形胞呈球形至长圆形，长4.8～7.3 μm，宽4.8～7 μm，未发现孢子。

生态分布：稻田。

卷曲鱼腥藻

Anabaena circinalis Rab.，1852；胡鸿钧等：中国淡水藻类，56页，图版14-1，1980.

常州市滆湖-1月

南京市运粮河-11月（鲁哥氏液固定）

形态特征：植物体群体为片状，漂浮。藻丝螺旋盘绕，少数直，多数不具胶鞘，宽8～14 μm，细胞呈扁球形或球形，具气囊。异形胞近球形，直径8～10 μm，孢子圆柱形，直或有时弯曲，末端圆。长22～34 μm，宽14～18 μm。常远离异形胞，外壁光滑，无色。

生态分布：此种为湖泊中常见浮游种类，夏季常形成水华。

鱼腥藻属

Anabaena sp.

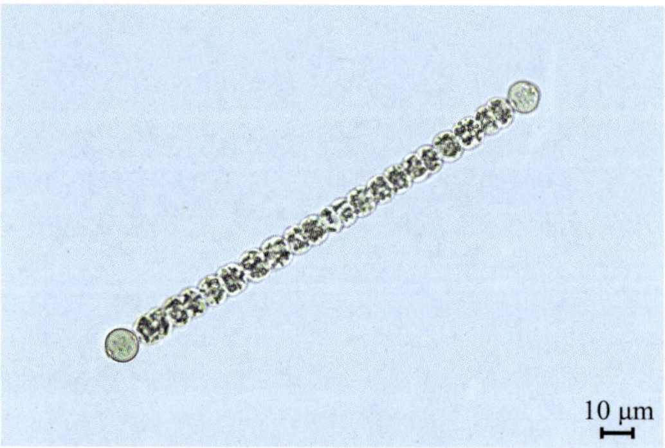

南京市运粮河-7月

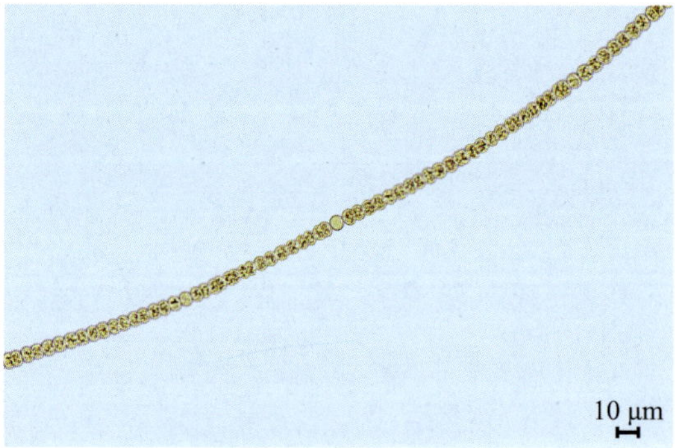

南京市三里河-10月

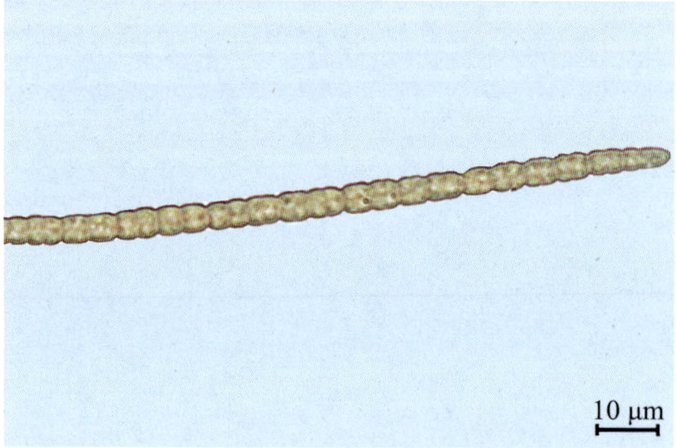

南京市琵琶湖-1月

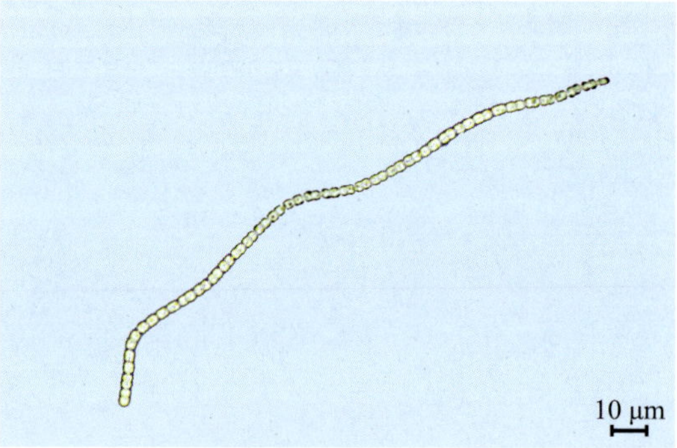

南京市运粮河-3月

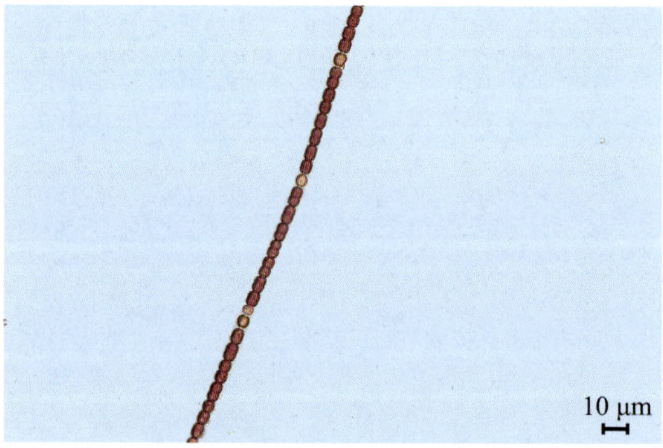

常州市滆湖-3月(鲁哥氏液固定)

形态特征：植物体为单一丝体，或柔软膜状，或不定型胶质块。藻丝末端尖或等宽，直或不规则螺旋状弯曲。细胞呈桶形、球形。异形胞常为间位。孢子一个或几个成串。

生态分布：此种为湖泊中常见浮游种类。

长孢藻属 *Dolichospermum* P. Wacklin, L. Hoffmann & J. Komárek 2009

植物体为单一丝状体，或不定型胶质块，或柔软膜状；藻丝等宽或末端尖，直或不规则螺旋状弯曲；细胞呈球形、桶形；异形胞常为间位；孢子 1 个或几个成串，紧靠异形胞或位于异形胞之间。

真紧密长孢藻

Dolichospermum eucompacta 王业耀等：中国流域常见水生生物图集，305 页.

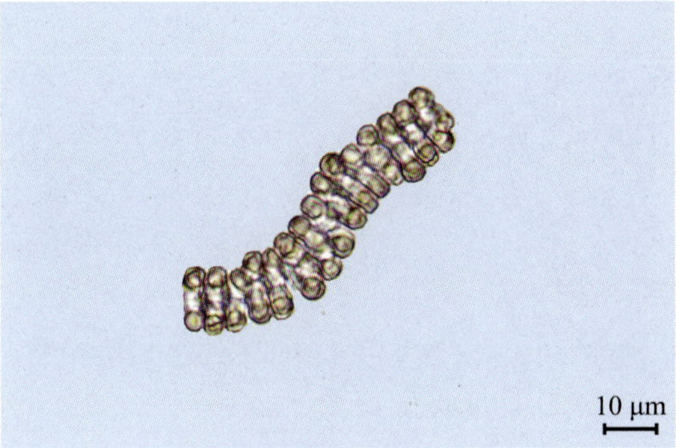

阳澄湖-7 月

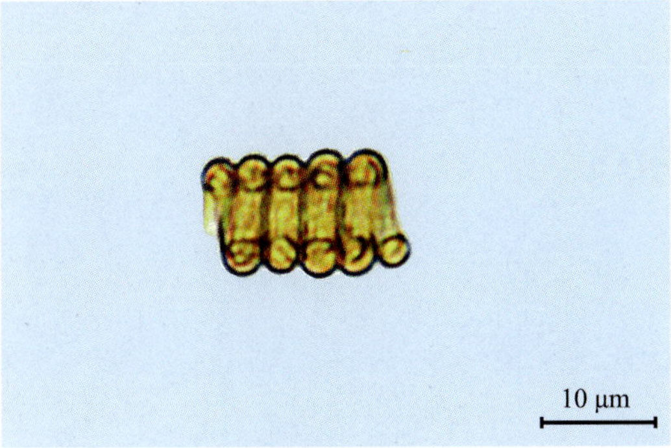

阳澄湖-10 月

形态特征：植物体藻丝为单生，自由漂浮，螺旋紧密，没有胶被，螺径直径为 12.9～19.3 μm，螺间距为 4.2～8.7 μm；营养细胞近球形或球形，具气囊，直径为 3.2～5.9 μm；异形胞球形，直径为 4.8～6.3 μm；厚壁孢子球形，直径为 6.3～11.2 μm，与异形胞紧密相连，一般同时出现在异形胞两侧，且为单个出现。

生态分布：生活于富营养型湖泊、池塘中。

束丝藻属 *Aphanizomenon* Morrer 1838

藻丝多数为直立，少数略弯曲，常多数集合形成纺锤状或盘状群体，无鞘，顶端尖细，异形胞间生，孢子远离异形胞。

水华束丝藻

Aphanizomenon flosaquae（L.）Ralfs.，1907；胡鸿钧等：中国淡水藻类，52 页，图版 12-7-8，1980.

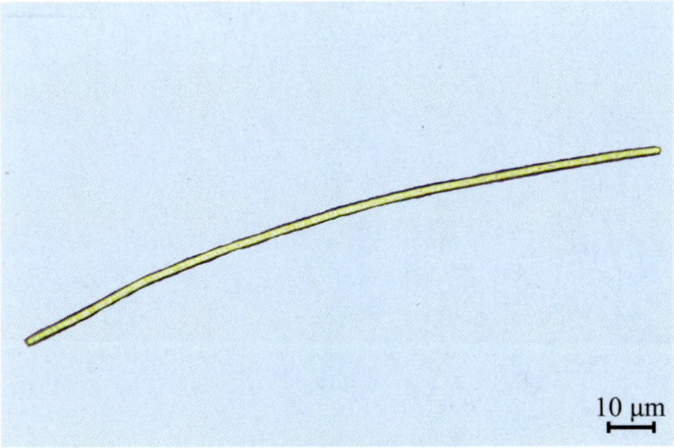

南京市运粮河-9 月

形态特征：植物体藻丝集合成束，少数单生，或直或略弯曲，细胞长 5～15 μm，宽 5～6 μm，圆柱形，具气囊。异形胞圆柱形，长 7～20 μm，宽 5～7 μm，孢子圆柱形，宽 6～8 μm，长达 80 μm。

生态分布：生长于各种静止水体中。

束丝藻属

Aphanizomenon sp.

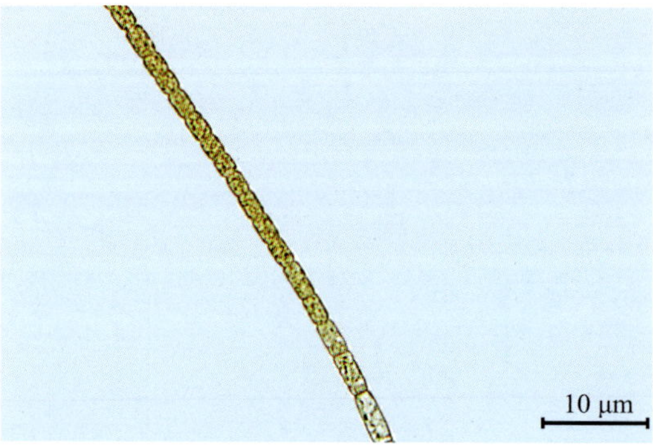

常州市滆湖－1 月

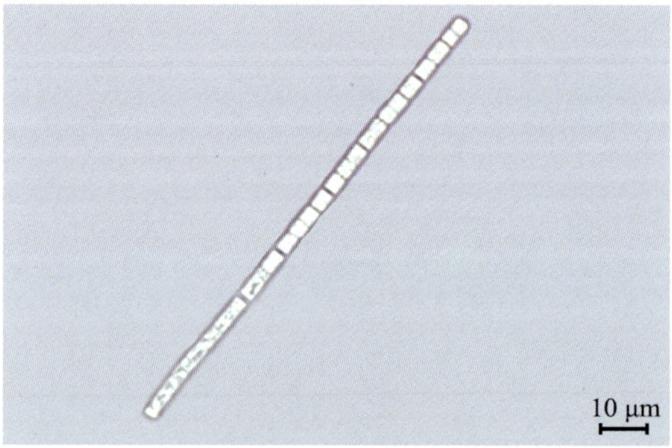

常州市沙河水库－2 月

形态特征：藻丝多数为直立，少数略弯曲，常多数集合形成纺锤状或盘状群体，无鞘，顶端尖细，异形胞间生，孢子远离异形胞。

生态分布：生活于各种静止水体中。

矛丝藻属 *Cuspidothrix* 2005

植物体藻丝自由漂浮，直或弯曲，甚少螺旋卷曲，单生圆柱状，无鞘但具很薄但很明显的黏质。横壁略收缢或不收缢。宽可达 6 μm，两端渐狭，细胞几乎呈桶形、方形或长大于宽，具有细颗粒同时具有气囊，异形胞间位，单生，椭圆形或圆柱形。

依沙矛丝藻

Cuspidothrix issatschenkoi Rajaniemi P, Komárek J, Willame R, Hrouzek P, Kaštovská K, Hoffmann L, Sivonen K. Taxonomic consequencesfrom the combined molecular and phenotype evaluationof selected Anabaena and Aphanizomenon strains. Archiv für Hydrobiologie/Algological Studies 2005; 117: 371-391.

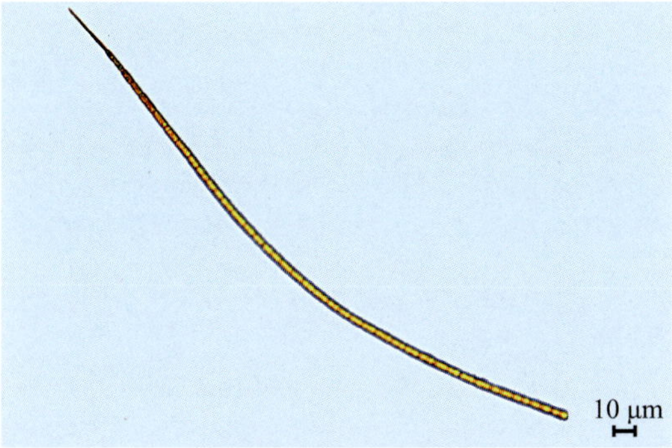

常州市滆湖－9 月

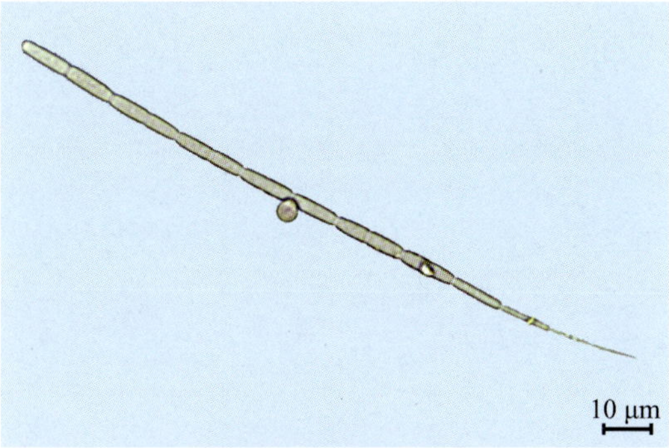

常州市长荡湖－8 月

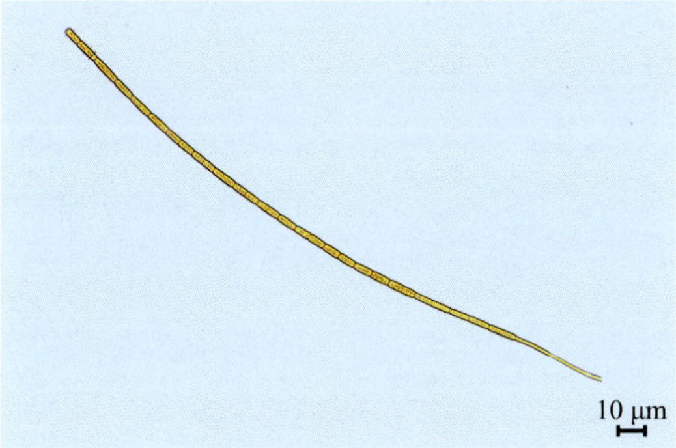

苏州市青剑湖－1 月

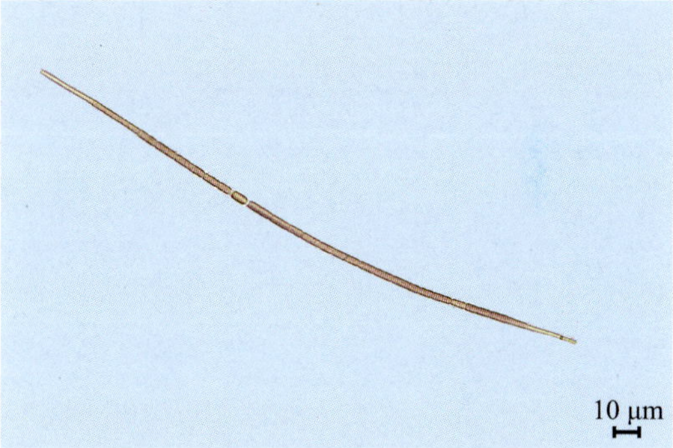

常州市长荡湖－11 月(鲁哥氏液固定)

形态特征：植物体藻丝漂浮，藻丝具有圆柱形细胞，横壁不或略收缢，细胞长 6～9(15.9) μm；宽 3～4 μm，呈灰蓝绿色或灰蓝色，末端细胞无色，细、尖；异形胞圆柱形至卵形，每条藻丝具有 1～3 个。

生态分布：生长于温带地区水体中。

拟柱胞藻属 *Cylindrospermopsis* G. Seenayya & N. Subba Raju 1972

植物体藻丝自由漂浮，单生，直、弯或似螺旋样卷曲，几个种末端渐狭，无鞘；藻丝等极(藻丝仅具 1 个异形胞为异极)，近对称，横壁有或无收缢；细胞呈圆桶形或圆柱形，通常长明显大于宽，橄榄绿色、浅黄色或灰蓝绿色，具气囊；末端细胞顶端钝或尖或圆锥形；异形胞位于藻丝末端，呈圆锥形、倒卵形或卵形，有时略弯曲，似滴水形，具单孔，它们由藻丝顶端细胞不对称地分裂发育形成，而且藻丝两顶端细胞的分裂是不同步的；厚壁孢子呈圆柱形、椭圆形，在藻丝卷曲的种类中常略弯曲，通常远离异形胞，罕见邻近顶端异形胞。

拉氏拟柱胞藻

Cylindrospermopsis raciborskii 王业耀等：中国流域常见水生生物图集，296 页.

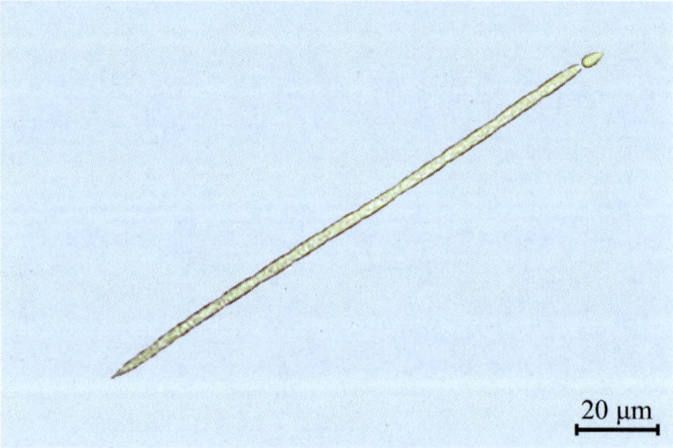

常州市滆湖-10月

形态特征：植物体藻丝漂浮，单生，直或略弯曲，罕见不规则卷曲形，周围无胶鞘包裹，横隔收缢明显，藻丝两端略渐狭细，营养细胞含有假空泡，圆柱形，细胞长3～8 μm，宽9～16 μm。异形胞端生偶尔间生。

生态分布：此种生活于静水环境中，为广布种。

尖头藻属 *Raphidiopsis* Fritsch et Rich 1929

细胞略短而弯曲，无鞘，两端尖细或一端尖细，细胞圆柱形，有或无气囊，无异形胞，具厚壁孢子，单生或成对，位于藻丝中间。

地中海尖头藻

Raphidiopsis mediterranea Skuja，1937；朱浩然，2007，p. 70，pl. LⅢ（B），Fig. 2.

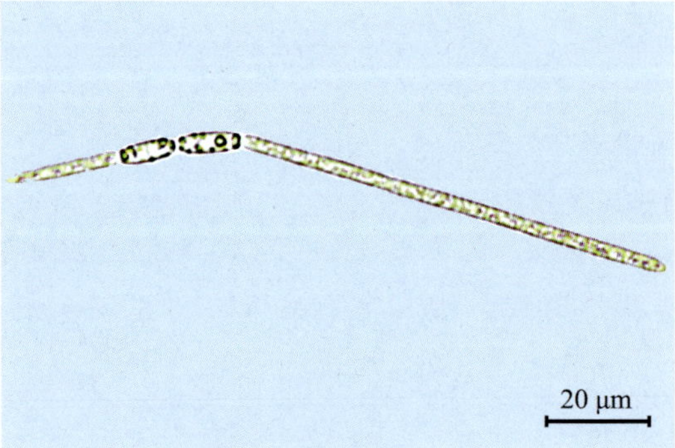

南京市内秦淮河-10月

形态特征：植物体藻丝直或略弯曲至拟"S"形，长83～130 μm，宽3～4 μm，横壁不缢入。原生质体浅蓝色，均匀或具小颗粒。中部细胞宽3～4 μm，末端细胞宽1.5～2 μm。

生态分布：此种生长于湖泊、河流、水库中。

弯曲尖头藻

Raphidiopsis curvata Fritsch et Rich，1929；胡鸿钧等：中国淡水藻类，41 页，图版 10-1，1980.

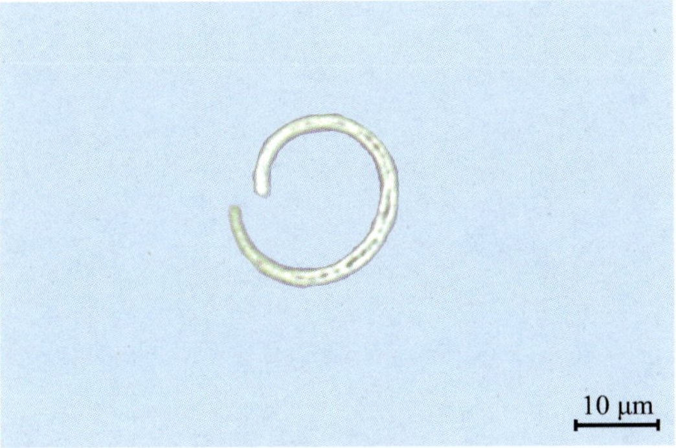

常州市沙河水库- 3 月

形态特征：植物体丝体自由漂浮或少数成束，呈螺旋形或“S”形弯曲，少数直，横壁处不收缢；细胞长为宽的 1.5～2 倍，宽约为 4.5 μm，圆柱形，内含物浅蓝色，具气囊；孢子椭圆形，长为 11～13 μm，宽 4～7.2 μm，约位于藻丝中部。

生态分布：此种生活于静止水体中。

2 金藻门(Chrysophyta)

2.1 金藻纲(Chrysophyceae)

2.1.1 色金藻目(Chromulinales)

锥囊藻科(Dinobryonaceae)

植物体为单细胞或群体;原生质外具囊壳,柔软,囊壳呈圆柱状锥形、卵形、球形,囊壳壁平滑或具花纹,无色透明或由于铁的沉积而呈褐色;鞭毛1条或2条,不等长;具1到数个伸缩泡;色素体片状、周生,1个或2个,黄褐色;具1个眼点;细胞核明显,1个,同化产物为金藻昆布糖和油滴,颗粒状。主要生长在淡水或微含盐的水体中,在湖泊和池塘中浮游或着生。

锥囊藻属 *Dinobryon* Ehrenberg 1834

植物体为树状或丛状群体,浮游或着生;细胞具钟形、圆锥形或圆柱形囊壳,前端呈圆形或喇叭状开口,后端锥形,黄褐色或透明,表面具波纹或平滑;细胞呈卵形、纺锤形或圆锥形,基部以细胞质短柄附着于囊壳的底部,前端具2条不等长的鞭毛,长的1条伸出在囊壳开口处,短的1条在囊壳开口内,伸缩泡1个到多个,眼点1个,色素体片状、周生,1~2个,光合作用产物为金藻昆布糖,常为1个大的球状体,位于细胞的后端。

此属是池塘、湖泊中常见的浮游藻类之一,一般生长在贫营养、清洁的水体中。

长锥形锥囊藻

Dinobryon bavaricum Imhof, 1890;胡鸿钧等:中国淡水藻类,109页,图版26:13,1980.

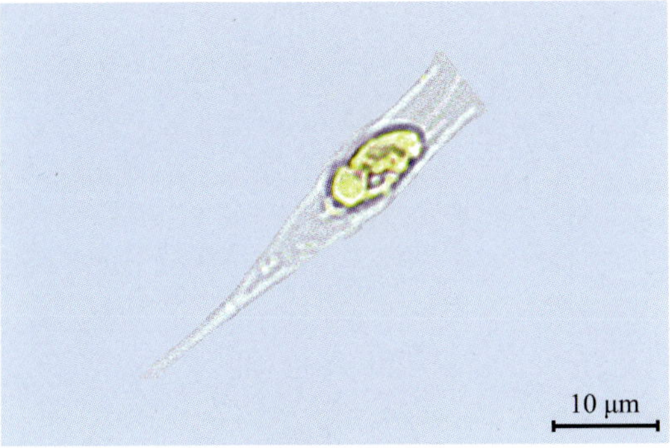

洪泽湖- 3 月

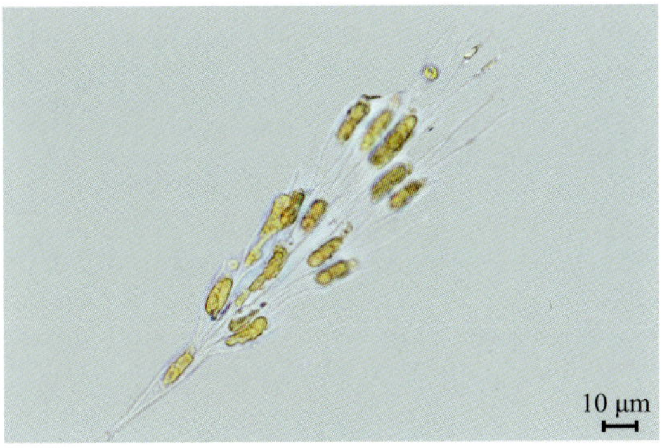

苏州市乌峰顶- 12 月

形态特征：植物体为群体，由少数细胞近平行排列呈狭长的、自下向上略扩大的丛状；囊壳为长柱状圆锥形，前端开口处略扩大，中部近平行呈圆柱形，其侧缘略呈波状或无，后端细长，突尖或渐尖呈长锥状，略向一侧弯曲；囊壳长 50～120 μm，宽 6～10 μm。

生态分布：湖泊、池塘中常见的浮游藻类之一，一般生长在清洁、贫营养的水体中。

分歧锥囊藻

Dinobryon divergens Imhof，1887；胡鸿钧等：中国淡水藻类，107 页，图版 26：9-10，1980.

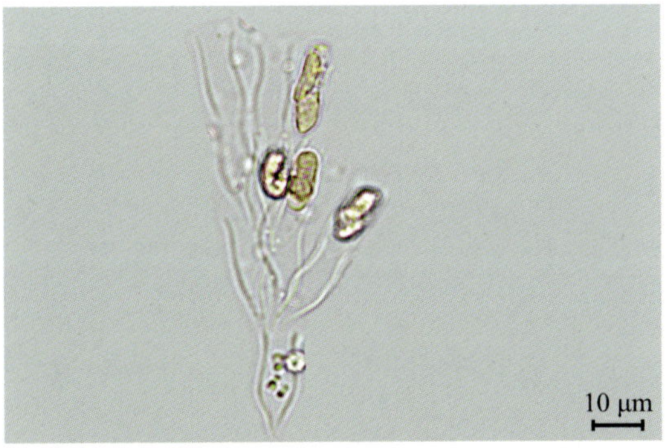

无锡市横山水库- 10 月（鲁哥氏液固定）

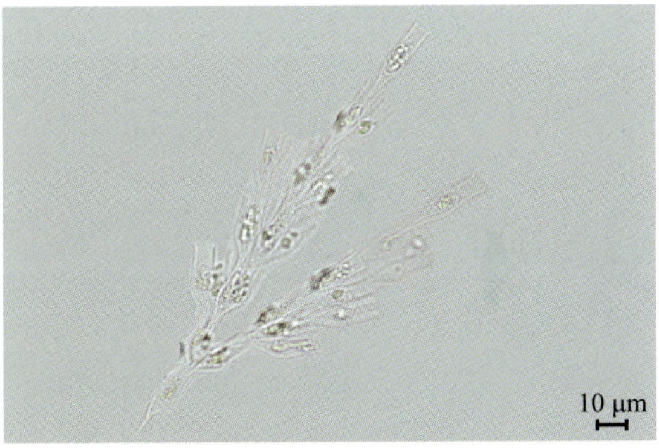

常州市沙河水库- 11 月

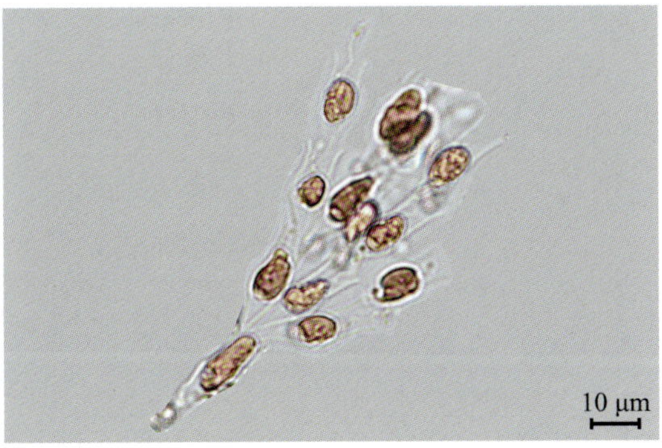

镇江市上坝水库- 11 月（鲁哥氏液固定）

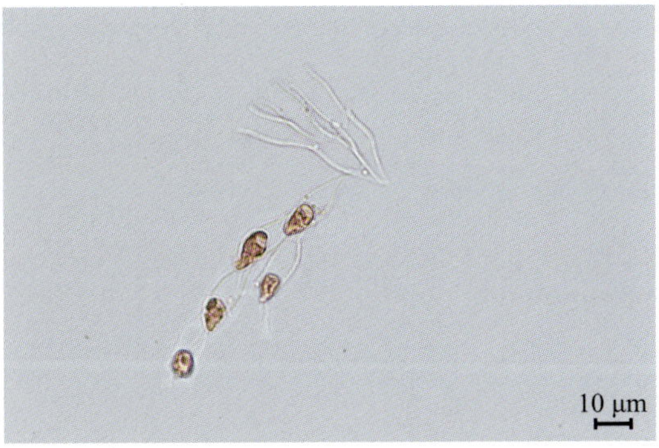

镇江市上坝水库- 11 月（鲁哥氏液固定）

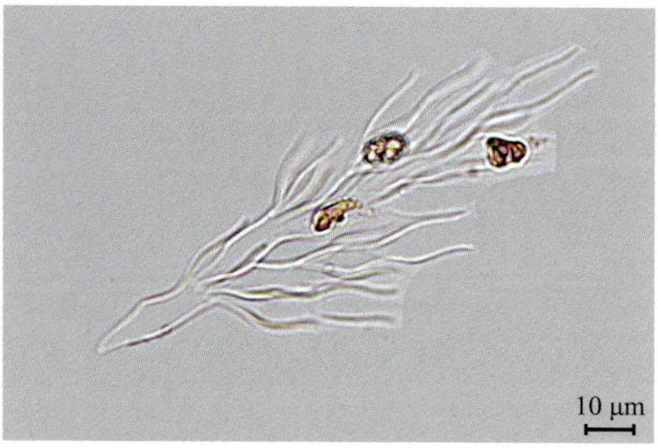

宿迁市骆马湖-11月(鲁哥氏液固定)

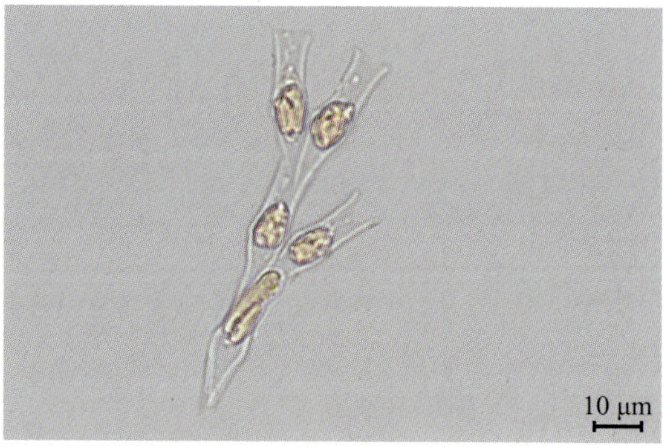

洪泽湖-11月(鲁哥氏液固定)

形态特征:群体细胞密集排列呈分枝较多的树状;囊壳为长柱状圆锥形,前端开口处略扩大,中部近平行呈圆柱形,中部的侧壁略凹入呈不规则的波状,后半部呈锥形,后端向一侧弯曲 45°～90°,末端渐尖呈锥状刺;囊壳长 28～65 μm,宽 8～11 μm。

生态分布:此种国内外广泛分布。

附钟藻属 *Epipyxis* Ehrenberg 1838

植物体为单细胞,细胞具囊壳,呈钟形、圆锥形、长卵形或纺锤形,无色透明或黄褐色。原生质体呈卵形、纺锤形或椭圆形,基部由一短柄着生于囊壳底部,具 2 条不等长鞭毛。

附钟藻属

Epipyxis sp.

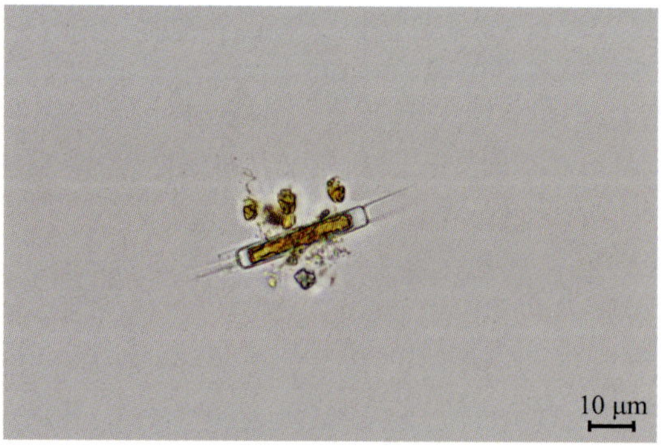

南京市运粮河-9月

形态特征:植物体为单细胞,细胞具囊壳,呈钟形、圆锥形、长卵形或纺锤形,无色透明或黄褐色。原生质体呈卵形、纺锤形或椭圆形,基部由一短柄着生于囊壳底部,具 2 条不等长鞭毛。

生态分布:生长于湖泊、池塘中。

2.2 黄群藻纲(Synurophyceae)

2.2.1 黄群藻目(Synurales)

鱼鳞藻科(Mallomonadaceae)

植物体为单细胞,自由运动的细胞具硅质鳞片,有规则地相叠呈覆瓦状或螺旋状排列,鳞片具刺毛或无刺毛,细胞前端具 1 条鞭毛,具 2 个伸缩泡,数个液泡分散在原生质。色素体片状、周生,多数 2 个,少数 1 个。同化产物为油滴和金藻昆布糖。生长在沼泽、池塘、湖泊和水坑中。

鱼鳞藻属 *Mallomonas* Perty 1852

植物体为单细胞,自由运动。细胞呈纺锤形、圆柱形、长圆形、椭圆形、卵形或球形等,硅质鳞片有规则地相叠成覆瓦状或螺旋状排列在表质上,细胞前部称领部鳞片,细胞中部称体部鳞片,细胞后部称尾部鳞片,绝大多数种类的每个鳞片由圆拱形盖、盾片和凸缘三部分组成,硅质鳞片具刺毛或无刺毛,用光学显微镜观察,细胞前端具 1 条鞭毛,具 3 到多个伸缩泡。色素体片状、周生,2 个。无眼点。同化产物为油滴和金藻昆布糖,金藻昆布糖多位于细胞基部,呈球形。细胞核 1 个。鳞片及刺毛的形状和结构,特别是它们的亚显微结构特征是分种的重要依据。

鱼形鱼鳞藻

Mallomonas akrokomos Ruttner, 1913; Wei & Kristiansen, Arch. Protistenkd., 144 (1994): 444, Figs. 28-29, 1994.

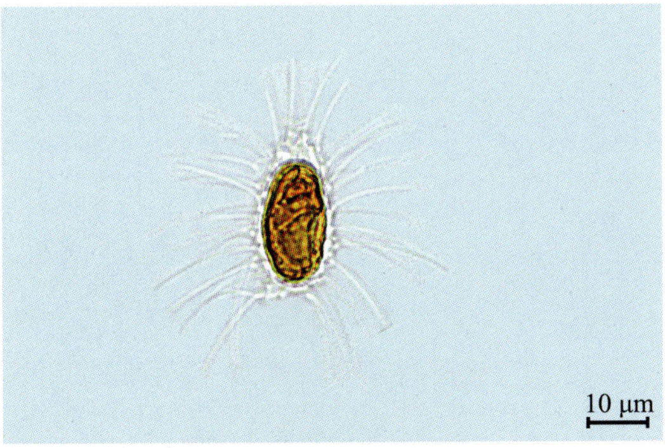

南京市运粮河-2 月

形态特征:植物体细胞呈纺锤状锥形,前端圆,后端具 1 条狭窄的尾,仅顶部鳞片具刺毛,顶部鳞片最前列的刺毛较短,其两侧具小齿,顶部鳞片第二列的刺毛较长,仅一侧具小齿,具 2 列圆拱形盖的顶部鳞片,细胞前部的鳞片呈茄形或卵形,略不对称,其前段呈透镜形，体部鳞片卵形，无肋，其前端略尖，后部鳞片长卵形，尾部鳞片狭长楔形，其长度约为前部鳞片的 2～3 倍，前部、体部和后部鳞片的基部板的前部具不规则散生小孔。细胞长 4.1～4.4 μm，宽 1.8～1.9 μm，体部鳞片长 2.6～3.1 μm，宽 1.6～1.8 μm。

生态分布：此种国内外广泛分布。

黄群藻科(Synuraceae)

植物体为群体，自由运动，细胞呈放射状排列在群体的周边，形成球形或长椭圆形的群体，无群体胶被，细胞的原生质外具硅质鳞片，前端具 2 条略不等长的鞭毛。生长在水坑、池塘、湖泊和沼泽中。

黄群藻属 *Synura* Ehrenberg 1833

植物体为群体，球形或椭圆形，无群体胶被，自由运动。细胞呈梨形、长卵形，前端广圆，后端延长成一胶质柄，表质外具许多覆瓦状排列的硅质鳞片，鳞片具花纹，具或不具刺，细胞前端具 2 条略不等长的鞭毛。色素体片状、周生，2 个，位于细胞的两侧，黄褐色。无眼点。细胞核 1 个，位于细胞中部。

黄群藻

Synura uvella Ehrenberg, em. Korshikov, 1929; Wei & Kristiansen, Arch. Protistenkd., 144(1994): 446, Fig. 56, 1994.

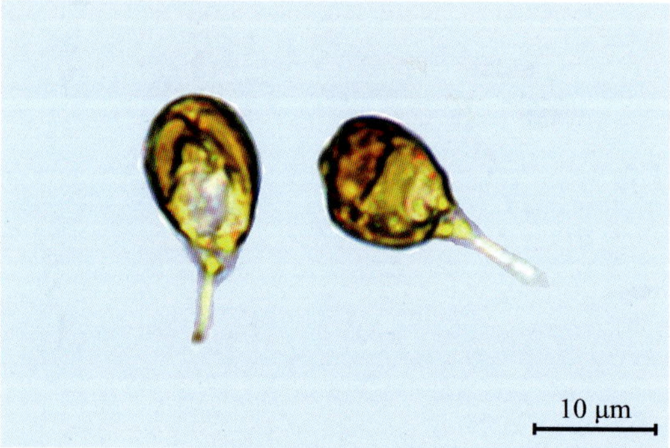

南京市运粮河-2 月

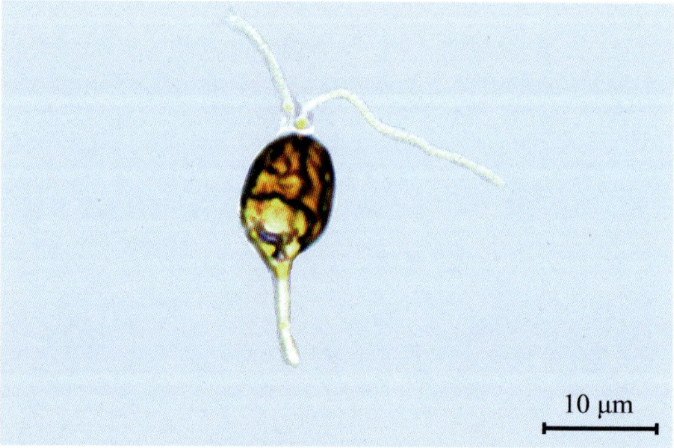

南京市运粮河-4 月

南京市运粮河-3 月

形态特征：植物体为群体，细胞卵形，鳞片圆形至长圆形，细胞顶部鳞片的顶端具有一短刺，刺顶端具3～5个小齿，鳞片的前部具六角形蜂窝状网纹，其后部具散生小孔，鳞片的缘边具有放射状的肋，沿缘边的棱具一列小乳突。细胞长20～40 μm，宽8～17 μm，鳞片长4.0～4.5 μm，宽2.7～3.4 μm。

生态分布：此种国内外广泛分布。

3 黄藻门（Xanthophyta）

3.1 黄藻纲(Xanthophyceae)

3.1.1 柄球藻目(Mischococcales)

黄管藻科(Ophiocytiaceae)

植物体为单细胞，或幼植物体簇生于母细胞壁的顶端开口处形成树状群体，着生或浮游。细胞长圆柱形，长为宽的数倍，有时可达 3 mm。着生种类细胞较直，基部具一短柄着生在它物上。浮游种类细胞弯曲或不规则地螺旋形卷曲，两端圆形或有时略膨大，一端或两端具刺，或两端都不具刺。细胞壁由不相等的两节片套合组成，长的节片分层，短的节片盖状，结构均匀。幼植物体单核，成熟后多核。色素体一至多数，带状、片状、盘状或周生。

黄管藻属 *Ophiocytium* Naegeli 1849

植物体为单细胞，或幼植物体簇生于母细胞壁的顶端开口处形成树状群体，着生或浮游。细胞长圆柱形，长为宽的数倍，有时可达 3 mm。着生种类细胞较直，基部具一短柄着生在它物上。浮游种类细胞弯曲或不规则地螺旋形卷曲，两端圆形或有时略膨大，一端或两端具刺，或两端都不具刺。细胞壁由不相等的两节片套合组成，长的节片分层，短的节片盖状，结构均匀。幼植物体单核，成熟后多核。色素体一至多数，带状、片状、盘状或周生。

头状黄管藻

Ophiocytium capitatum Wolle，1887；胡鸿钧等：中国淡水藻类，122 页，图版 30-10，1980.

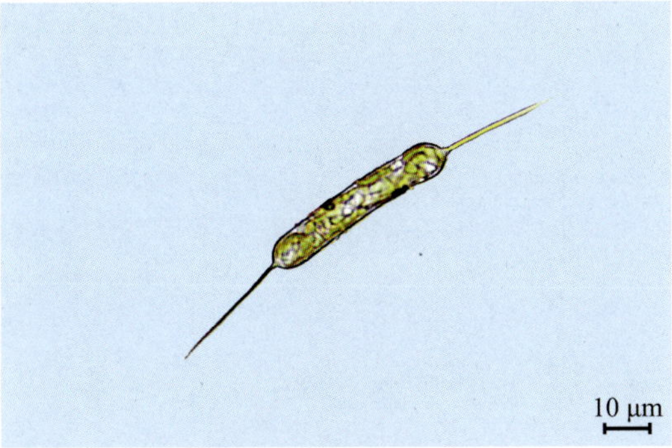

南京市运粮河-9月

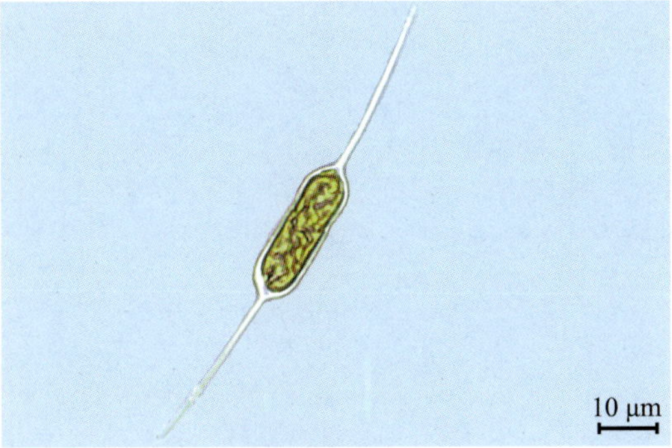

长江南京段-7月

南京市运粮河-9月

南京市运粮河-9月(鲁哥氏液固定)

形态特征:植物体为单细胞或形成不规则放射状群体,浮游。细胞长圆柱形,两端圆形或渐尖,有时略膨大,各具一长刺,长 45～150 μm,宽 5～10 μm。色素体多数,短带状。

生态分布:此种分布相当广泛,特别在弱酸性水体中。

4 硅藻门（Bacillariophyta）

4.1 中心纲(Centricae)

4.1.1 圆筛藻目(Coscinodiscales)

圆筛藻科(Coscinodiscaceae)

植物体为单细胞，壳体呈盘形、球形，偶尔有短柱形，或纵切面呈楔形。壳面圆形，极少为椭圆形或不规则形，纹饰有孔纹、点纹或线纹。一般呈向心排列，在少数情况下有较不规则的排列，甚至中部与四周构造有所不同，也有分成块状。

圆筛藻属 *Coscinodiscus* Ehrenberg 1838

细胞壳面大多为圆形，个别为椭圆形。壳面隆起、扁平或中心凹下，有明显的壳套。壳面具六角形筛室，有许多唇形突，无支持突、闭合突及实心刺。

圆筛藻属

Coscinodiscus sp.

长江南通段入海口-12 月

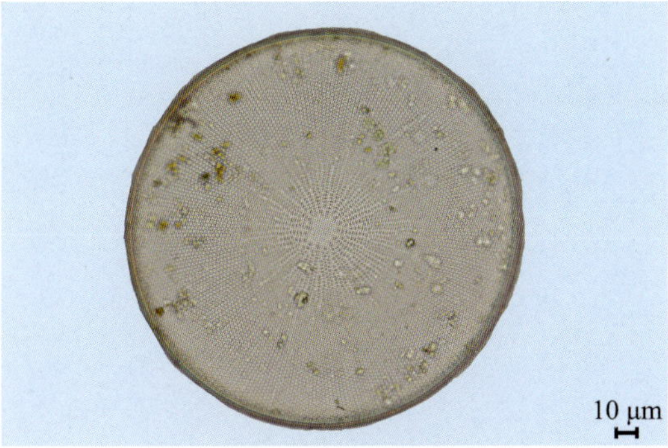

长江南通段入海口-12 月

形态特征：壳体圆盘形或短圆柱形，常具环形或领形间生带，贯壳轴短，细胞壳面大多为圆形，个别为椭圆形。壳面隆起、扁平或中心凹下，有明显的壳套。具六角形筛室，有许多唇形突，无支持突、闭合突及实心刺。

生态分布：世界广布种，海洋藻种居多。

小环藻属 *Cyclotella* Kützing ex Brébisson 1838

植物体为单细胞或由胶质或小棘连接成疏松的链状群体，多为浮游。细胞鼓形，壳面圆形，呈同心圆褶皱的同心波曲，或与切线平行褶皱的切向波曲，绝少平直；纹饰有边缘区和中央区之分，边缘区具辐射状线纹或肋纹，中央区平滑或具点纹、斑纹，部分种类壳缘具小棘；少数种类带面具间生带。色素体小盘状，多个。

梅尼小环藻

Cyclotella meneghiniana Kützing，1844；胡鸿钧等：中国淡水藻类，136 页，图版 32：12，1980.

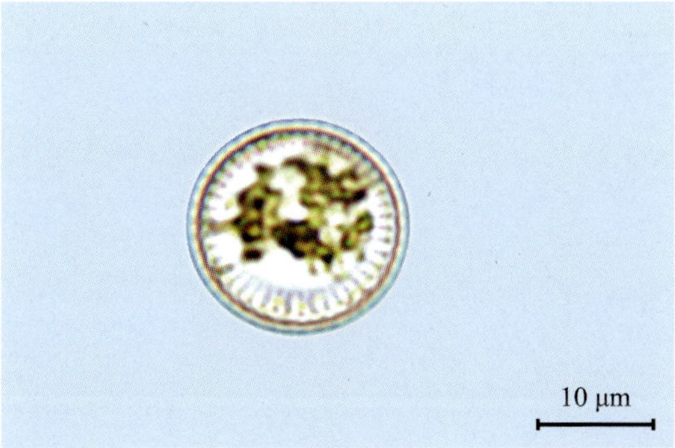

太湖-5 月

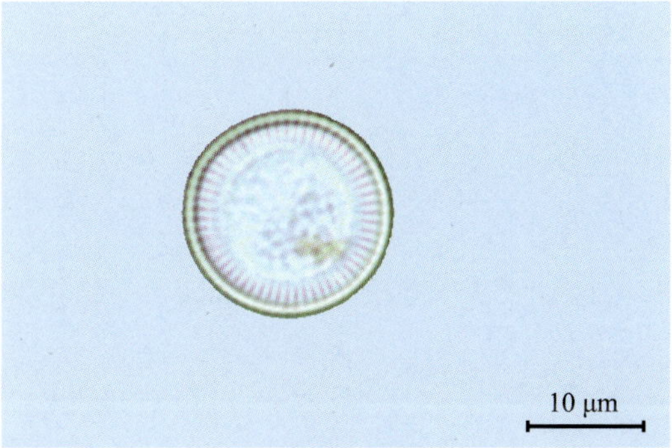

太湖-8 月

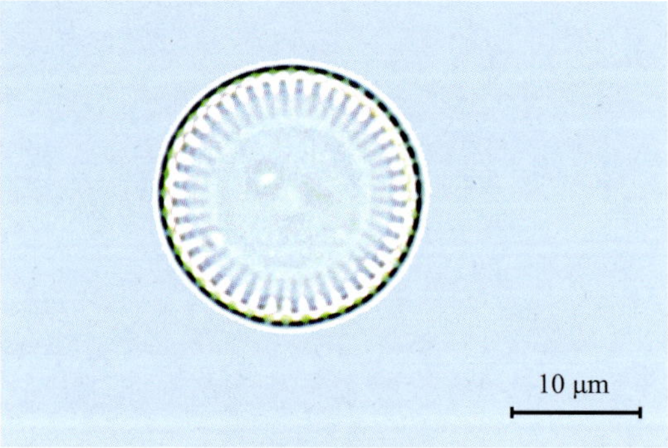

南京市琵琶湖-11月

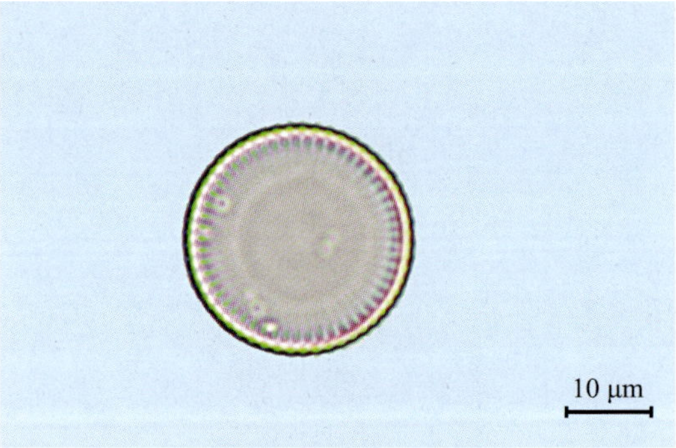

常州市长荡湖-10月

形态特征:单细胞,鼓形;壳面圆形,呈切向波曲;边缘区宽度约为半径的一半,具辐射状排列的粗而平滑的楔形肋纹,在10 μm内5~9条(绝少到12条);中央区平滑或具细小的辐射状点线纹,极少数具1~2个粗点;细胞直径为7~30 μm。

生态分布:生长在湖泊、池塘、水库、河流中,淡水或半咸水。

具星小环藻

Cyclotella stelligera (Cleve & Grunow) Van Heurck, 1882; 胡鸿钧等: 中国淡水藻类, 135-136页, 图版32: 8, 1980.

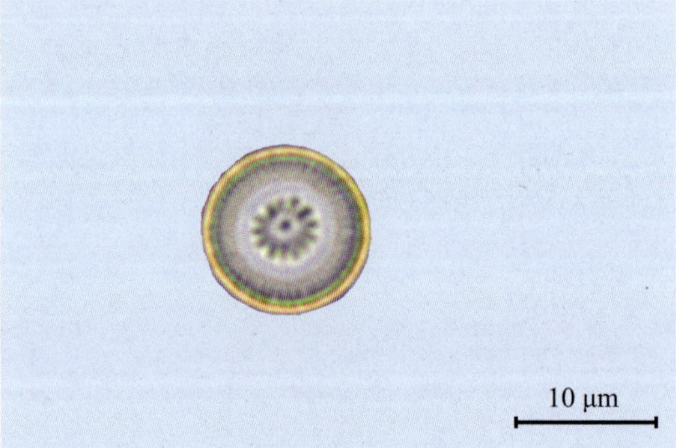

南京市运粮河-10月

形态特征:植物体为单细胞,壳体圆盘形;壳面圆形,呈同心波曲;边缘区较狭,具辐射状排列的粗线纹,在10 μm内12~16条;中央区具星状排列的短线纹,中心具1个单独的点纹;细胞直径5.5~24.5 μm。

生态分布:生长在湖泊、池塘、河流的沿岸带,丛生或偶然性浮游,最适pH值为7.5~8.0,喜碱、广盐,在秋季的富营养水体中能大量生长。国内外普遍分布。

小环藻属

Cyclotella sp.

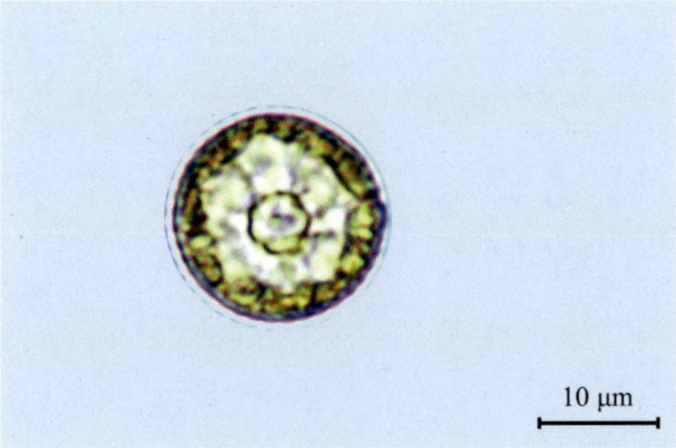

宿迁市骆马湖-8月

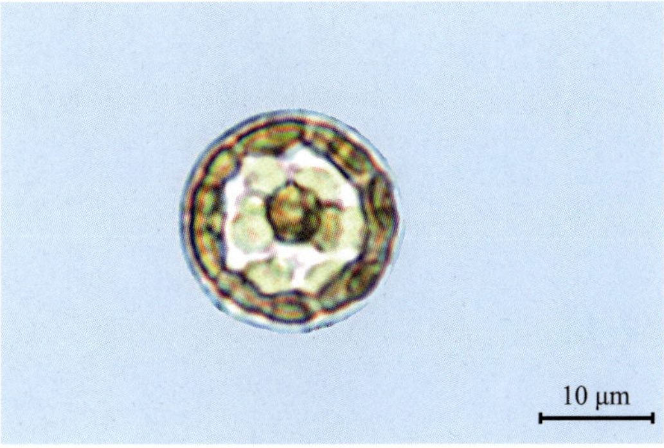

洪泽湖-3月

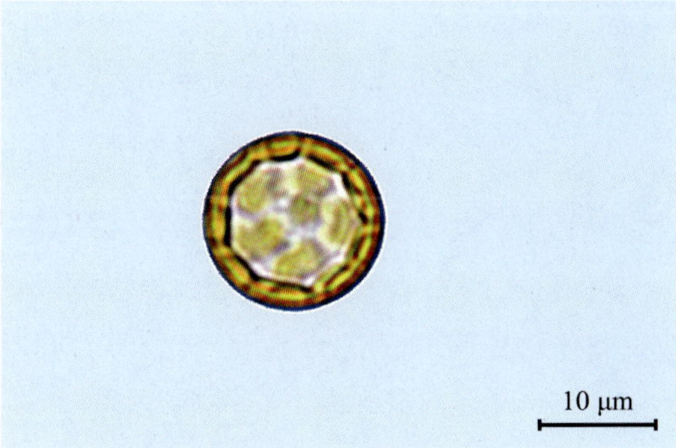

南京市运粮河-10月(鲁哥氏液固定)

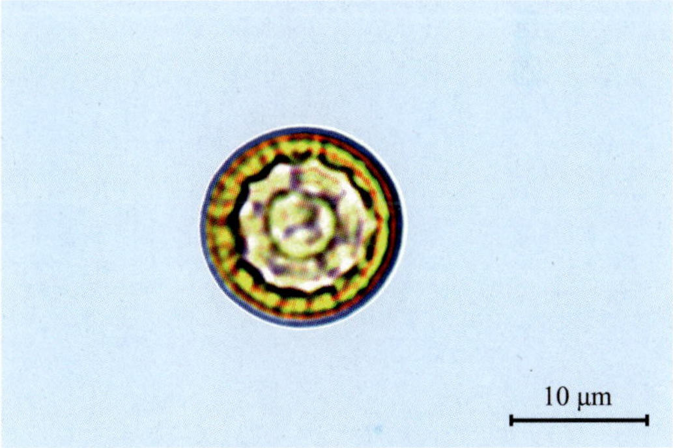

南京市运粮河-9月(鲁哥氏液固定)

形态特征：植物体为单细胞或由胶质、小棘连接成疏松的链状群体，多为浮游；细胞呈鼓形，壳面圆形，呈同心圆褶皱的同心波曲或与切线平行褶皱的切向波曲，绝少平直；纹饰有中央区和边缘区之分，中央区平滑或具点纹、斑纹，边缘区具辐射状线纹或肋纹，部分种类壳缘具小棘；少数种类带面具间生带；色素体小盘状，多个。

生态分布：淡水及海水产，是浮游种类，有的也生活在泥土中。

直链藻属 *Melosira* Agardh 1824

植物体由细胞的壳面相互连成链状群体，多为浮游。细胞圆柱形，极少数呈圆盘形、椭圆形或球形。壳面圆形，极少数为椭圆形，平或凸起，有或无纹饰，有的带面常具环沟，环沟间平滑，其余部分平滑或具纹饰，壳面常有棘或刺。色素体小圆盘状，多个。

颗粒直链藻

Melosira granulata（Ehr.）Ralfs，1861；胡鸿钧等：中国淡水藻类，134 页，图版 32：2，1980.

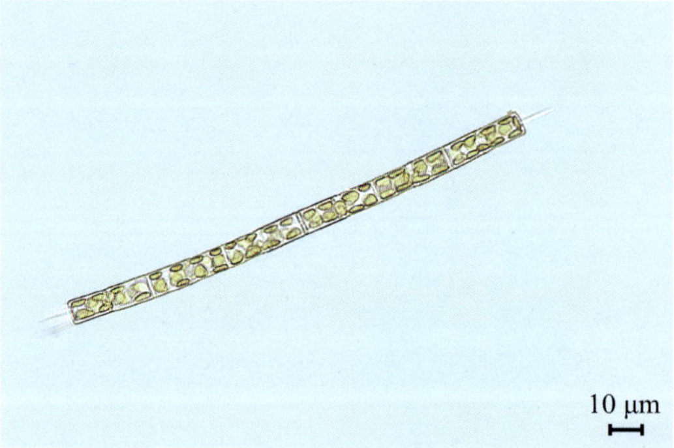

长江南京段-7月

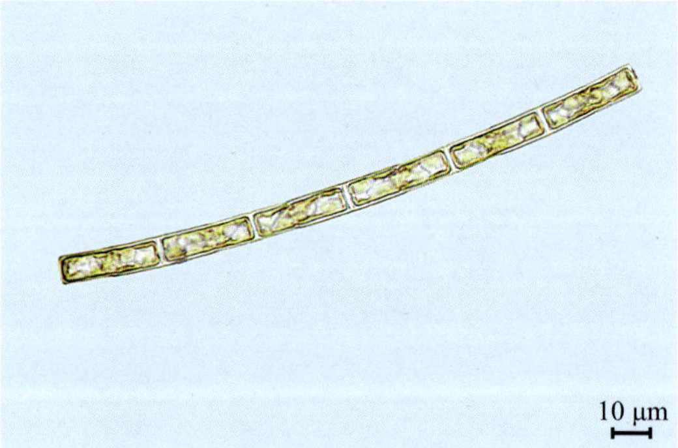

常州市长荡湖-7月

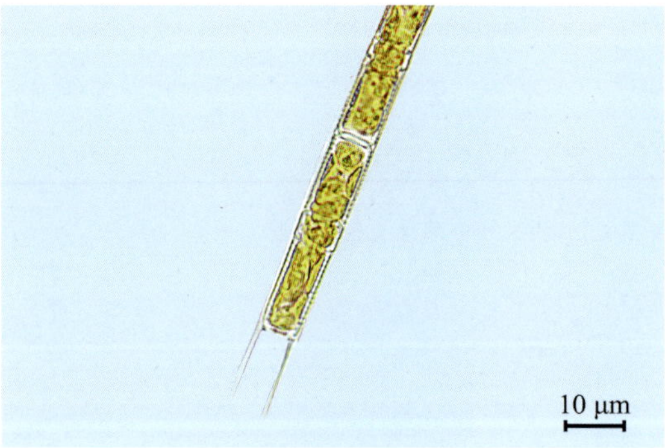

宿迁市骆马湖-1月

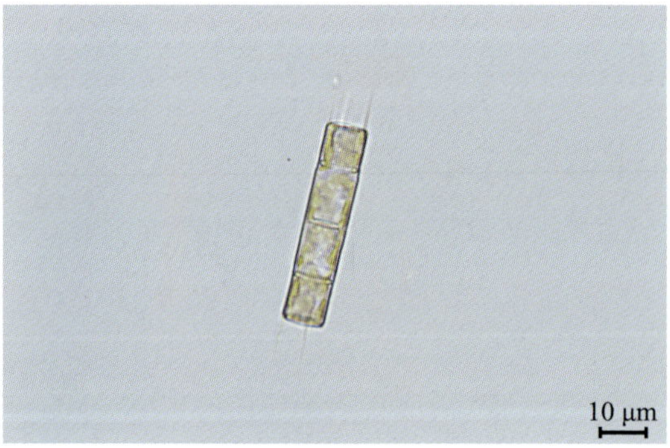

南京市运粮河-7月

形态特征：植物体为群体，长链状，细胞以壳盘缘刺彼此紧密连成；群体细胞呈圆柱形，壳盘面平整，具散生的圆点纹，壳盘缘除两端细胞具不规则的长刺外，其他细胞具小短刺，点纹形状不规则，常呈圆形或方形，两端细胞为纵向平行排列，其他细胞均为斜向螺旋状排列，点纹多型，为细点纹、粗细点纹、粗点纹；壳套面发达，壳壁厚，环沟和假环沟呈"散生形"；具深镶的较薄的环状体；颈部明显，点纹 10 μm 内 8～15 条，每条具 8～12 个点纹；细胞直径 4.5～21 μm，高 5～24 μm。

生态分布：生长于江河、湖泊、水库、池塘、沼泽等各种淡水水体中，尤其在富营养池塘或湖泊中大量出现。

颗粒直链藻极狭变种

Melosira granulata var. *angustissima* O. Müller, 1899；胡鸿钧等：中国淡水藻类，134-135 页，图版 32：2，1980.

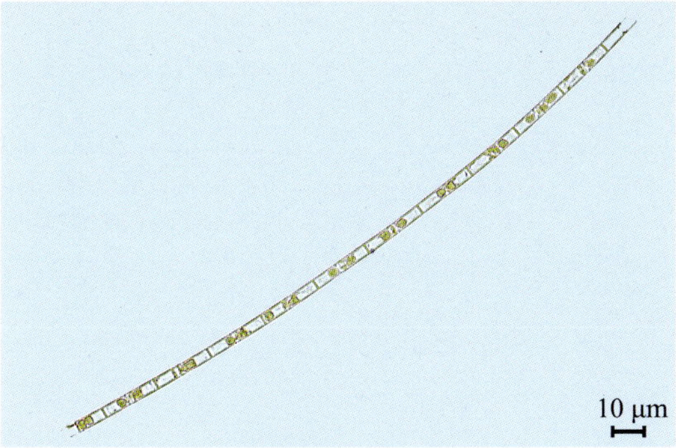

阳澄湖- 1 月

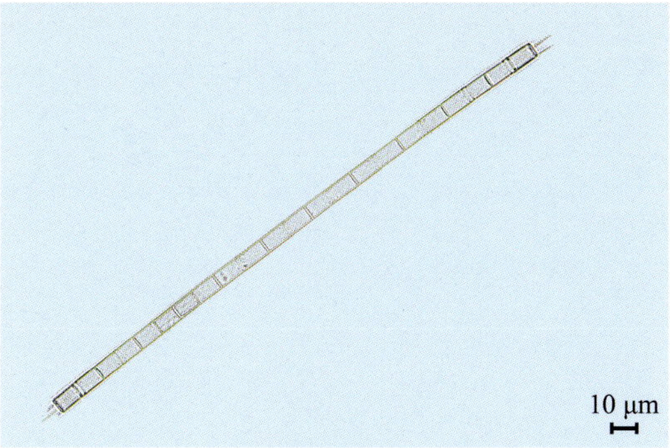

阳澄湖- 5 月

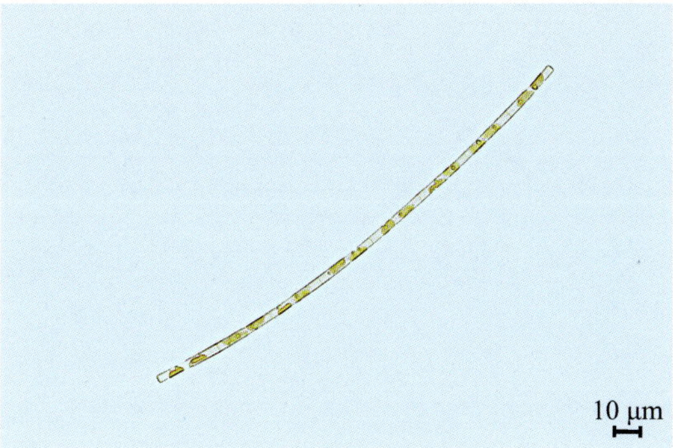

常州市长荡湖- 3 月

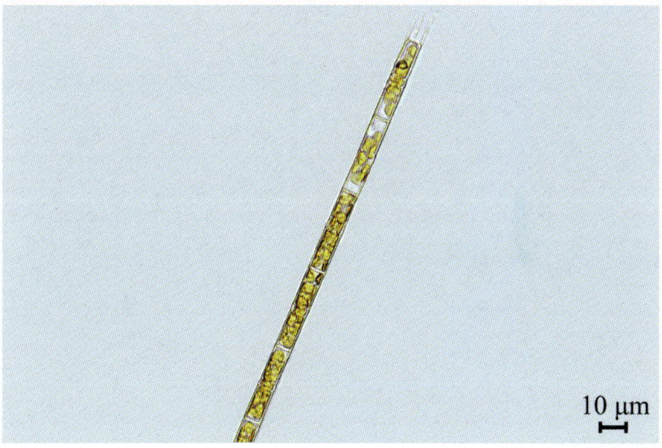

宿迁市骆马湖- 1 月

形态特征：植物体为链状群体，细而长，壳体高度大于直径的数倍至 10 倍；点纹 10 μm 内 10～14 条；细胞直径为 3～4.5 μm，高 11.5～17 μm，壳盘缘两端细胞具不规则长刺。

生态分布：生长于沼泽、池塘、水库、湖泊、江河等各种水体中，尤其在富营养池塘或湖泊中大量出现，浮游生活。

颗粒直链藻极狭变种螺旋变型

Melosira granulata var. *angustissima* f. *spiralis* Hustedt，1927；胡鸿钧等：中国淡水藻类，135 页，图版 32：4-5，1980.

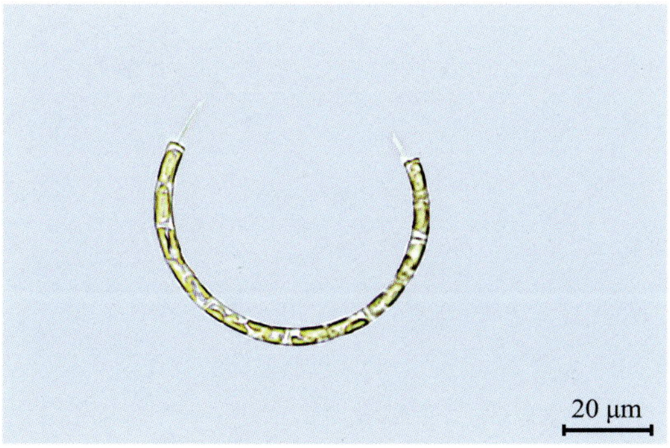

宿迁市骆马湖- 10 月

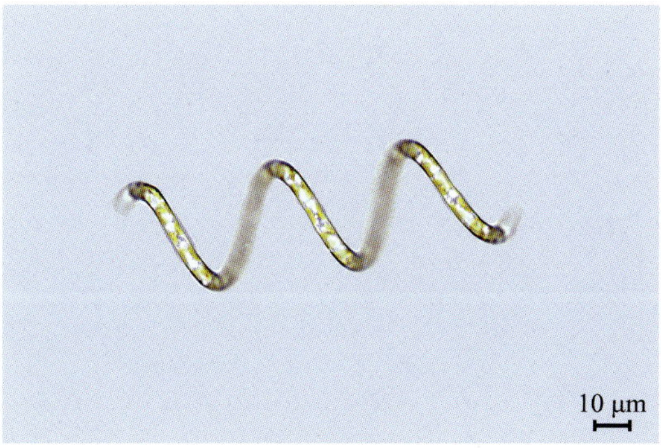

常州市长荡湖- 4 月

形态特征：植物体为链状群体弯曲形成螺旋形。细胞直径为 2.5～5.5 μm，高 7.5～19.5 μm。点纹 10 μm 内约 16 条。壳盘缘两端具不规则长刺。大量繁殖易导致湖库水华。

生态分布：生活于江河、湖泊、水库、池塘中。

变异直链藻

Melosira varians Agardh，1849；胡鸿钧等：中国淡水藻类，134 页，图版 32：1，1980.

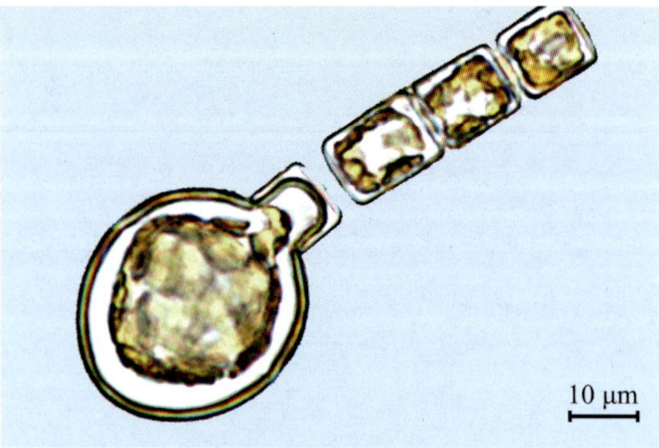

南京市秦淮河-3月

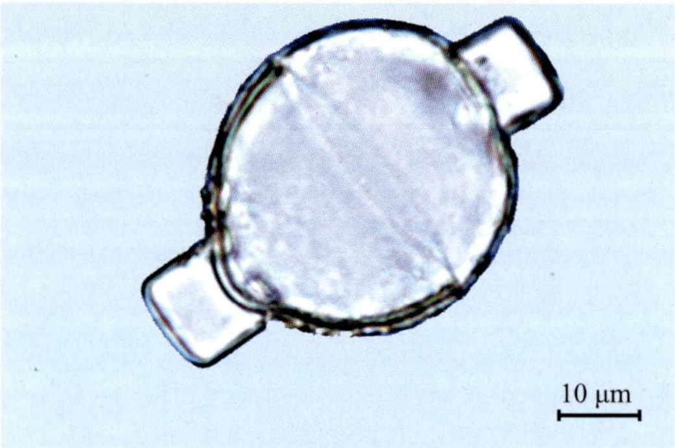

南京市秦淮河-3月

南京市月牙湖-8月

南京市运粮河-8月

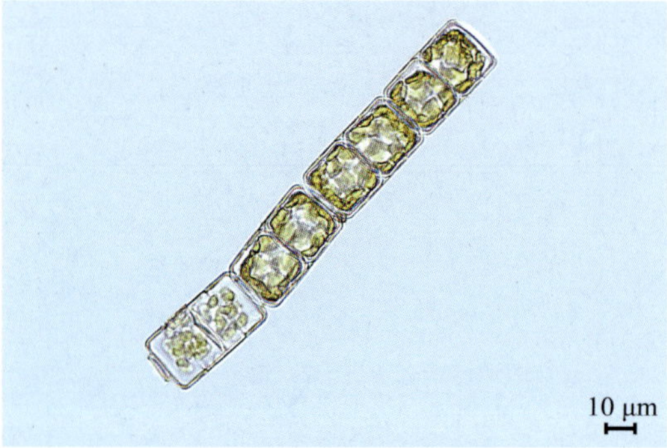

南京市月牙湖-8月

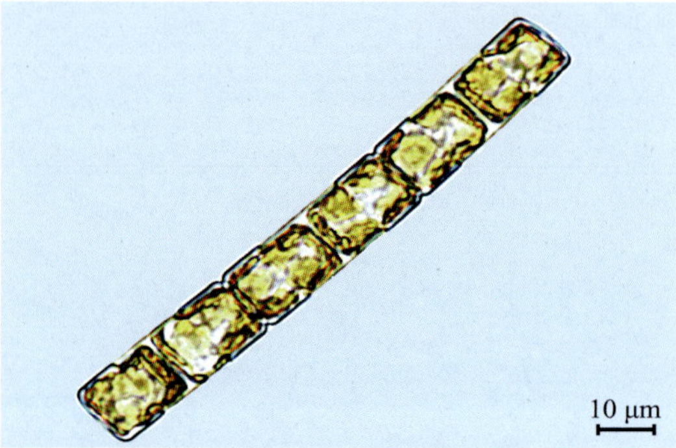

南京市运粮河-8月

常州市长荡湖-3月(鲁哥氏液固定)

洪泽湖-5月

形态特征：植物体为群体链状，细胞彼此紧密相连；群体细胞圆柱形，壳盘面平，盘缘向下弯曲，具散生的圆点纹，细胞具小短刺；壳套面环状，壳壁略薄而均匀；假环沟狭窄，无环沟和颈部；内外壳套线平行；细胞直径为 7～35 μm，高 4.5～14(～27) μm。

生态分布：生长于各类浅水水体中，偶然性浮游种类，常在夏天的中污染水体或富营养湖泊中大量出现，喜欢碱性或微碱性水体，pH 为 6.4～9，适宜 pH 约为 8.5，为有机污染水体的指示种类。

具槽直链藻

Melosira sulcata (Ehrenberg) Kützing, Bac. p. 55, pl. 2, Fig. 7, 1844; Guo YJ (郭玉洁), 2003, p. 17, Fig. 5; Jin DX et al. (金德祥等), 1965, p. 24, Fig. 11, 12; Yang SM & Dong SG(杨世民，董树刚), 2006, p. 3, Fig. 2.

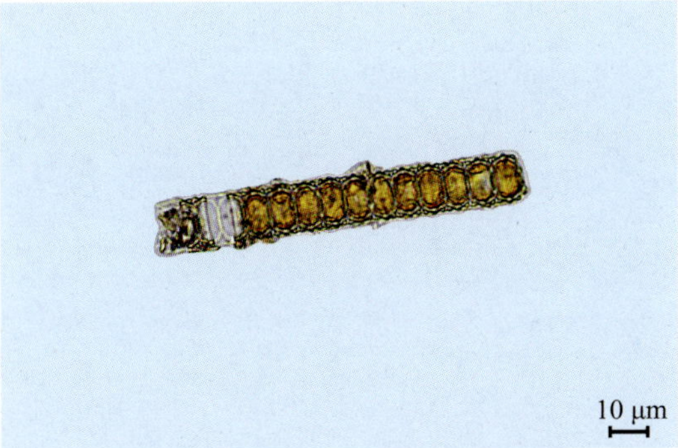

长江南通段入海口-2月(鲁哥氏液固定)

形态特征：植物体细胞短圆，呈筒状，环面观呈卵圆形，壁厚具大型网纹。细胞宽(顶轴长即直径)8～80 μm，一般为 30 μm 左右，宽大于高(贯壳轴短)，以壳面紧密相接，连成直链状群体。壳套陡直，壳面圆而略凸，有呈放射状排列的孔纹。同一细胞两壳面边缘的构造不同。相邻细胞壳面边缘与陡直的壳套相接处分别具有脊和沟，呈浮雕和凹雕的构造，各脊分别插入相对应的沟中，连接成锁状群体(环面观)，色素体小盘状，多数。

生态分布：海洋近岸底栖性种类常出现于近岸浮游植物中，风浪大的冬季及地形复杂、受海浪冲击较大的海岸边，本种出现的数量尤大，属偶然性浮游植物，世界广布种。

浮生直链藻属 *Aulacoseira*

壳体呈长圆柱形，壳面互相连接成链状。壳面上的点纹大小均匀，点纹的排列密集，具有壳针。该属主要鉴别特征为在壳套的边缘部位有硅质的加厚，孔纹在壳套上排列规则，通常呈圆形。在硅质加厚区内侧具有唇形突。上、下壳面合部具有舌状瓣和密集的网孔。

浮生直链藻属

Aulacoseira sp.

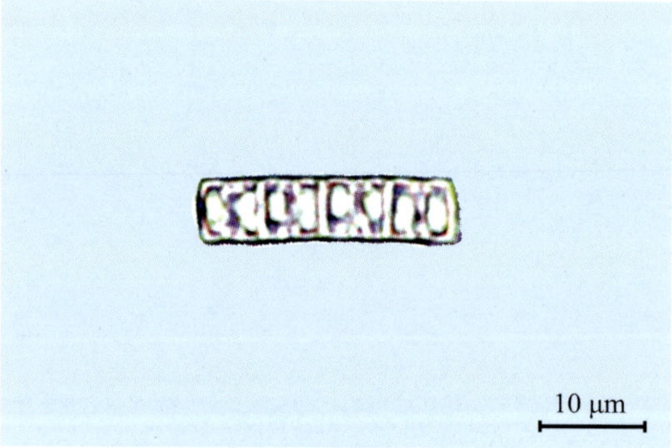

无锡市横山水库- 2 月

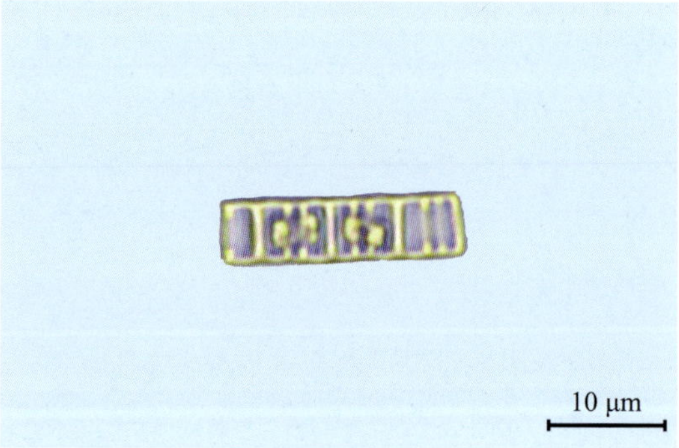

洪泽湖- 10 月

形态特征：植物体壳体呈长圆柱形，壳面互相连接成链状。壳面上的点纹大小均匀，点纹的排列密集，具有壳针。该属主要鉴别特征为壳套的边缘部位有硅质的加厚，壳套上的孔纹排列规则，通常呈圆形。在硅质加厚区内侧具有唇形突。上、下壳面合部具有舌状瓣和密集的网孔。

生态分布：生活于三峡库区（湖北段）、太湖流域、甬江流域、辽河流域中。

冠盘藻属 *Stephanodiscus* Ehrenberg 1845

植物体为单细胞或连成链状群体，浮游。细胞圆盘形，少数为鼓形、柱形；壳面圆形，平坦或呈同心波曲；壳面纹饰为成束辐射状排列的网孔，中央排列不规则或形成玫瑰纹区。色素体小盘状，数个，较大而呈不规则形状的仅 1 个或数个。

新星形冠盘藻

Stephanodiscus neoastraea Häkansson et Hickel，1986；齐雨藻：中国淡水藻志，第四卷，硅藻门，中心纲，p. 68，Fig. 85，1995.

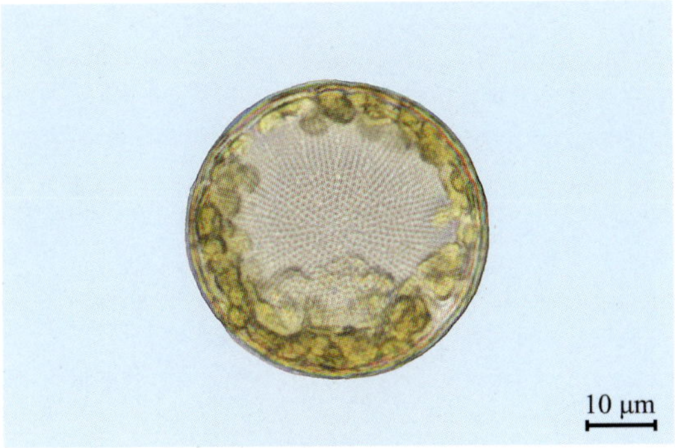

常州市长荡湖-9月

形态特征：植物体为单细胞，很少由2～3个细胞连成短链状群体；细胞呈圆盘形，壁厚；壳面圆形，呈同心波曲，具成束辐射状排列的网孔，在10 μm内约有9束，16～22个网孔，在壳缘处每束网孔为2列，很少3列，向中部成为单列，除有几条单列网孔直达壳面中心外，中央网孔大多散生，网孔束之间为辐射无纹区，位于每2～4条辐射无纹区的末端，细胞直径14.5～70 μm。

生态分布：生长于湖泊、池塘中，浮游，特别是大量生长在富营养型的水体中，是中污型水体的指示种类，国内外普遍分布。

冠盘藻属

Stephanodiscus sp.

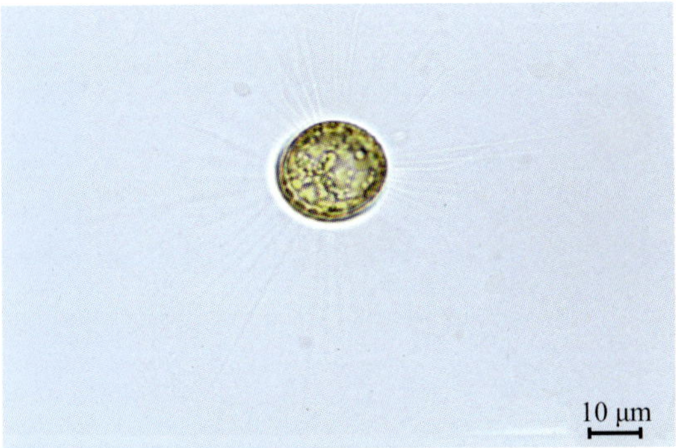

南京市运粮河-3月

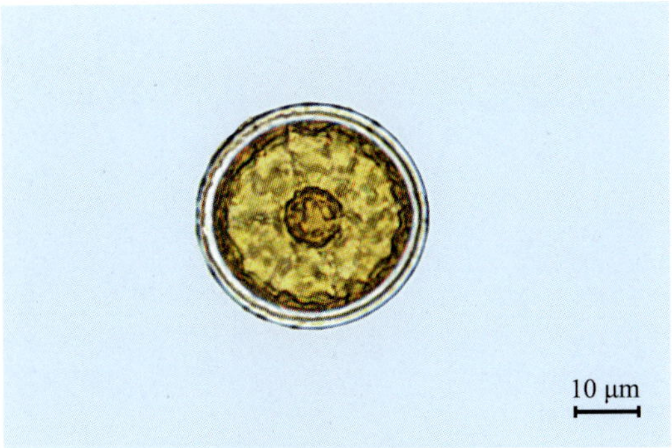

常州市新孟河-3月

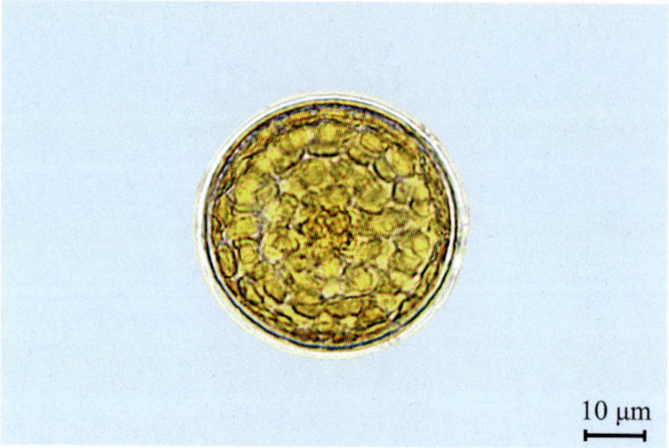

长江南京段-7月

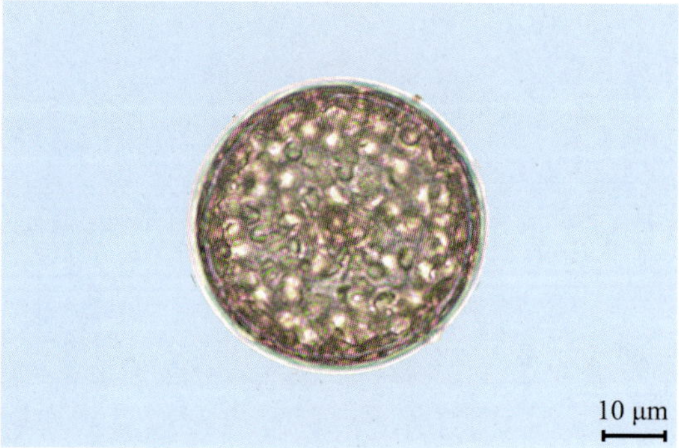

洪泽湖-12月(鲁哥氏液固定)

形态特征：植物体连成链状或为单细胞群体，浮游；细胞圆盘形，少数为柱形、鼓形；壳面圆形；呈同心波曲或平坦；壳面纹饰为成束辐射状排列的网孔，中央排列呈不规则放射状或形成玫瑰纹区；色素体小盘状，数个，较大而呈不规则形状的仅1个或数个。

生态分布：主要生长在浅水湖泊、池塘、沟渠、沼泽、水流缓慢的河流及溪流中。

骨条藻科(Skeletonemaceae)

细胞呈透镜形或圆柱形，壳面四周生有一圈与贯壳轴平行或略有扭曲伸出的细刺，并与相邻细胞连成群体。细胞壁上有明显的六角形孔纹或孔纹微细难以辨认。

骨条藻属 *Skeletonema* Greville 1865

植物体细胞呈短圆柱形、透镜形或近球形，壁薄，单个生活或呈长短不同的链状群体。壳面圆形，平或中部凸起如冠状。在壳面边缘生有一圈与细胞贯壳轴平行的细长管状突起，相邻细胞的支持突呈结状连接，连成链状群体。

中肋骨条藻

Skeletonema costatum (Greville) Cleve, Bih. Longl. Svensk. Vet. - Akad. Handl., 1878, vol. 5, no. 8, p. 18; Guo YJ (郭玉洁), 2003, p. 217, Fig. 200; Yang SM & Dong SG (杨世民，董树刚), 2006, p. 64, Fig. 56.

长江南通段-6月

形态特征：植物体细胞形成长链状群体，呈短圆柱形或透镜形，壁薄。壳面边缘生有一圈管状长突起，以之与相邻细胞的长突起相接而连成长链，连接结明显。壳面网孔呈不规则的五角形或六角形，壳面中央有一唇形突。细胞直径 4～5.5 μm。

生态分布：世界广布种。

冠盖藻属 *Stephanopyxis* Ehrenberg 1844

细胞呈圆筒形、球形或椭圆形。壳面圆形，微鼓起，有六角形筛室，壳面边缘生有一圈管状刺（与壳环轴平行），略扭曲，末端截平形，以之与相邻细胞的刺相连形成直短链。环面近方形或长卵形。色素体多，小圆盘状。

塔形冠盖藻

Stephanopyxis turris (Greville & Arnott) Ralfs in Prit. Inf., 1861, p. 826, 5/74; Guo YJ（郭玉洁），2003, p. 225, Fig. 205; Yang SM & Dong SG（杨世民，董树刚），2006, p. 67, Fig. 59.

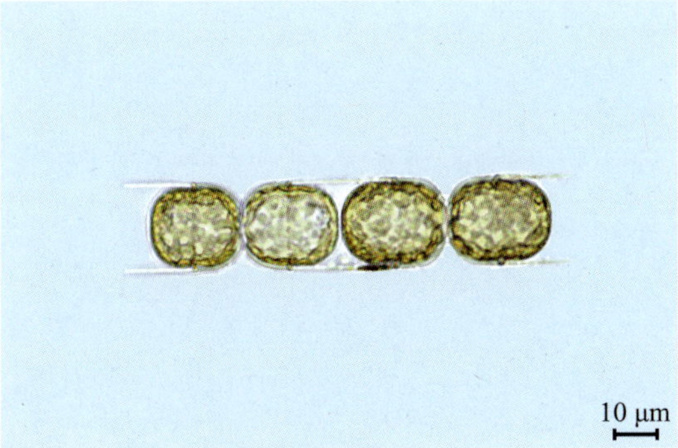

长江南通段入海口-10 月

形态特征：细胞呈短圆柱形。壳面圆，平或略凸起，直径 30 μm 左右，有大小近似呈直线形排列的六角形筛室（4～5 个/10 μm），壳边缘生 9～10 条裂管状刺，刺末端稍加粗呈截平形，当其与相连细胞的刺相接时成结，将细胞连成长直链。细胞贯壳轴长，环面呈圆顶的长圆柱形，因壳面边缘略呈喇叭状张开，环面观近环带处有轻微的缢缩痕。

生态分布：温带近海浮游性种。

4.1.2 根管藻目（Rhizosoleniales）

管形藻科（Solenicaceae）

植物体为单细胞或由少数几个细胞连成暂时性的链状群体，浮游；细胞长，呈棒形、长圆柱形，细胞壁薄，轻度硅质化，具细点纹；带面具许多环状、领状、半环状、鳞片状的间生带，使两壳面的距离延长成直的长圆柱形，间生带以末端互相连接呈“Z”形或螺旋形，无隔片；壳面呈圆形或椭圆形，两端常具对称或不对称排列的长角毛或棘刺；较小的色素体呈小颗粒状、小圆盘状，多数，较大的色素体呈盘状或片状。

根管藻属 *Rhizosolenia* Ehrenberg 1843

植物体为单细胞或由几个细胞连成直的、弯的或螺旋状的链状群体，浮游；细胞呈长棒形、长圆柱形，略弯，细胞壁很薄，具规律排列的细点纹，在光学显微镜下不能分辨；带面常具多数呈鳞片状、环状、领状的间生带；壳面呈圆形或椭圆形，具尖帽状或圆锥状突起，突起末端延长成或长或短的刚硬的棘刺；色素体呈小颗粒状或小圆盘状，多数，较大的呈盘状或片状。

长刺根管藻

Rhizosolenia longiseta Zacharias，1893；胡鸿钧等：中国淡水藻类，139 页，图版 32：16，1980.

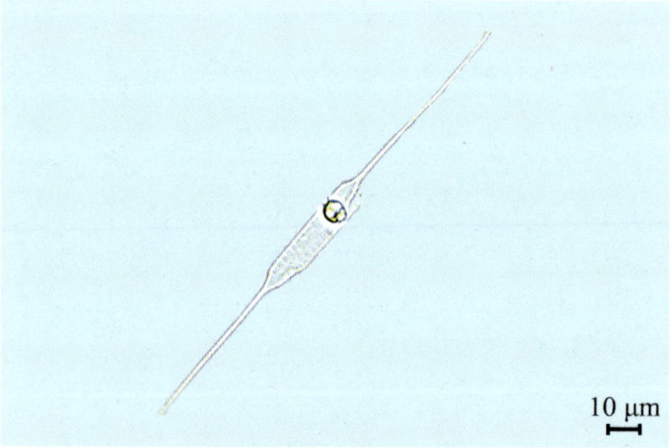

南京市内秦淮河－9 月

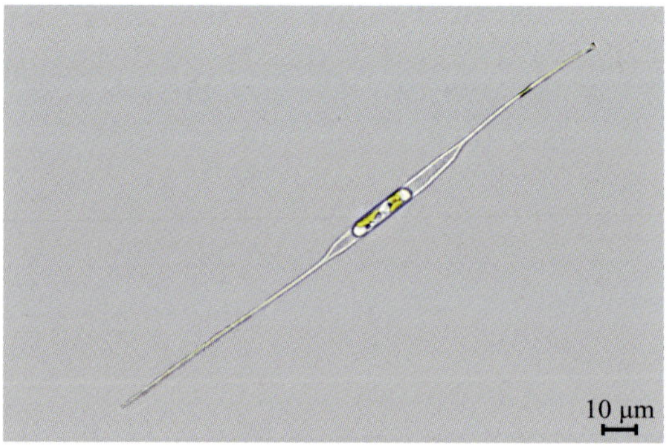

南京市运粮河－10 月

形态特征：植物体细胞长棒形，侧扁，有背腹之分；带面具发达的半环形的间生带；壳面椭圆形，具弯圆锥形的帽状体，末端具 1 条细长且刚硬的棘刺，刺长接近于或明显超过细胞长度；色素体小圆盘状，2～4 个；细胞长 70～200 μm，直径 4～10 μm；刺长 80～200 μm。

生态分布：池塘、水库、湖泊、河流中，多数生长在富营养的水体中，浮游。

4.1.3　盒形藻目(Biddulphiales)

盒形藻科(Biddulphicaceae)

植物体为单细胞或互相连成疏松的链状群体；细胞呈扁圆柱形、长圆柱形，平滑或具通常难以分辨的细点纹；壳面呈椭圆形或圆形，在每一端或每边中部具隆起、角突或棘刺；带面具多数间生带；壳缘凹入、凸出、平直或呈波状；色素体小盘状、片状，多个。

四棘藻属 *Attheya* West 1860

植物体为单细胞或者 2～3 个细胞互相连成暂时性的短群体；细胞呈扁圆柱形，细胞壁极薄，平滑或具通常难以分辨的细点纹；带面长方形，具许多半环状间生带，末端楔形，无隔片；壳面扁椭圆形，中部凹入或凸出，由每个角状突起延长成1条粗而长的刺；色素体小圆盘状，多个。

扎卡四棘藻

Attheya zachariasi Brun，1894；胡鸿钧等：中国淡水藻类，139页，图版32：17，1980.

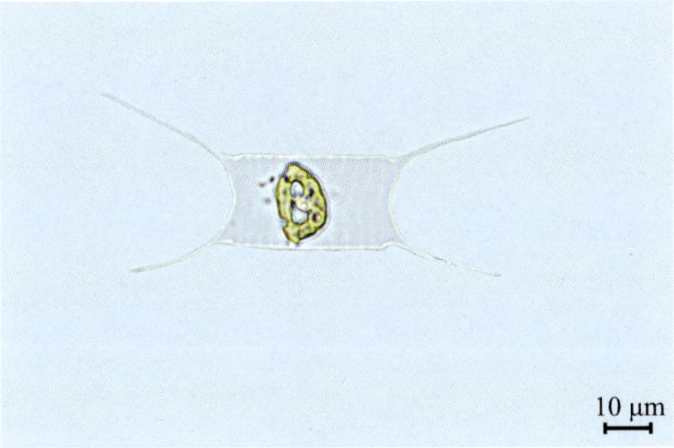

洪泽湖-8月

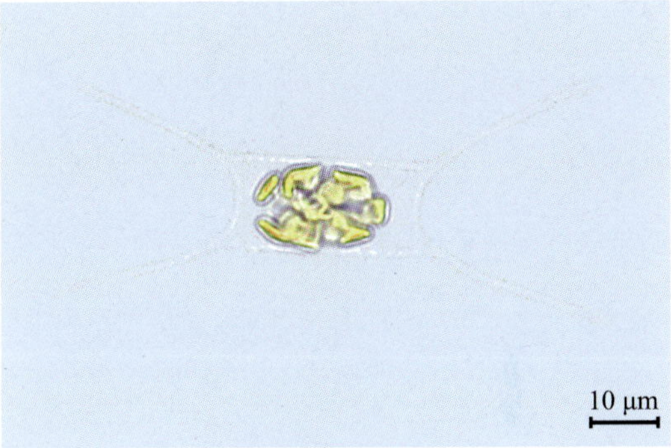

宿迁市骆马湖-3月

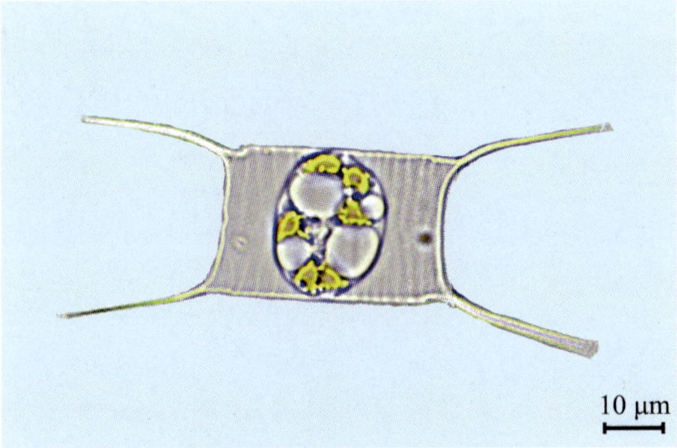

南京市运粮河-9月

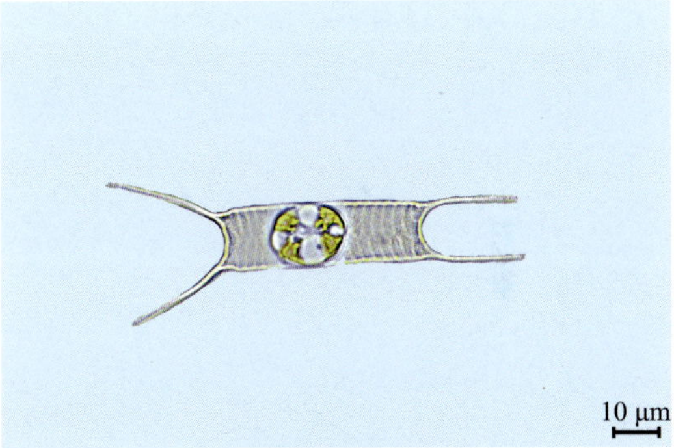

南京市运粮河-9月

形态特征：植物体为单细胞或者2～3个细胞互相连成暂时性的短链状群体；细胞呈扁椭圆形，细胞壁极薄；带面具多数环状的间生带，末端楔形；壳面扁椭圆形色素体小盘状，4个；细胞长35～110 μm，宽11.5～42 μm；刺长12.5～100 μm。

生态分布：池塘、湖泊、河流，多为富营养水体，浮游。

三角藻属 *Triceratium* Ehrenberg 1839

壳面多三角形或多角形，环面窄长。壳体中部略凸，在角隅处略隆起或凸起为角状，凸起上常有眼斑、小棘或孔纹。壳面具排列整齐的六角形筛室。

蜂窝三角藻

Triceratium favus Ehrenberg，Abh. Berl. Akad.，1839，159，4/10；Guo YJ(郭玉

洁),2003,p. 413,Fig. 344;Yang SM & Dong SG(杨世民,董树刚),2006,p. 201,Fig. 173;Jin DX et al.(金德祥等),1982,p. 55,pl. 11:87.

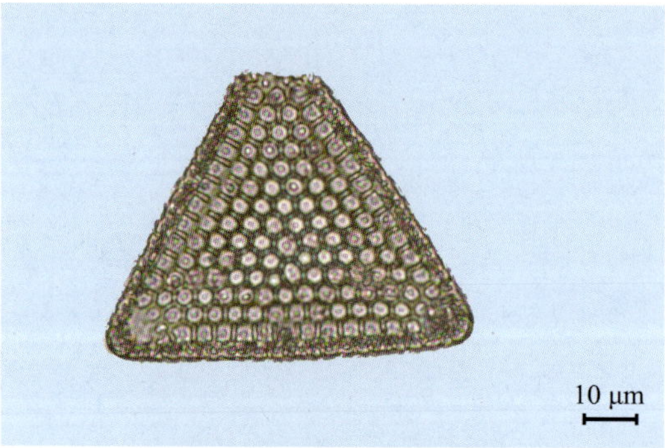

长江南通段入海口-12 月

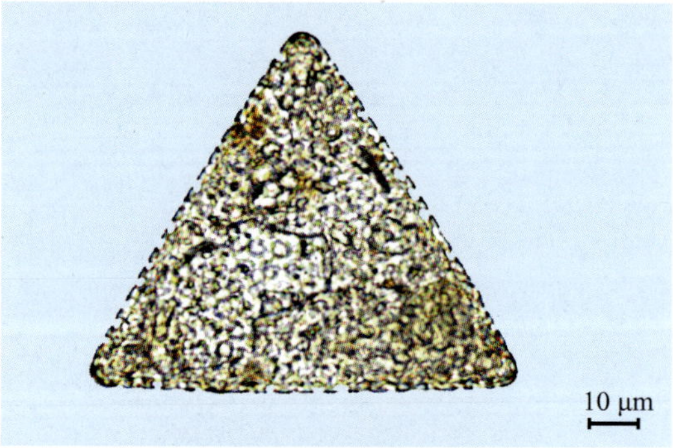

长江南通段入海口-2 月

形态特征:细胞呈三角形盒状,边长 98~189 μm。壳面三角形,各边直或略凸出,各角有粗短的钝乳头状的突起,突起上长有小刺。壳面有大小均一的略与壳面平行排列的筛室,10 μm 内有 1~2 个。

生态分布:日本、印度、太平洋、墨西哥、欧洲。

水链藻属 *Hydrosera* Wallich 1858

植物体细胞连成疏散群体。壳体长盒形,环带较高。壳套上具与壳面相同的粗网孔,环带上具细网孔。壳面呈三角形,具 3 个伸出的形似六角形的角隅,每个角隅的末端(游离端)呈钝圆形至截形。壳面具粗网孔,在角隅(角突)上的网孔细而与壳面网孔区分,称为假眼斑。色素体颗粒状,小且多数。

黄埔水链藻

Hydrosera whampoensis (Schwarz) Deby,1891;Qi YZ(齐雨藻),1995,p. 86,Fig. 97,pl. Ⅶ:5-7.

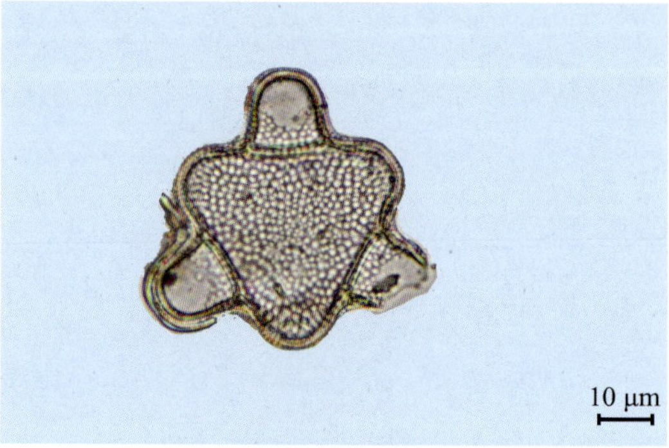

长江南京段-12 月

形态特征:植物群体呈链状,壳体长柱形。壳面三角形,各边长 44~70 μm。壳面具大小不一的孔网。从各边缘中部伸出一个角隅，角隅末端呈钝圆至截形，角隅末端密布小孔。带面长柱形，沿贯壳轴向波曲。

生态分布：湖泊、水库等水体中。

角毛藻科(Chaetoceroceae)

细胞壳面多数为椭圆形（少数为圆形），壳面长轴处各生 1 条长角毛。环面为四角形（角毛自角处伸出）。绝大多数为相邻的角毛连接而成的群体，群体链直或螺旋状弯转，少数种以贯壳轴为中轴面扭转。

本科仅含 1 属，角毛藻属。

角毛藻属 *Chaetoceros* Ehrenberg 1844

细胞呈短而略扁的圆筒形，一般宽度与高度相似，细胞宽环面往往接近正方形，窄环面则呈长方形。在壳面顶轴两端各生一细长的角毛，其断面大都为圆形，亦有四角形或多角形等。角毛的表面常有横列点纹及螺旋排列的实心小刺。少数细胞单独生活，大部分相邻细胞的相近角毛交接，连成直的、弯的或呈螺旋状的链状群体。

角毛藻属

Chaetoceros sp.

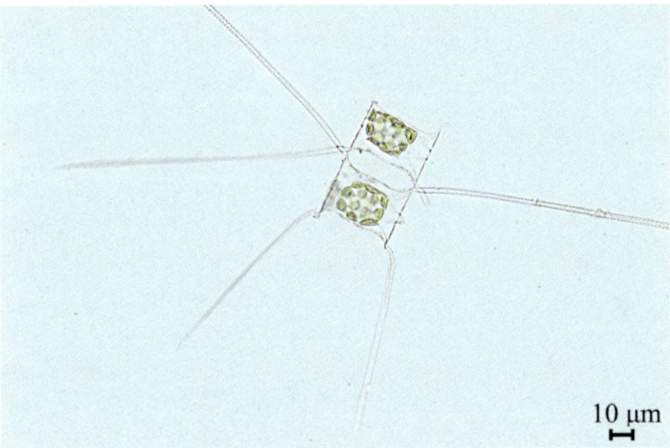

长江南通段入海口-9 月

形态特征：细胞呈短而略扁的圆筒形，一般宽度与高度相似，细胞宽环面往往接近正方形，窄环面则呈长方形。在壳面顶轴两端各生一根细长的角毛，其断面大都为圆形，亦有四角形或多角形等。角毛的表面常有横列点纹及螺旋排列的实心小刺。少数细胞单独生活，大部分相邻细胞的相近角毛相互连接，连成直的、弯的或呈螺旋状的链状群体。

生态分布：世界广布种，海洋藻种居多。

4.2　羽纹纲(Pennatae)

4.2.1　无壳缝目(Araphidiales)

脆杆藻科(Fragilariaceae)

植物体为单细胞,或细胞连成带状、"Z"形,或放射呈星状群体。壳体呈椭圆形、圆柱形、菱形、长圆柱形;壳面呈线形、椭圆形、菱形、棒形等,少数种类一端膨大,也有少数种类具波形的边缘,两侧对称;带面多数呈长方形,两侧对称或不对称,常具间生带或隔膜;色素体呈小颗粒状,多个,罕为较大的片状。

星杆藻属 *Asterionella* Hust. A. Hassall 1850

植物体为单细胞,细胞为长棒形。常形成星状群体,壳面线形,末端头状膨大,一端比另一端大。壳面沿长轴对称,假壳缝狭窄,不明显。

美丽星杆藻

Asterionella formosa Hust. A. Hassall 1850; Qi YZ & Li JY(齐雨藻, 李家英), 2004, p. 36, pl. IX: 1, 2.

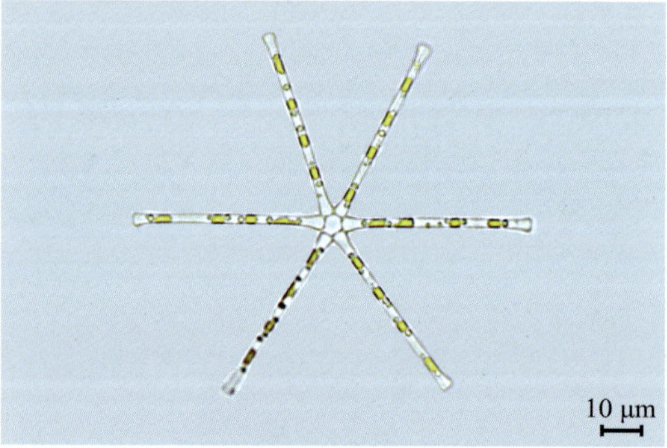

常州市长荡湖-4月

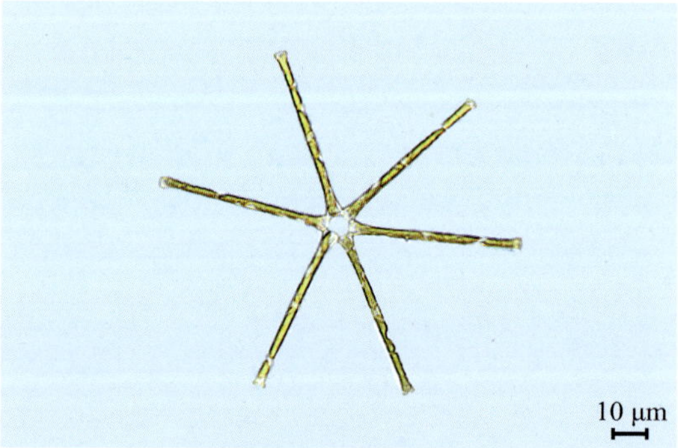

南京市运粮河-2月

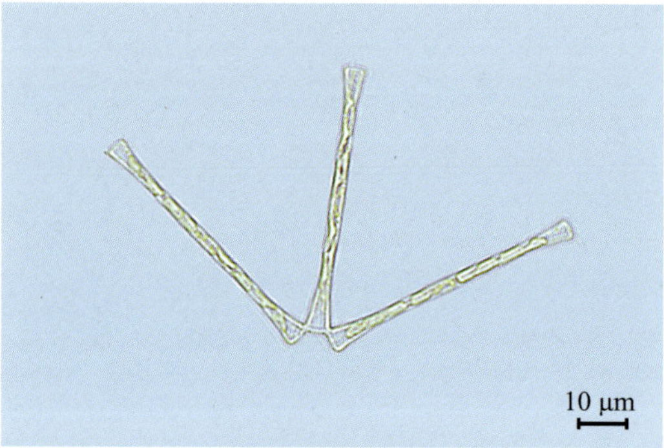

洪泽湖-12月

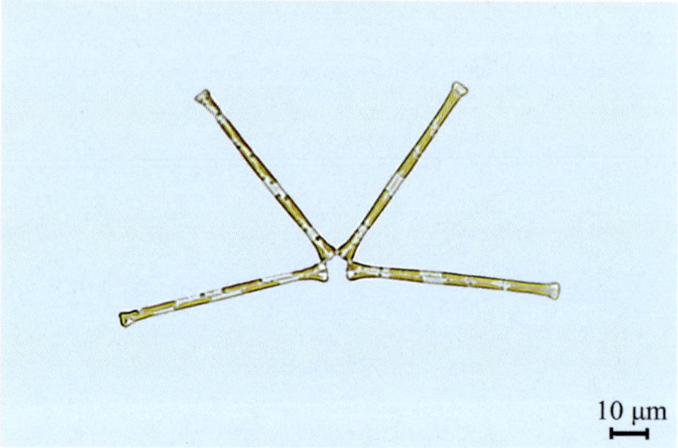

常州市长荡湖-3月

形态特征:壳体形成星状群体，群体中的壳体彼此附着的一端较壳体的其他部位宽大。壳面线形，沿着壳面两端逐渐稍变窄，壳面末端，一端宽大（指壳体彼此附着一端）呈大头状，而另一端较小，呈小头状或不明显小头状。假壳缝极狭，常不明显。壳面长 40～130 μm，壳面宽 1～3 μm。横线纹清晰，在 10 μm 内有 24～28 条。

生态分布:本种常出现在水库、水沟、水田等中营养或富营养的水体中。

等片藻属 *Diatoma* De Candolle 1805

细胞常连成带状或锯齿状群体。壳面观呈披针形到线形，壳面和带面均具肋纹和细横线纹。带面长方形，具一到多数间生带。色素体椭圆形，多个。

普通等片藻

Diatoma vulgare Borger，1824；胡鸿钧等，中国淡水藻类，142 页，图版 33：8-9，1980.

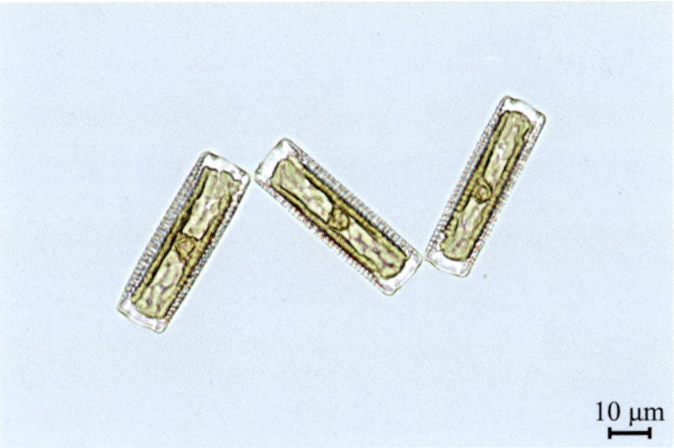

无锡市横山水库-5 月

太湖-9 月

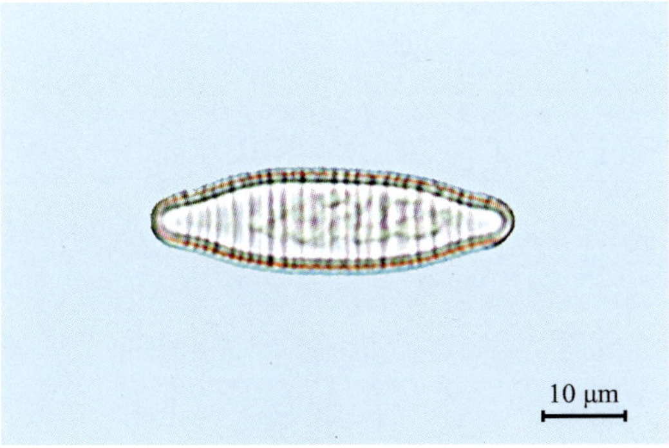

长江南京段-12 月

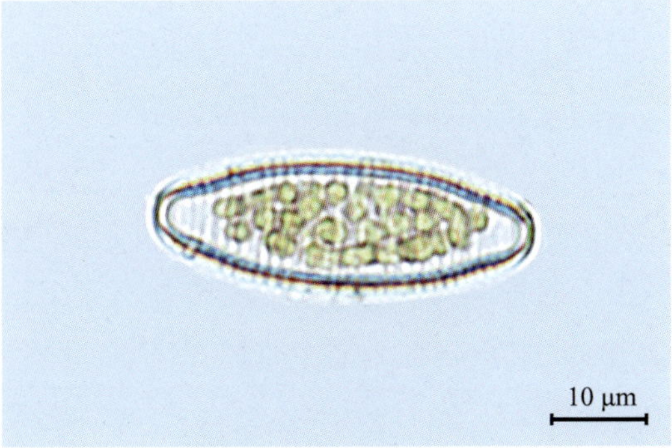

常州市长荡湖-12 月

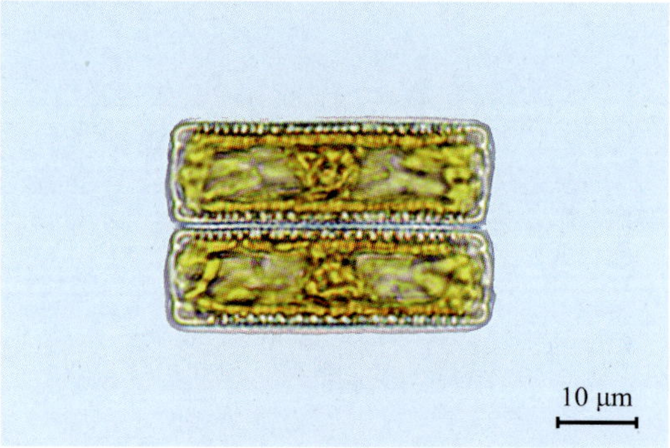

宿迁市骆马湖-8月

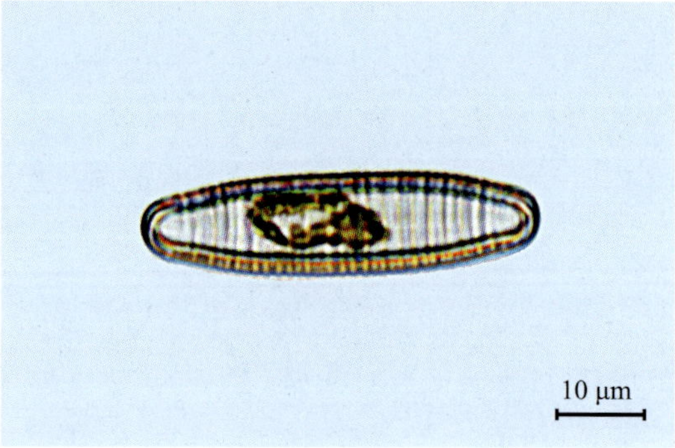

太湖-5月

形态特征:细胞常连成“Z”形群体,壳面呈线形披针形至圆形披针形,中部略凸,逐渐向两端变狭窄、顶端呈喙状。壳面一端具有一个唇形突,假壳缝线形且很狭窄,其两侧具有横肋纹,肋纹间具有横线纹。带面长方形,角圆,间生带数目少。细胞长30～60 μm,宽10～15 μm。线纹10 μm内20～25条,肋纹10 μm内6～10条。

生态分布:沿岸带着生藻类,偶然性浮游种类。分布广泛,生长于池塘、湖泊、河流中。

冬生等片藻

Diatoma hiemale (Roth.) Heriberg, 1863; 胡鸿钧等: 中国淡水藻类, 142-143页, 图版33: 12, 1980.

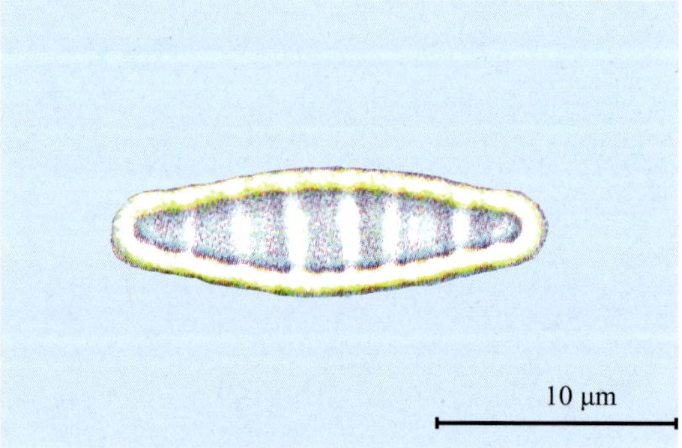

常州市长荡湖-4月

形态特征:细胞连成带状群体,壳面呈线形披针形至线形,两端尖或喙状。壳面一端具1个唇形突,假壳缝在中部较宽,向两端变狭窄,其两侧具横线纹和横肋纹,肋纹粗,在10 μm内2～6条,线纹在10 μm内16～20条。带面呈长方形,角圆,边缘肋纹间具细线纹,间生带较多。细胞长16～103 μm,宽6.5～16 μm。

生态分布:生长在池塘、湖泊、河流中,国内外广泛分布。

纤细等片藻

Diatoma tenue Agardh, 1812; 齐雨藻等: 中国淡水藻志, 第十卷, 硅藻门, 羽纹纲, 无壳缝目, p. 25-26, pl. 1: 15, pl. 29: 8-13, 2004.

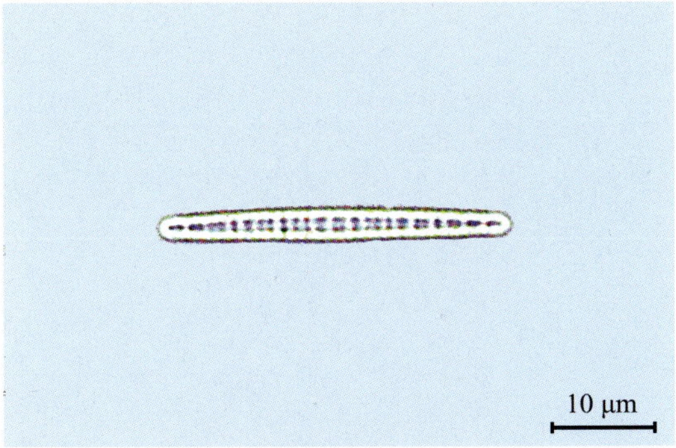

长江南京段-2月

形态特征：细胞常连成星形群体，壳面呈线形至线形披针形，线形的两端圆或略微膨大，线形披针形的两端略尖。壳面一端的末端1条肋纹上具有一个唇形突，假壳缝线形，其两侧具有横线纹和肋纹，线纹很细，10 μm内16～20条，肋纹在10 μm内5～10条。带面细长线形，细胞长21～120 μm，宽2～4.5 μm。

生态分布：生长在池塘、湖泊、水库、河流、沼泽中。

等片藻属

Diatoma sp.

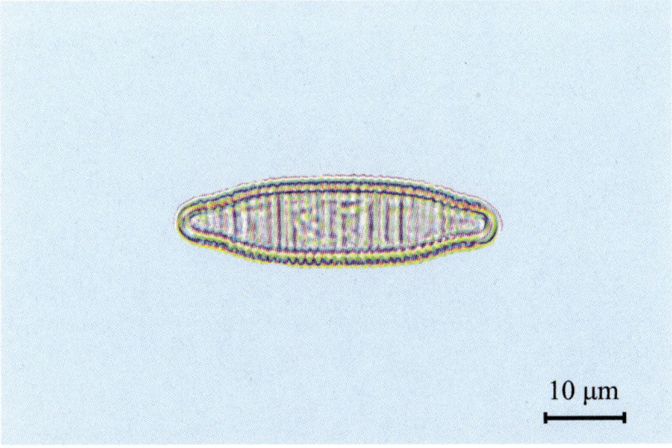

阳澄湖-5月

形态特征：细胞常连成带状或锯齿状群体。壳面呈披针形至线形，壳面和带面均具肋纹和细横线纹。带面长方形，具一到多数间生带。色素体椭圆形，多个。

生态分布：主要是淡水藻种，也有在微咸水或半咸水中。

脆杆藻属 *Fragilaria* Lyngbye 1819

植物体由细胞互相连成带状群体，或以每个细胞的一端相连成"Z"状群体；壳面细长线形、长披针形、披针形到椭圆形，两侧对称，中部边缘略膨大或缢缩，两侧逐渐狭窄，末端钝圆、小头状、喙状；带面长方形。色素体小盘状，多个，或片状，1～4个，具1个蛋白核。

短线脆杆藻

Fragilaria brevistriata Grunow，1881；胡鸿钧等：中国淡水藻类，144页，图版33：25，1980.

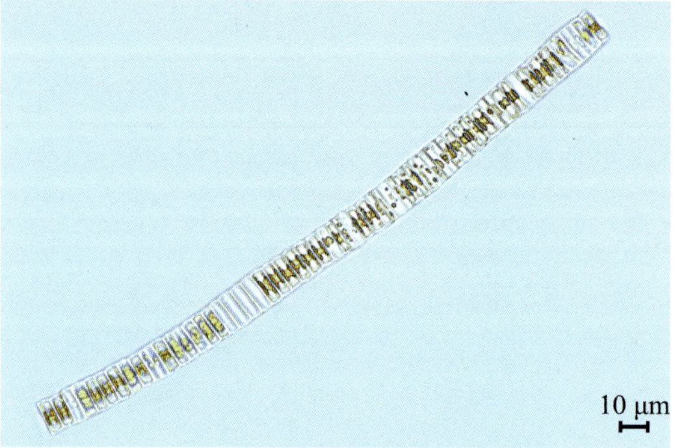

长江南京段-12月

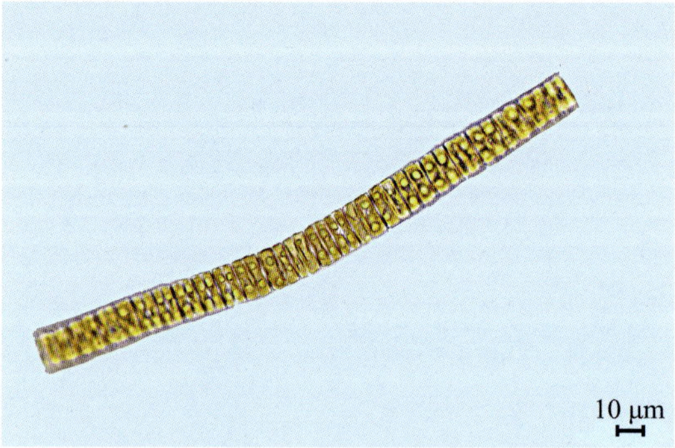

南京市运粮河-10月(鲁哥氏液固定)

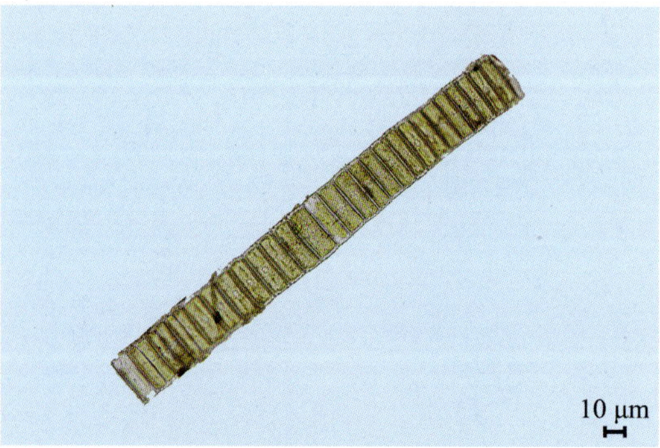

苏州市金鸡湖-11月

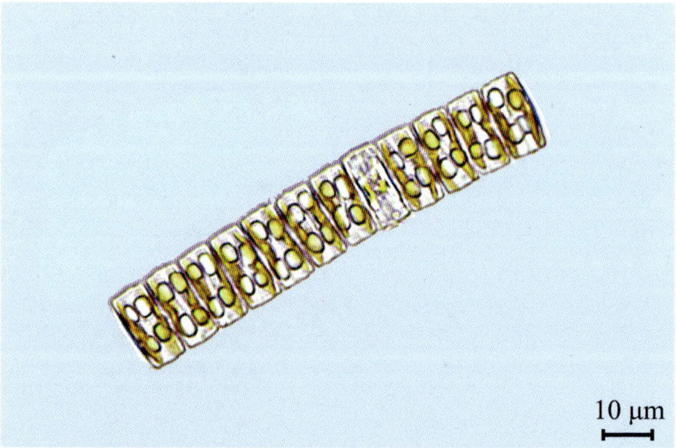

南京市运粮河-10月(鲁哥氏液固定)

形态特征：细胞互相连成带状群体，壳面呈线形至线形披针形，末端钝圆。壳体假壳缝呈宽披针形，其两侧具细的很短的横线纹，10 μm内11～18条。细胞长12～41 μm，宽2.5～6.5 μm。

生态分布：生长于池塘、沟渠、湖泊及缓慢河流中。

中型脆杆藻

Fragilaria intermedia (Grun.) Grunow，1881；胡鸿钧等：中国淡水藻类，146页，图版33：24，1980.

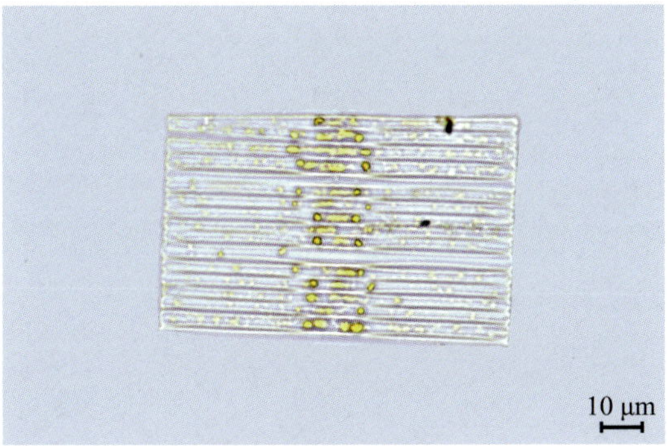

长江南京段-12 月

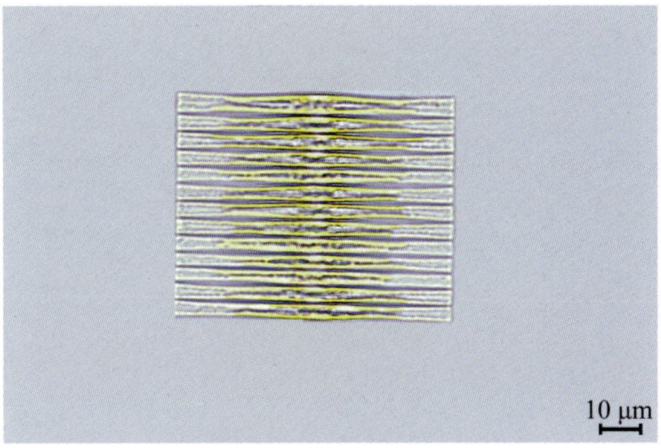

无锡市横山水库-2 月

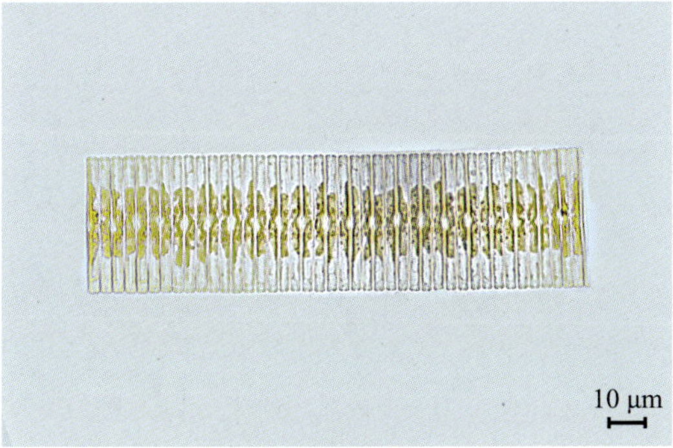

常州市长荡湖-1 月

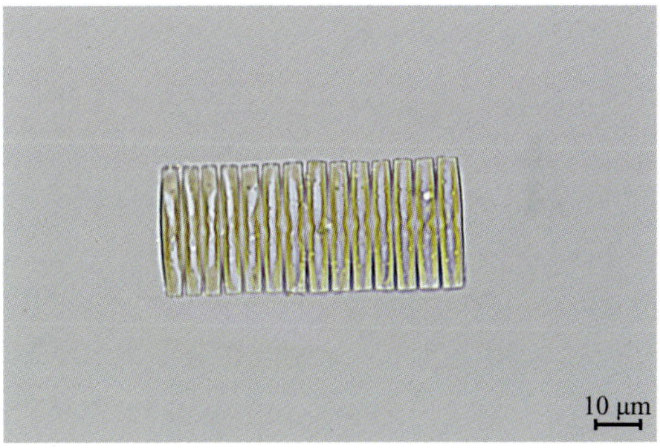

南京市运粮河-9 月

形态特征：植物体细胞互相连成带状群体，壳面披针形，从中部向两端逐渐狭窄，末端略膨大呈头状。壳体假壳缝狭线形，中部一侧无线纹，横线纹 10 μm 内 9～14 条。细胞长 15～60 μm，宽 2.5～5 μm。

生态分布：生长在稻田、水坑、池塘、沟渠、湖泊、水库、山溪、山泉中，国内外普遍分布。

钝脆杆藻

Fragilaria capucina Desmaziéres，1825，胡鸿钧等：中国淡水藻类，146 页，图版 33：19，1980.

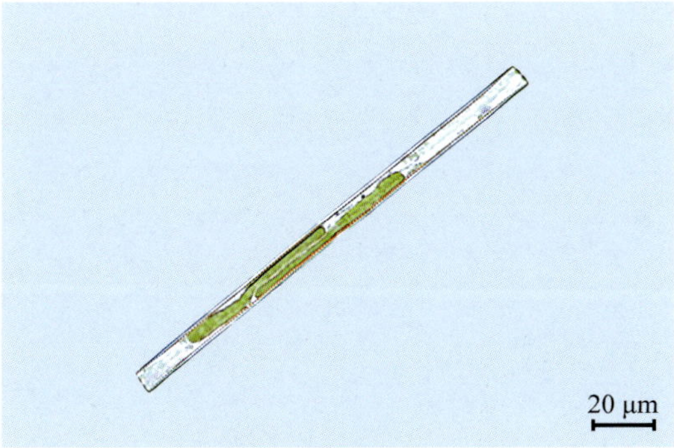

南京市运粮河-4 月

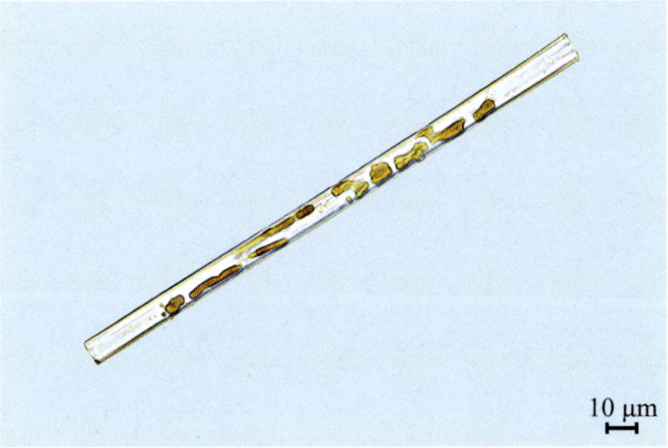

南京市运粮河-11 月(鲁哥氏液固定)

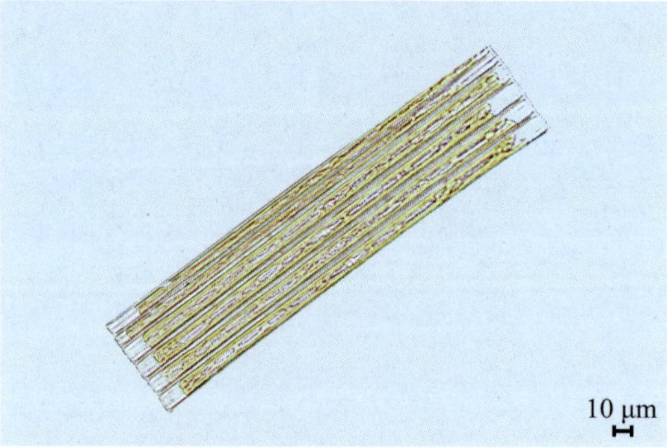

洪泽湖-1月

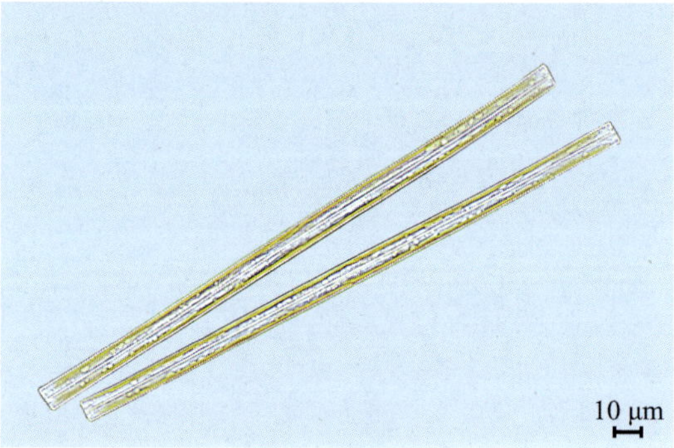

南京市运粮河-3月

形态特征:细胞常互相连成带状群体,壳面长线形,近两端逐渐略狭窄,末端略膨大,钝圆形。横线纹细,假壳缝线形,在10 μm内8～17条,中心区常呈矩形,无线纹。细胞长25～220 μm,宽2～7 μm。

生态分布:生长在池塘、沟渠、湖泊、水库及缓慢的河流中,偶然性浮游种类,也存在于半咸水中。

脆杆藻属

Fragilaria sp.

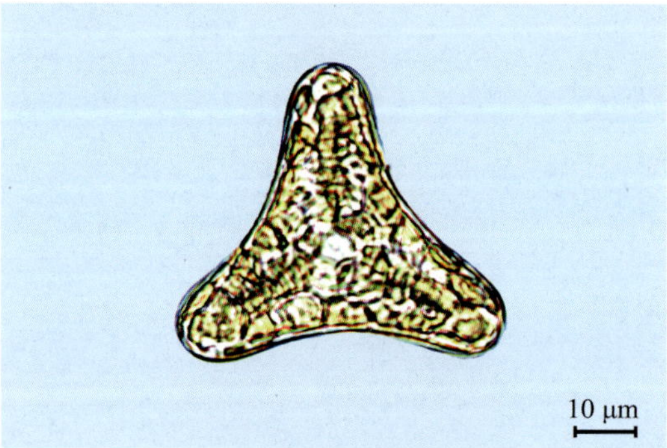

长江南通段入海口-3月

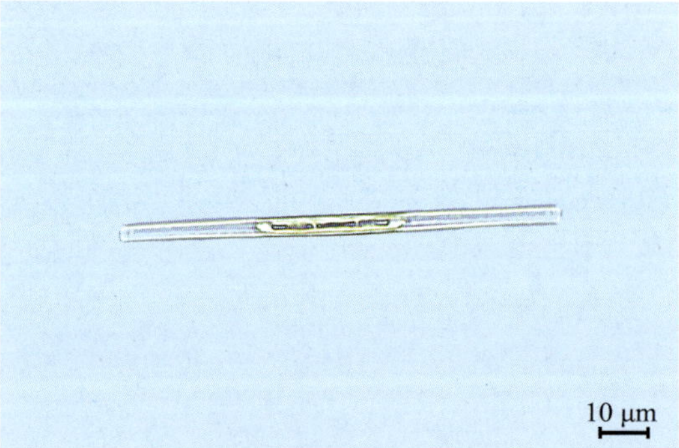

南京市运粮河-12月

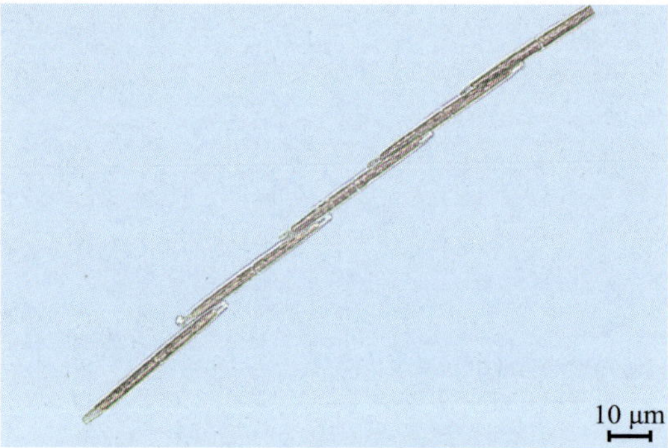

南京市内秦淮河-9月(鲁哥氏液固定)

形态特征：植物体由细胞互相连成带状群体，或以每个细胞的一端相连成"Z"状群体；壳面呈细长线形、长披针形、披针形至椭圆形，两侧对称，中部边缘略膨大或缢缩，两侧逐渐变狭窄，末端呈钝圆、喙状、小头状；带面长方形；色素体呈小盘状，多个，或片状，1～4个，具1个蛋白核。

生态分布：世界广布种，淡水海水均有。

针杆藻属 *Synedra* Ehrenberg 1830

植物体为单细胞，或丛生呈扇形，或以每个细胞的一端相连成放射状群体，罕见形成短带状，但不形成长带状群体；壳面线形或长披针形，从中间向两端逐渐狭窄，末端钝圆或呈小头状；带面长方形，末端截形，呈明显的线纹带；无间生带和隔膜；壳面末端有或无黏液孔（胶质孔）；色素体带状，片状，2个，位于细胞的两侧、每个色素体常具3个到多个蛋白核。

尖针杆藻

Synedra acus Kützing，1844；胡鸿钧等：中国淡水藻类，147页，图版33：32，1980.

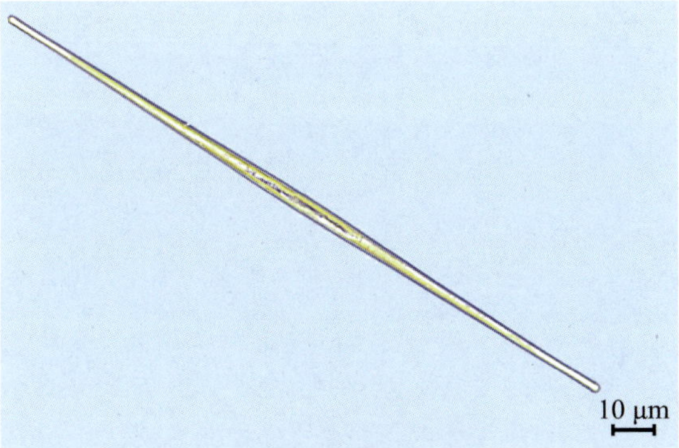

常州市长荡湖-5月

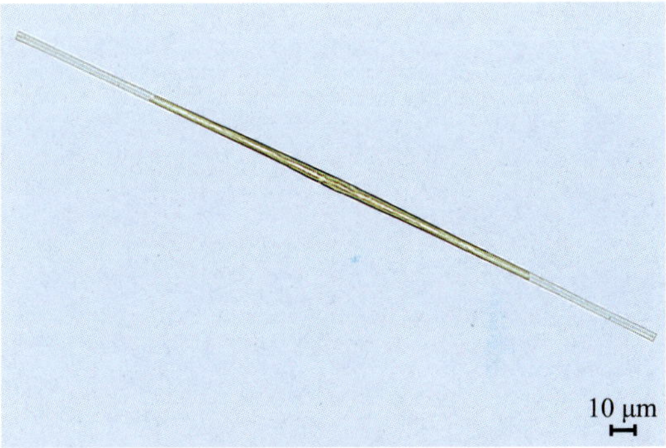

南京市内秦淮河-12月

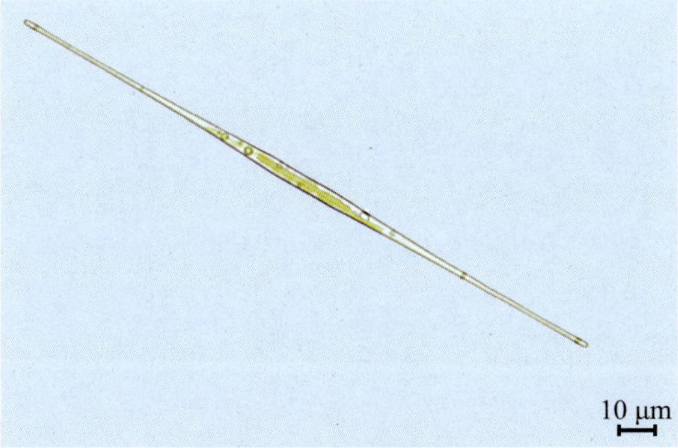

常州市长荡湖-4月

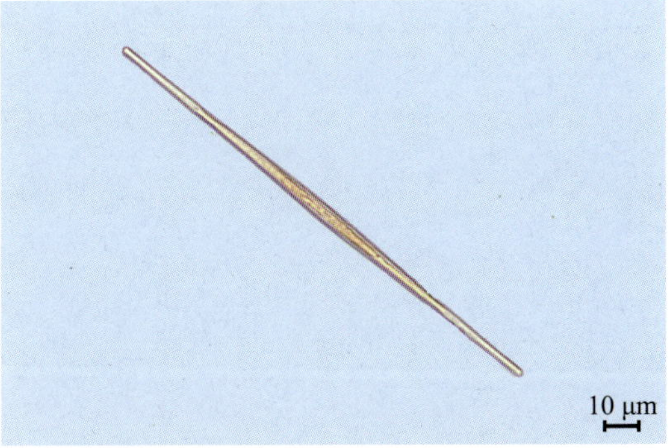

宿迁市骆马湖-11月（鲁哥氏液固定）

形态特征：壳面披针形，中部宽。从中部向两端逐渐狭窄，末端圆形或呈近头状；中央区长方形，横线纹细、平行排列，在 10 μm 内 10～18 条；带面细线形；细胞长 62～300 μm，宽 3～6 μm。

生态分布：生长在池塘、湖泊等各类淡水中。

肘状针杆藻

Synedra ulna（Nitzsch.）Ehrenberg，1836；胡鸿钧等：中国淡水藻类，147 页，图版 33：34，1980.

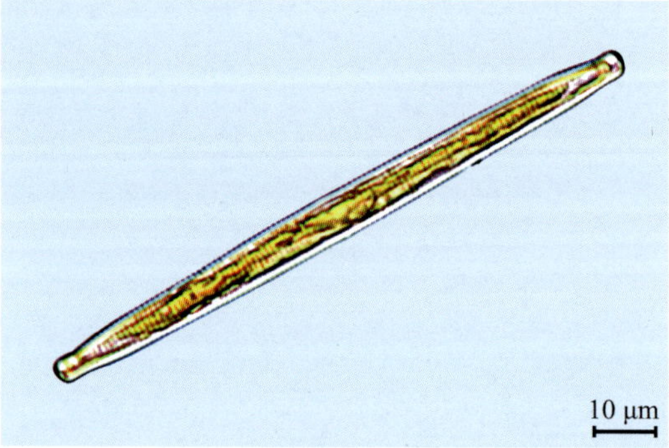

洪泽湖－5 月

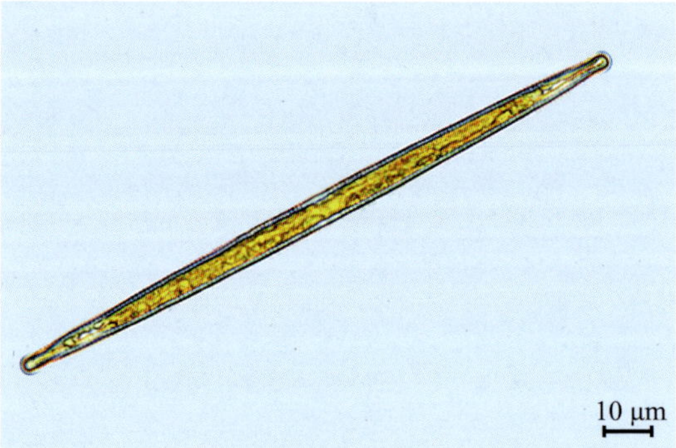

太湖－5 月

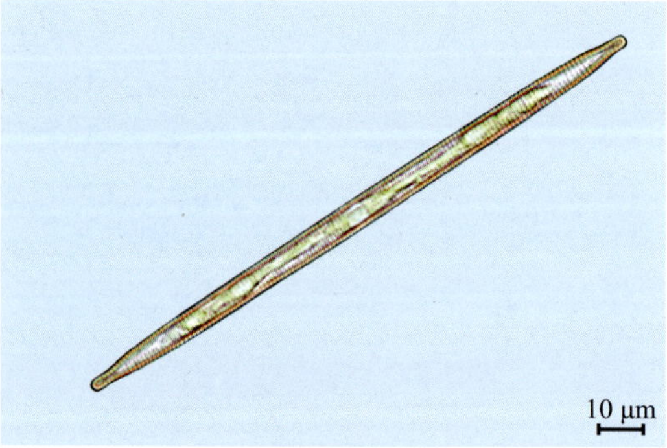

长江南京段－1 月

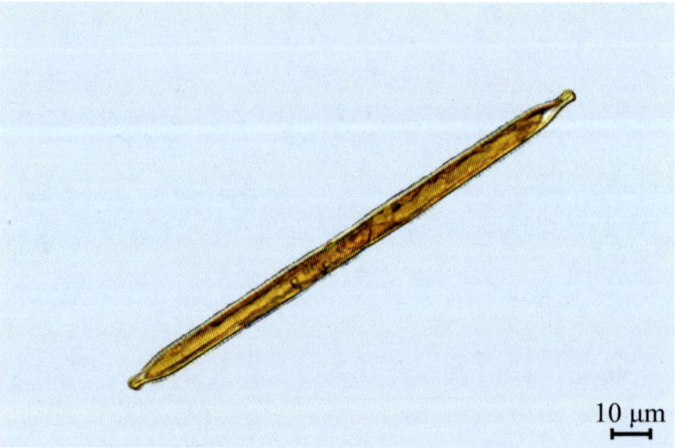

长江南京段－3 月(鲁哥氏液固定)

形态特征：壳面呈线形至线形披针形，末端略呈宽钝圆形，有时呈喙状，末端宽。两端孔区各具 1 个唇形突和 1 或 2 个刺，假壳缝线形、狭窄。中央区横长方形或无，有时在中央区边缘具很短的线纹，横线纹较粗，由点纹组成，平行排列，两端横线纹偶见放射排列，在 10 μm 内 8～14 条。带面线形。细胞长 50～389 μm，宽 3～9 μm。

生态分布：生长在水坑、池塘、湖泊、河流、沼泽中。

肘状针杆藻缢缩变种

Synedra ulna var. *constracta* Östrup，1901；胡鸿钧等：中国淡水藻类，147 页，图版 33：35，1980.

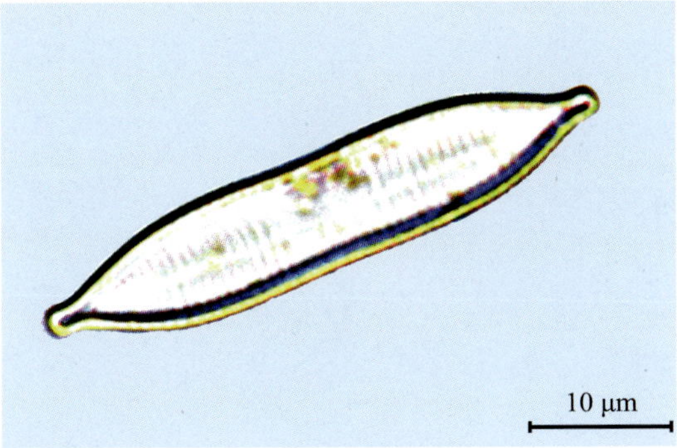

太湖-5月

形态特征：本变种与原变种的主要区别是壳面宽线形，中部缢缩，末端延长呈喙状。假壳缝窄，中央区较大。壳面长 37～73 μm，壳面宽 6～91 μm。横线纹平行排列，在 10 μm 内有 12～15 条。

生态分布：普生性种类，在各种淡水环境中常见到。

爆裂针杆藻

Synedra rumpens Kützing, F. T. (1844). Die Kieselschaligen. Bacillarien oder Diatomeen. Nordhausen. 152 pp., 30 pls.

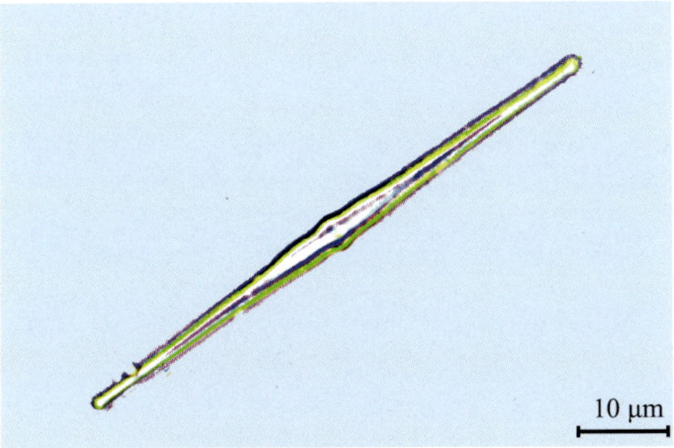

南京市运粮河-6月

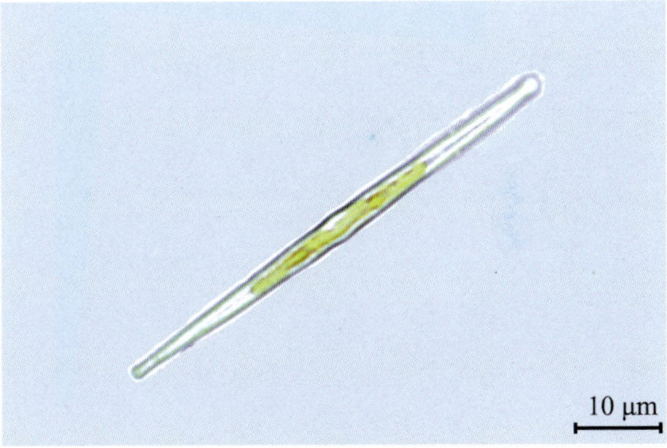

常州市长荡湖-5月

形态特征：壳体环面观线形，向末端渐狭，有时由 2 或 3 个壳体组成短的链。壳面观线形，向末端变细，顶端膨大呈小头状。假壳缝窄线形，中央区通常呈长大于宽的无纹横带状，边缘微膨大，中央区常显得较厚。横线纹为不明显的点纹，平行排列，在 10 μm 内 18～20 条。壳面宽 2～4 μm，壳面长 27～70 μm，本种与其他变种的主要差异在于本种壳面中央区没有明显膨大，仅仅是微微膨大。

生态分布：常见于淡水湖泊、水库、池塘里或附着在缓流的山溪石头上。

针杆藻属

Synedra sp.

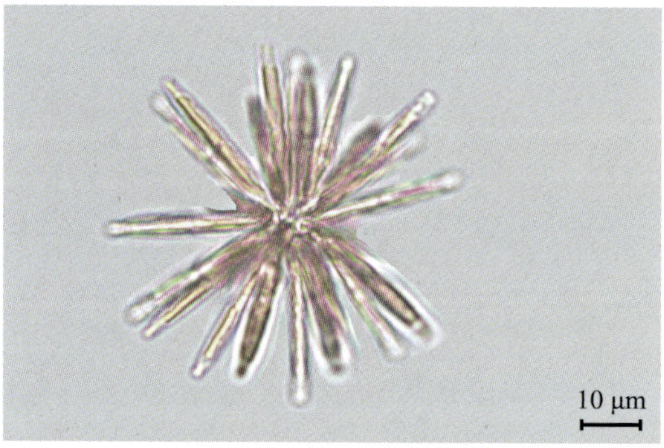

南京市运粮河-9月(鲁哥氏液固定)

形态特征：植物体为单细胞，或丛生呈扇形，或以每个细胞的一端相连成放射状群体，罕见形成短带状，但不形成长带状群体；壳面线形或长披针形，从中间向两端逐渐狭窄，末端钝圆或呈小头状；带面长方形，末端截形，呈明显的线纹带；无间插带和隔膜；壳面末端有或无黏液孔(胶质孔)；色素体带状、片状，2个，位于细胞的两侧，每个色素体常具3个到多个蛋白核。

生态分布：世界广布种，生活在淡水和咸水中。

平板藻属 *Tabellaria* Ehrenberg 1840

细胞连成带状或者"Z"形的群体；壳面线形，两端略膨大，中部常明显膨大；上、下壳面均具假壳缝，假壳缝狭窄，两侧具由细点纹连成的横线纹；带面长方形，通常具许多间生带，间生带间具纵隔膜。色素体呈小盘状，多个。

窗格平板藻

Tabellaria fenestrate (Lyhgb.) Kützing, 1844；胡鸿钧等：中国淡水藻类，141页，图版33：3-4，1980.

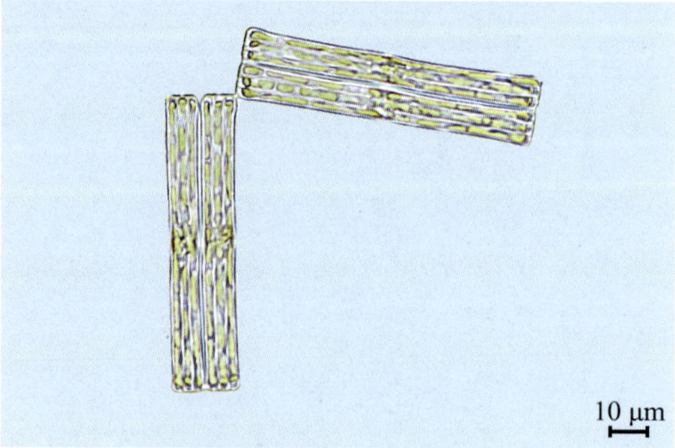

南京市运粮河-3月

形态特征：细胞常连成直的丝状，但不是"Z"形的群体；壳面长线形，中部及两端明显膨大；横线纹细，平行，在10 μm内14～20条；带面两端各具2个纵向的长形隔膜，隔膜达细胞中部；细胞长20.5～140 μm，宽3～9 μm。

生态分布：生长在水库、溪流、池塘、湖泊、河流中，多为富营养的水体，浮游。

蛾眉藻属 *Ceratoneis* Ehrenberg 1841

植物体为单细胞或由细胞互相连成短带状群体；壳面线形或弓形，两端呈头状，腹侧中部具略凸出的假节，假节处无线纹或具浅线纹；假壳缝狭窄，其两侧具横线纹；带面线形，两侧平行，无间生带或隔膜。

弧形蛾眉藻

Ceratoneis arcus（Ehr.）Kützing，1844；胡鸿钧等：中国淡水藻类，143 页，图版 33：16，1980.

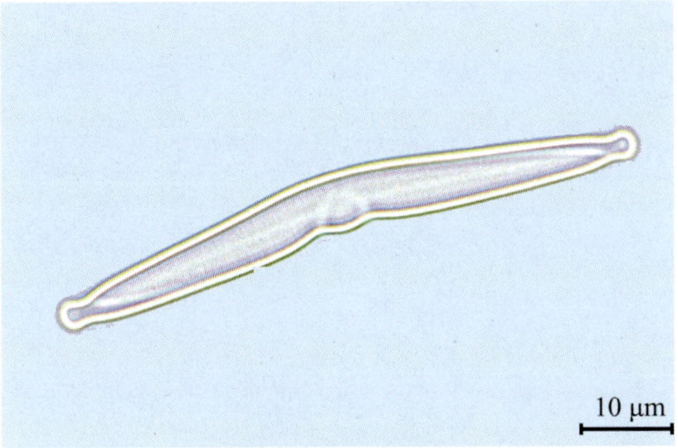

南京市玄武湖-4 月

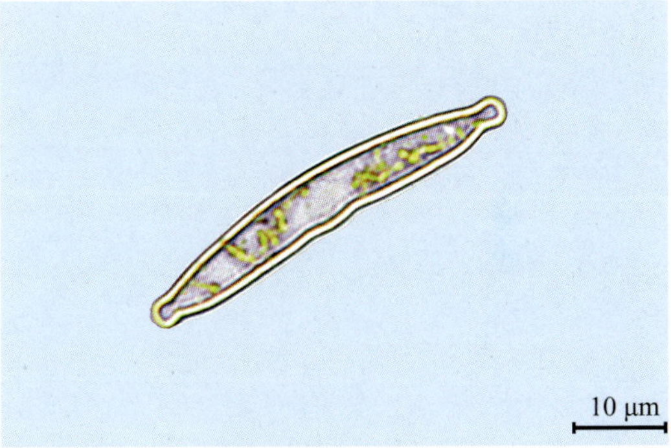

苏州市金鸡湖-4 月

形态特征：壳面弓形，腹侧中部具凸出假节，假节处无线纹或具浅线纹，两端略呈头状；假壳缝狭窄、明显，其两侧具横线纹，在 10 μm 内 13～18 条；带面线形，两侧平行，无间生带或隔膜；细胞长 15～50 μm，宽 4～10 μm。

生态分布：生长在山区河流中，附着在基质上，国内外普遍分布。

4.2.2 拟壳缝目（Raphidionales）

短缝藻科（Eunotiaceae）

植物体为单细胞或细胞互相连成带状群体；细胞呈弓形、月形，背缘凸出，上、下壳面两端的腹缘均具短的壳缝，壳缝由腹侧向末端延伸，经过壳缘而弯入壳面；具极节，无中央节；色素体片状、大型，2 个。

短缝藻属 *Eunotia* Ehrenberg 1837

植物体为单细胞或细胞互相连成带状群体；细胞月形、弓形，背缘凸出，拱形或呈波状弯曲，腹缘平直或凹入，两端形态、大小相同，每一端具 1 个明显的极节，上、下壳面两端均具短壳缝，短壳缝从极节斜向腹侧边缘，无中央节，具横线纹，由点纹紧密排列而成；带面长方形或线形，常具间生带，无隔膜。色素体通常片状，大型，2 个，无蛋白核。

短缝藻属

Eunotia sp.

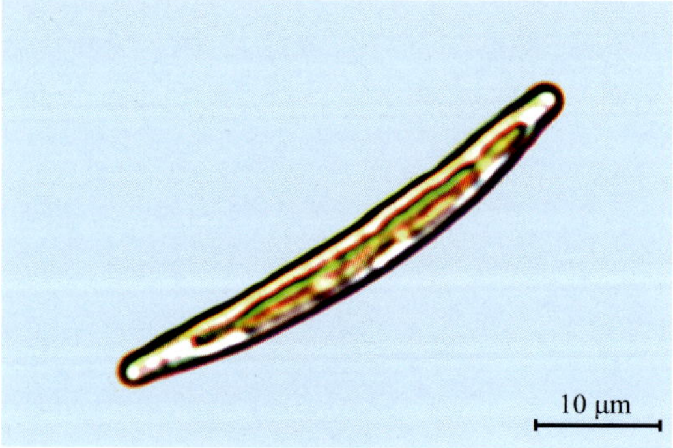

南京市运粮河-9月

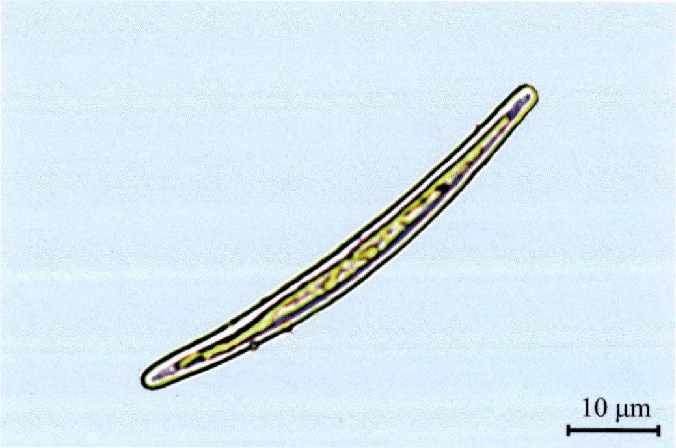

南京市运粮河-9月

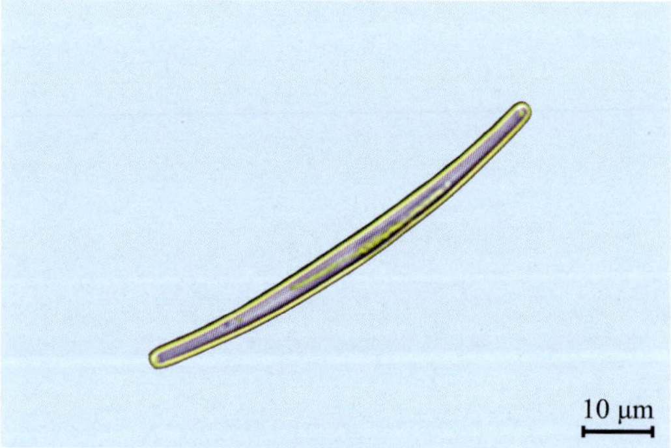

南京市运粮河-9月

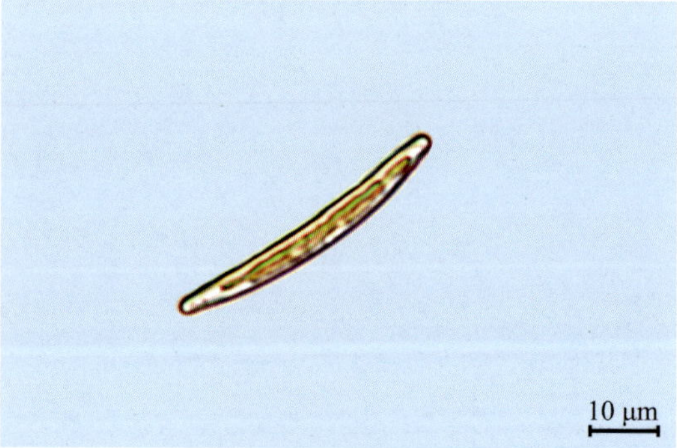

南京市运粮河-9月

形态特征：植物体为单细胞或细胞互相连成带状群体；细胞呈月形、弓形，腹缘平直或凹入，背缘凸出，拱形或呈波状弯曲，两端形态、大小相同，每一端具1个明显的极节，上、下壳面两端均具短壳缝，短壳缝从极节斜向腹侧边缘，无中央节，具横线纹，由点纹紧密排列而成；带面呈长方形或线形，常具间生带，无隔膜；色素体通常为片状、大型，2个，无蛋白核。

生态分布：多生长于软水池塘和水沟中，数量常不多，特别喜生活在清水或贫营养的水体中，常浮游或附着于基质上。

4.2.3 双壳缝目(Biraphidinales)

舟形藻科(Naviculaceae)

植物体为单细胞，少数由胶质互相粘连成群体；壳面两端及两侧均对称，壳面呈舟形、椭圆形、披针形或菱形，上、下壳面均具壳缝，具中央节和极节；上、下壳面花纹相同；色素体片状、大形，1 或 2 个。

双壁藻属 *Diploneis* Ehrenberg ex Cleve 1894

植物体为单细胞；壳面呈线形、椭圆形至卵圆形，末端钝圆；壳缝直，壳缝两侧中央节侧缘延长形成的角状突起，其外侧具宽或狭的线形至披针形的纵沟，纵沟外侧具横肋纹或由点纹连成的横线纹；带面长方形，无间生带和隔片；色素体片状，2 个，每个具 1 个蛋白核。

卵圆双壁藻

Diploneis ovalis（Hilse）Cleve，1891；胡鸿钧等：中国淡水藻类，158 页，图版 35：5，1980.

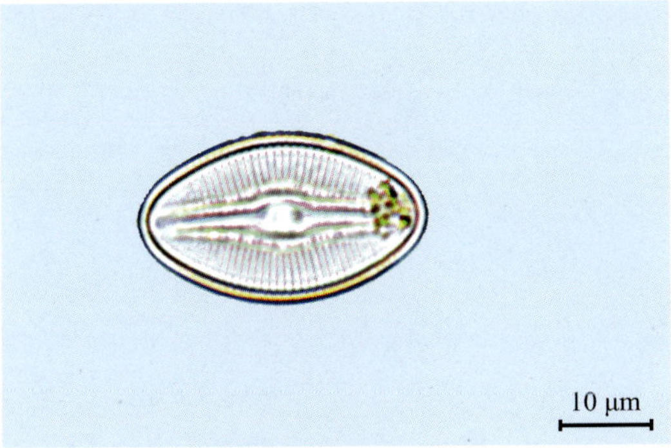

苏州市青剑湖-2 月

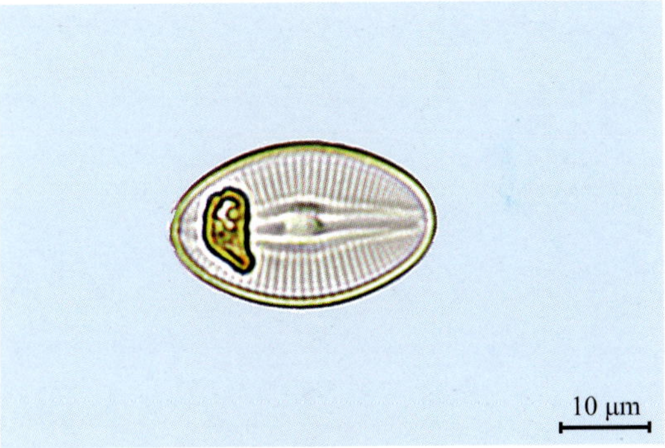

南京市玄武湖-3 月

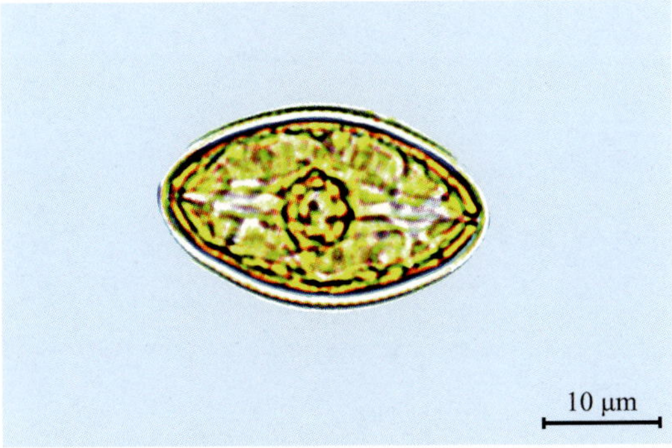

南京市月牙湖-10 月

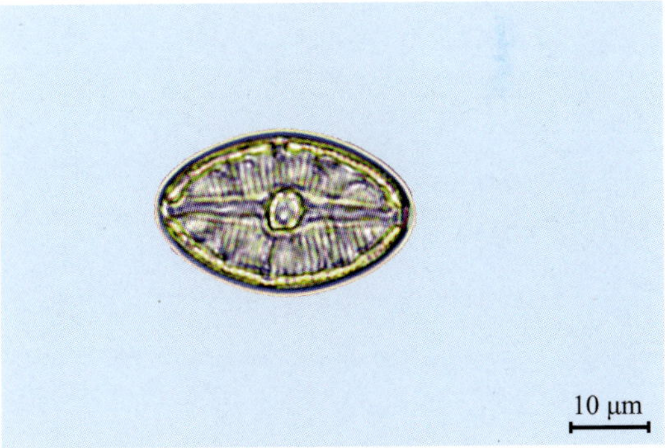

无锡市横山水库-9 月

形态特征：壳面呈椭圆形至线形椭圆形，两侧缘边略凸出；中央节很大，近圆形，角状突起明显、近平行，两侧纵沟狭窄，在中部略宽并明显弯曲；横肋纹粗，略呈放射状排列，在 10 μm 内 8～14 条，肋纹间具小点纹，在 10 μm 内 14～21 个；细胞长 20～100 μm，宽 9.5～35 μm。

生态分布：生长在湖泊、水库、河流、稻田、水坑、池塘、泉水、沼泽中，淡水和半咸水。

布纹藻属 *Gyrosigma* Hassall 1845

植物体为单细胞，偶尔在胶质管内；壳面"S"形，从中部向两端逐渐尖细，末端渐尖或钝圆，中轴区狭窄，"S"形至波形，中部中央节处略膨大，具中央节和极节，壳缝"S"形弯曲，带面呈宽披针形，无间生带；壳缝两侧具纵线纹和横线纹十字形交叉构成的布纹；色素体片状，2个，常具几个蛋白核。

尖布纹藻

Gyrosigma acuminatum（Kütz.）Rabenhorst，1853；胡鸿钧等：中国淡水藻类，153页，图版34：13-14，1980.

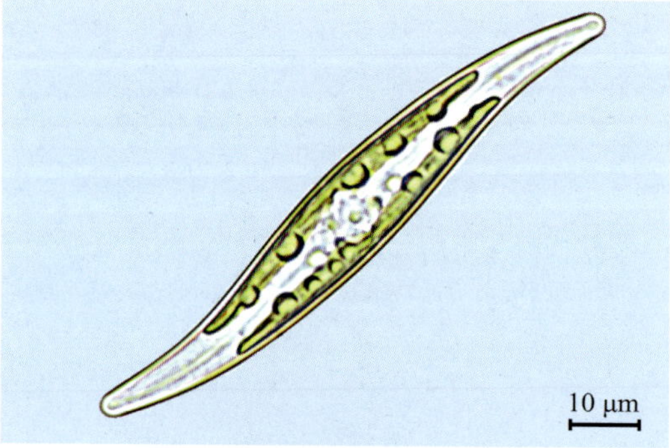

南京市内秦淮河-9月

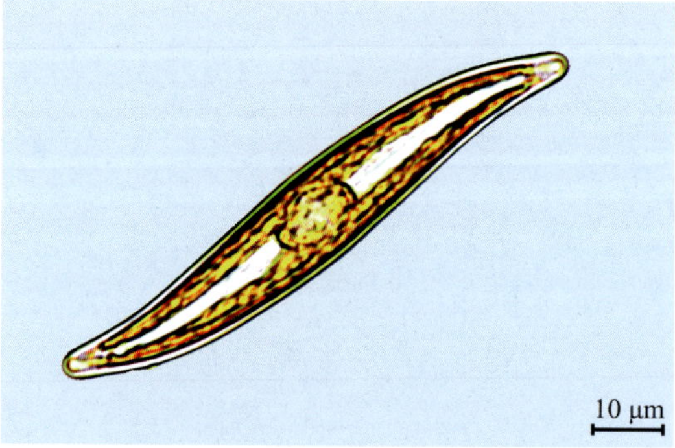

长江南京段-1月(鲁哥氏液固定)

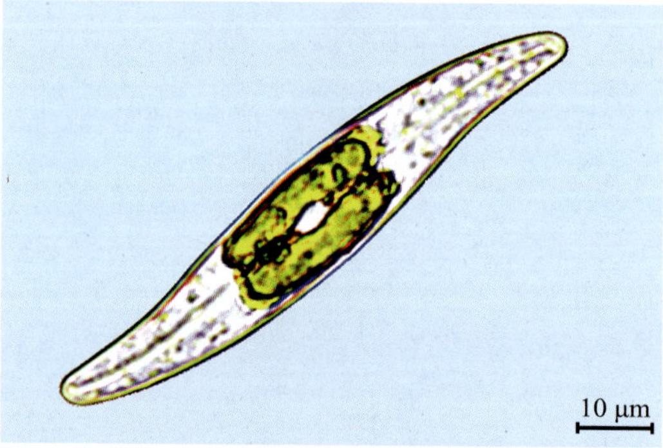

常州市滆湖-4月

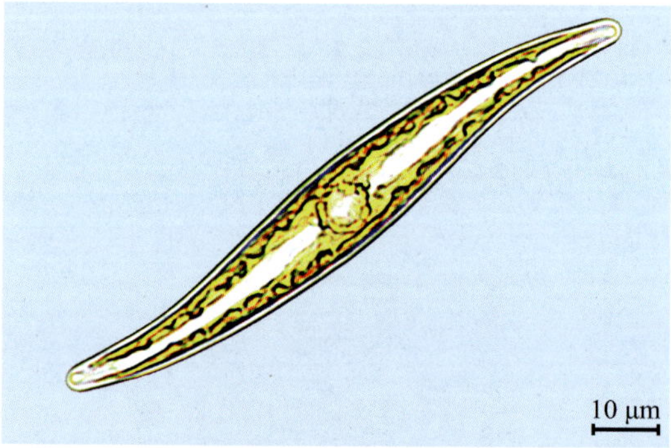

南京市运粮河-5月

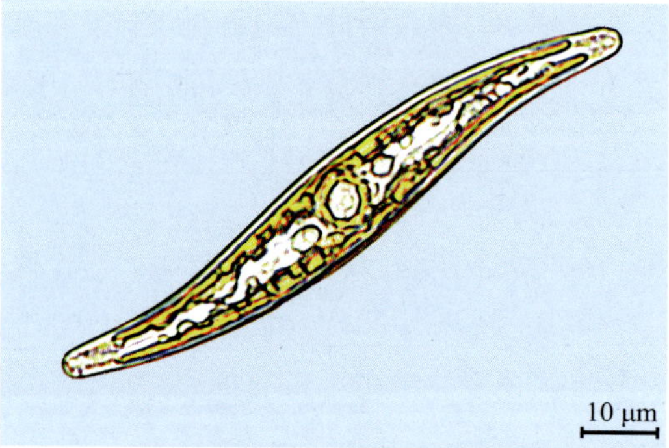

南京市运粮河-6月

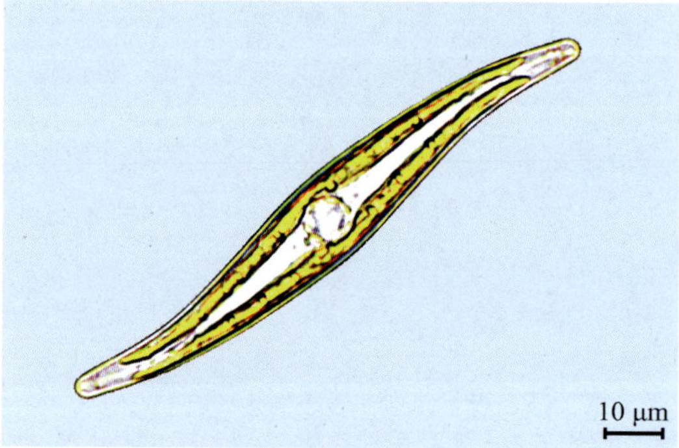

常州市长荡湖-2月

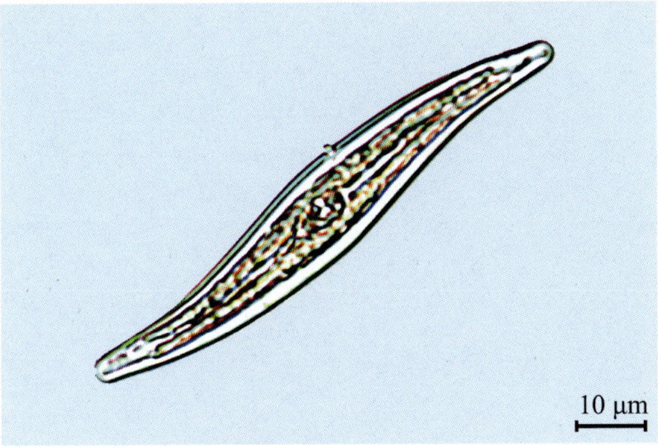

洪泽湖-10月

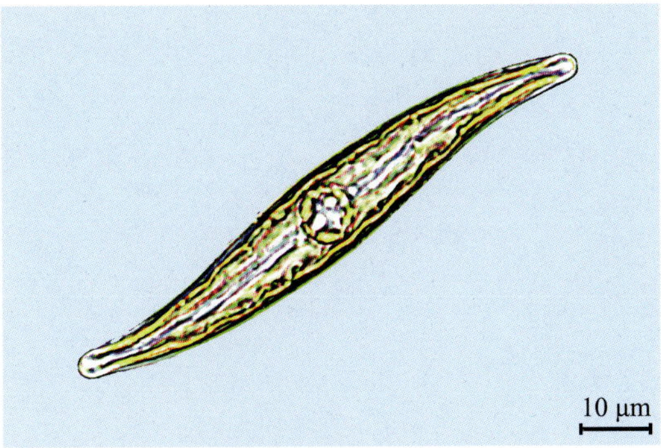

宿迁市骆马湖-3月

形态特征:植物体壳面披针形,略呈"S"弯曲,近两端圆锥形,末端钝圆,中央区长椭圆形,壳缝两侧具纵线纹和横线纹十字形交叉构成的布纹,横线纹和纵线纹相等粗细,在10 μm内16~22条。细胞长82~200 μm,宽11~20 μm。

生态分布:生长在池塘、湖泊、泉水、河流中。

锉刀状布纹藻

Gyrosigma scalproides Krammer and Lange-Bertalot 2/1 Pl 116 Fig 3.

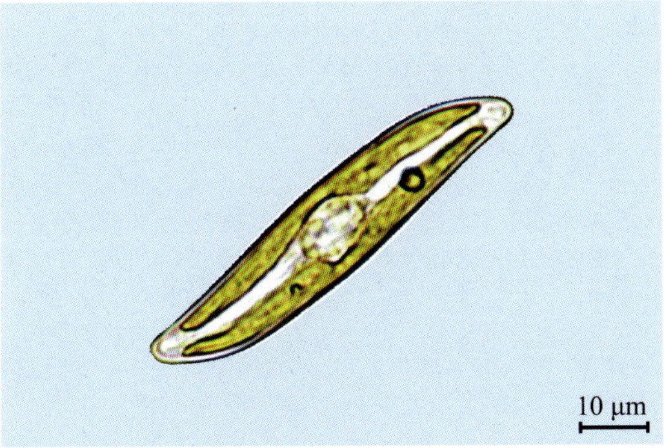

长江南京段-1月

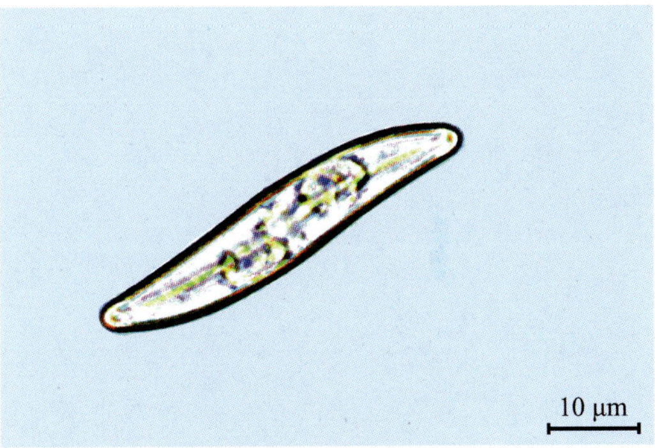

无锡市横山水库-3月

形态特征:壳面呈线形至舟形,从中间向两端很缓慢渐狭,微微弯曲略呈"S"形,末端狭圆形,通常近端处略有缢缩;轴区和壳缝在中线上,靠近末端略微偏心;中央节小,呈椭圆形;壳面点条纹在中央节两侧呈辐射状排列,其余点条纹与中线垂直,横条纹较纵条纹略明显,横条纹在10 μm内18~26条,纵条纹在10 μm内28~33条;壳面长53~97 μm,宽9~16 μm。

生态分布:淡水,常生长在江河、水库、水塘、湖泊、溪流、稻田、井水、海泥,以及潮湿土表等流水和静水环境中,在微咸水环境中也常见。

波罗的海布纹藻中华变种

Gyrosigma baltícum var. *sinensis* 王业耀等:中国流域常见水生生物图集,512页.

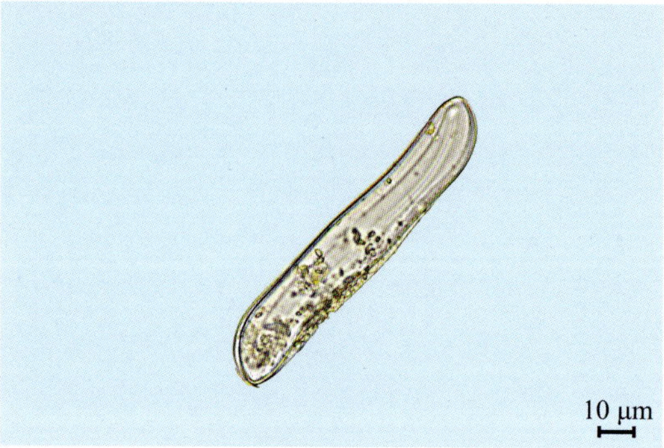

长江南通段入海口-3月

形态特征:壳面呈微微"S"形、狭舟形或线形,末端呈钝圆形、亚圆锥形或解剖刀形。壳缘直,微微向内弯曲或轻微波浪状或中度拱曲。轴区和壳缝呈波状,偏心或略在中线上。外壳缝近远端弯向相对方向。中央节伸长为椭圆形或斜圆形。点条纹粗,横线纹和纵线纹间距相等,在中央区每侧纵线纹弯曲向外,纵线纹和横线纹的数目大致相等,在10 μm内11～18条,壳面长190～398 μm,宽14～34 μm。

生态分布:海水或微咸水,生活在潮间带和微咸水湖中,底栖种。

长尾布纹藻

Gyrosigma macrum neu für den Neusiedler See Elsalore Kusel Fetzmann Österreichische botanische Zeitschrift volume 122, pages115-120 (1973).

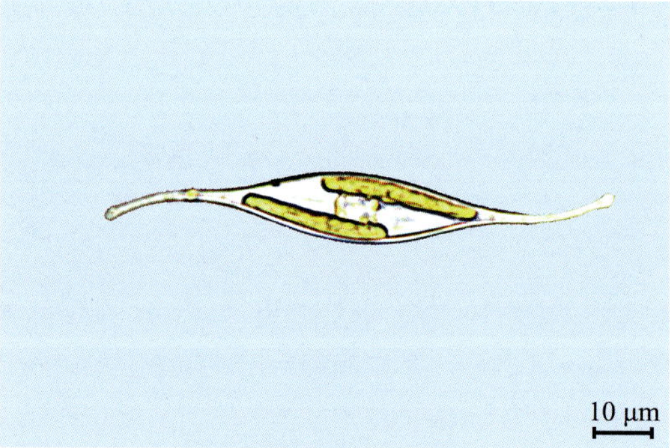

长江南京段-2月

形态特征:植物体壳面膨大的部分呈狭梭形,近壳端突然伸长,呈很长的嘴状突。壳缝在中线上,中央节小而呈圆形。横点条纹比纵点条纹明显,横点条纹在10 μm内有27或28条,纵点条纹在10 μm内有30条以上。壳面长125～130 μm,壳面宽7.8～9.4 μm。

生态分布:海水或半咸水,生活在含有高浓度的硫和钠的碳化物湖,以及潮间带的泥表中。

椭圆形，有的种类极节扁圆形，壳缝两侧具点纹组成的横线纹，或布纹、肋纹、窝孔纹，一般壳面中间部分的线纹数比两端的线纹数略为稀疏，在种类的描述中，在 10 μm 内的线纹数指壳面中间部分的线纹数；带面长方形、平滑，无间生带，无真的隔片。色素体片状或带状，多为 2 个，罕为 1 个、4 个、8 个。

生态分布：海产和淡水产。

羽纹藻属 *Pinnularia* Ehrenberg 1843

植物体为单细胞或连成带状群体，上下左右均对称，两侧平行；壳面呈线形、椭圆形、披针形、线形披针形、椭圆披针形，少数种类两侧中部膨大或呈对称的波状，两端头状、喙状，末端钝圆；中轴区呈狭线形、宽针形或宽披针形，有些种类超过壳面宽度的 1/3，中央区呈圆形、菱形、椭圆形、横矩形等，具中央节和极节；壳缝发达，直或弯曲，或构造复杂而形成复杂壳缝；带面长方形，无间生带和隔片；色素体片状、大，2 个，各具 1 个蛋白核。

著名羽纹藻

Pinnularia nobilis (Ehr.) Ehrenberg, 1843；胡鸿钧等：中国淡水藻类，169 页，图版 37：1，1980.

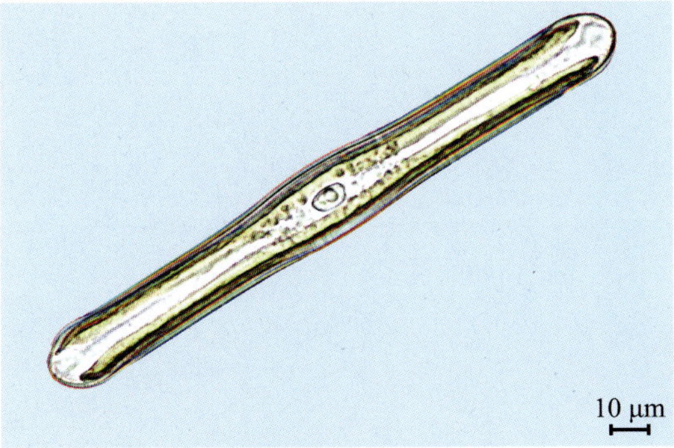

无锡市横山水库- 5 月

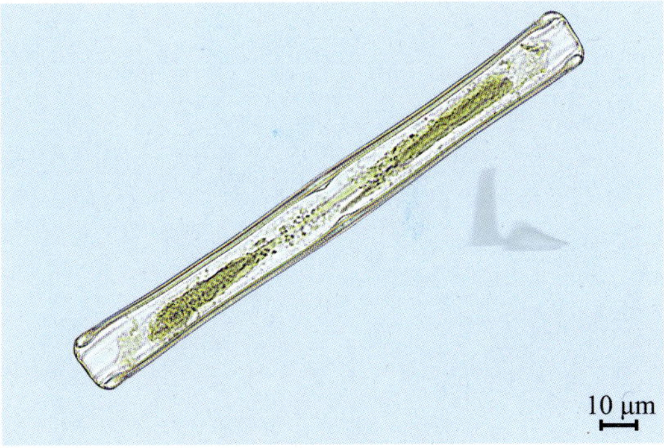

长江镇江段- 4 月

形态特征：植物体壳面线形，两侧中部略膨大，末端广圆形；中轴区宽度为壳面宽度的 1/4～1/3，中央区圆形，有时不对称；壳缝构造复杂，呈波状，其两侧的横肋纹在中部呈放射状斜向中央区，两端斜向极节，在 10 μm 内 4.5～5 条，壳面两侧具 2 条明显的纵线纹和横肋纹近垂直相交；细胞长 200～350 μm，宽 34～50 μm。

生态分布：生长在湖泊、河流、水坑、池塘、溪流、沼泽中。

间断羽纹藻

Pinnularia interrupta W. Smith, 1853；胡鸿钧等：中国淡水藻类，170 页，图版 36：29，1980.

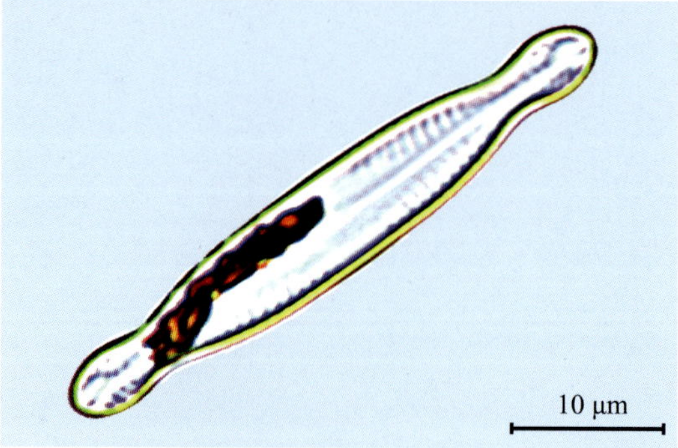

阳澄湖-5月

形态特征:壳面线形,两侧缘平行或略凸出,两端变狭呈喙状至头状;中轴区狭、线形,近中央区略加宽,中央区大、菱形,有时圆或横带状;壳缝线形,其两侧的横肋纹在中部明显呈放射状斜向中央区,两端斜向极节,在10 μm内9~16条;细胞长30~80 μm,宽6.5~16 μm。

生态分布:生长在稻田、水坑、池塘、湖泊、水库等,喜低矿物质含量的水体。

羽纹藻属

Pinnularia sp.

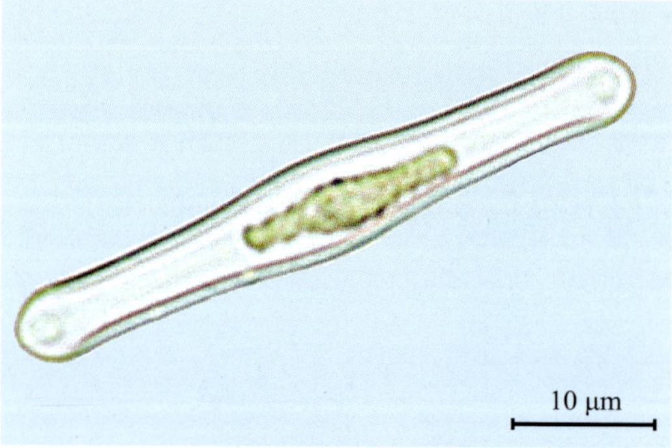

扬州市高邮湖-8月

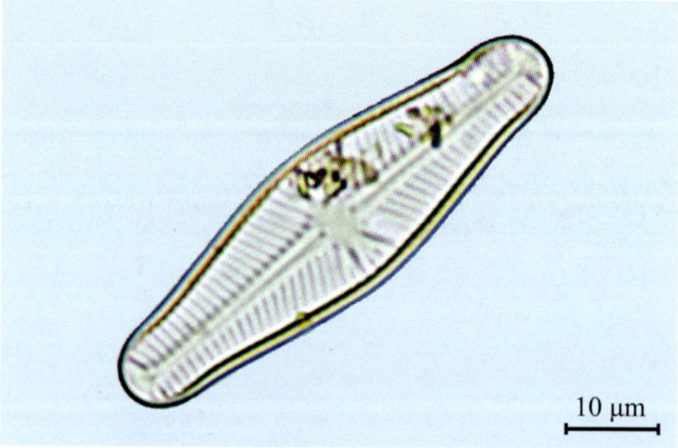

洪泽湖-10月

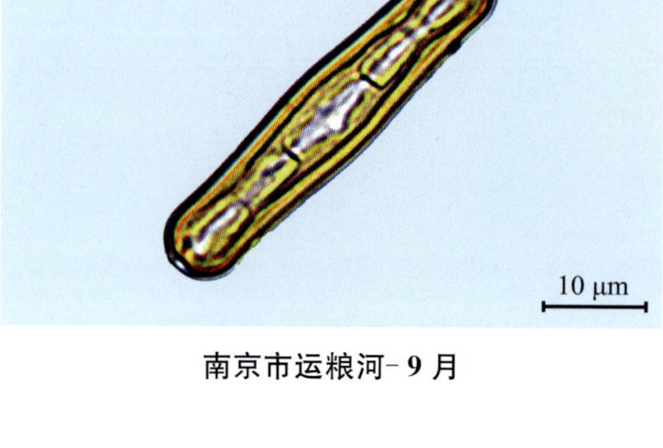

南京市运粮河-9月

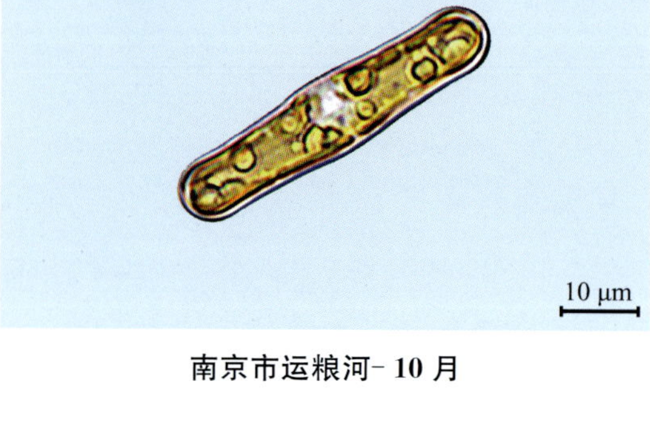

南京市运粮河-10月

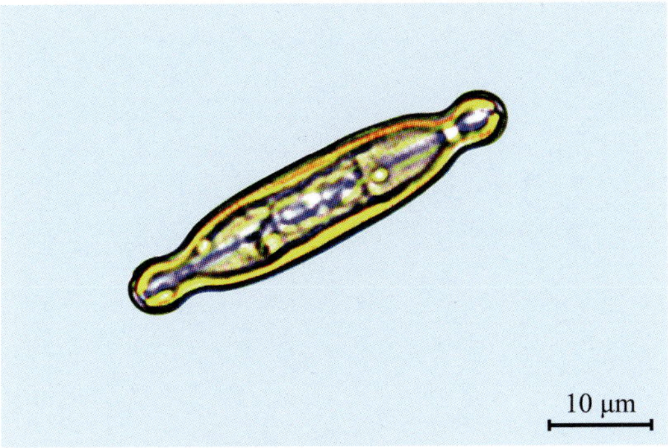

南京市运粮河-9月

形态特征：植物体为单细胞或连成带状群体，上下左右均对称，两侧平行；壳面呈线形、椭圆形、披针形、线形披针形、椭圆披针形，少数种类两侧中部膨大或呈对称的波状，两端头状、喙状，末端钝圆；中轴区呈狭线形、宽针形或宽披针形，有些种类超过壳面宽度的1/3，中央区呈圆形、菱形、椭圆形、横矩形等，具中央节和极节；壳缝发达，直或弯曲，或构造复杂而形成复杂壳缝；带面长方形，无间生带和隔片；色素体片状、大，2个，各具1个蛋白核。

生态分布：世界广布种。

辐节藻属 *Stauroneis* Ehrenberg 1843

植物体为单细胞，少数连成带状群体；壳面长椭圆形、狭披针形、舟形，末端头状、钝圆形或喙状；中轴区狭，壳缝直，极节很细，中央区增厚并扩展到壳面两侧，增厚的中央区无花纹，称为辐节；壳缝两侧具横线纹或点纹，略呈放射状平行排列，辐节和中轴区将壳面花纹分成4个部分；具间生带，无真的隔片，假隔片有或无。色素体片状，2个，每个具2～4个蛋白核。

尖辐节藻

Stauroneis acuta W. Smith, 1853；胡鸿钧等：中国淡水藻类，158页，图版35：12，1980.

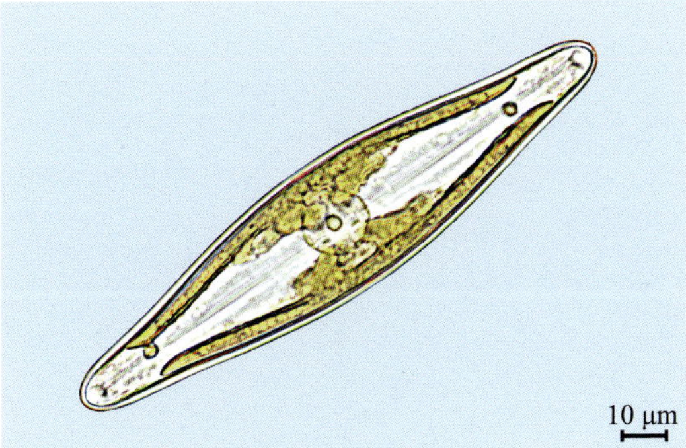

长江泰州段-2月

形态特征:细胞常连成带状群体,壳面呈菱形披针形,中部略凸起,两端具明显的假隔片,末端钝圆;壳缝直,中轴区宽、线形,中央区呈横带状,辐节宽,点纹组成的横线纹略呈放射状排列,在 10 μm 内 10～16 条,点纹在 10 μm 内 10～16 个;带面具明显的间生带;细胞长 70～170 μm,宽 11～40 μm。

生态分布:生长在河流、泉水、沼泽、水坑、池塘、湖泊中。

双头辐节藻

Stauroneis anceps Ehrenberg, 1843; 胡鸿钧等: 中国淡水藻类, 159 页, 图版 35: 9, 1980.

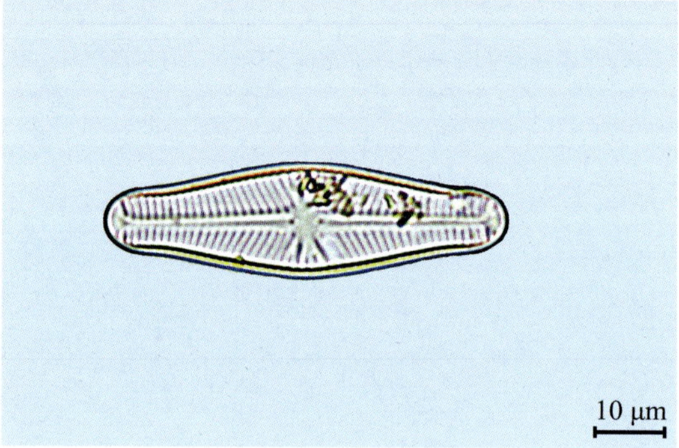

洪泽湖-10 月

形态特征:壳面呈椭圆披针形至线形披针形,两端喙状延长,末端呈头状;壳缝直、狭窄,中轴区狭窄,中央区横带状,点纹组成的横线纹略呈放射状排列,在 10 μm 内 12～30 条;细胞长 21～96 μm,宽 5～24 μm。

生态分布:生长在池塘、水坑、湖泊、河流、泉水、沼泽中。

辐节藻属

Stauroneis sp.

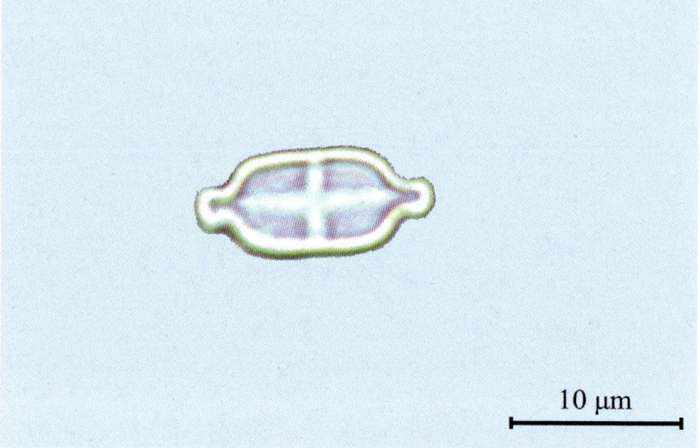

南京市运粮河-5 月

形态特征：植物体为单细胞，少数连成带状群体；壳面呈狭披针形、长椭圆形、舟形，末端呈头状、钝圆形或喙状；中轴区狭，壳缝直，极节很细，中央区增厚并扩展到壳面两侧，增厚的中央区无花纹，称为辐节；壳缝两侧具横线纹或点纹，略呈放射状平行排列，辐节和中轴区将壳面花纹分成 4 个部分；具间生带，但是无真的隔片，假隔片有或无；色素体片状，2 个，每个具 2～4 个蛋白核。

生态分布：生长在各类淡水中。

美壁藻属 *Caloneis* Cleve 1894

植物体为单细胞；壳面呈线形、线形披针形、狭披针形、椭圆形或提琴形，中部两侧常膨大；壳缝直，具圆形的中央节和极节，壳缝两侧横线纹互相平行，中部略呈放射状，末端横线纹有时略斜向极节；壳面侧缘内具 1 到多条与横线纹垂直交叉的纵线纹；带面长方形，无间生带和隔片；色素体片状，2 个，每个具 2 个蛋白核。

偏肿美壁藻

Caloneis ventricosa (Ehr.) Meister, Beitr. Kryptog.-Fl. Schweiz, 4(1), p. 116, pl. 17, Figs. 4, 1912; Patrick & Reimer, Diatoms Unit. Stat., p. 583, pl. 54, Fig. 3, 1966.

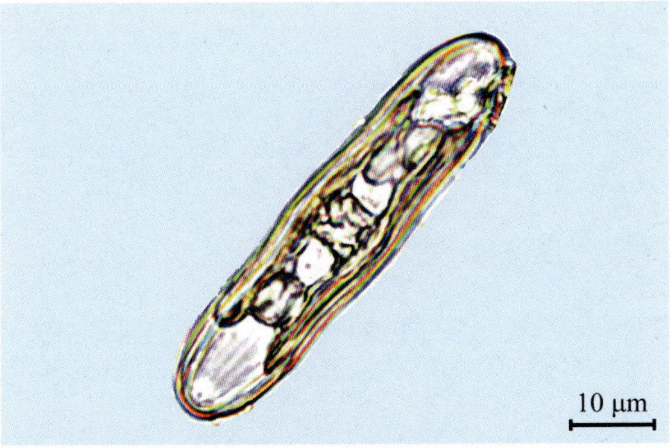

南京市玄武湖-9 月

形态特征：植物体壳面线形披针形，侧缘具 3 个波状突起，末端呈楔形至广圆形；壳缝直，从近极节略弯向一侧，伸向中央节；中轴区线形披针形，中央区圆形，横线纹略呈放射状排列，在 10 μm 内 14～27 条，两侧及近壳缘各具 1 条与横线纹交叉的纵线纹；细胞长 25～120 μm，宽 6～20 μm。

生态分布：生长在池塘、水沟、湖泊、水库、水坑、泉水、河流、沼泽中，淡水及半咸水中。

桥弯藻科(Cymbellaceae)

植物体多为单细胞，少数为群体；壳面两侧不对称，明显有背腹之分，呈线形、新月形、镰刀形、半椭圆形、半披针形、舟形、菱形披针形，末端钝圆或渐尖；中轴区两侧略不对称，略偏于腹侧，具中央节和极节；壳缝略弯曲，其两侧具横线纹或点纹；带面呈长方形、椭圆形，具或无间生带，无隔膜；色素体 1 个、2 个或 4 个，侧生、片状，浮游或着生。

双眉藻属 *Amphora* Ehrenberg ex Kützing 1844

植物体多数为单细胞,浮游或着生;壳面两侧不对称,明显有背腹之分,呈镰刀形、新月形,末端钝圆形或两端延长呈头状;中轴区明显偏于腹侧一侧,具中央节和极节;壳缝略弯曲,其两侧具横线纹;带面椭圆形,末端截形,间生带由点连成长线状,无隔膜;色素体侧生、片状,1 个、2 个或 4 个。

卵圆双眉藻

Amphora ovalis (Kütz.) Kützing, 1844; 胡鸿钧等: 中国淡水藻类, 171 页, 图版 37: 4, 1980.

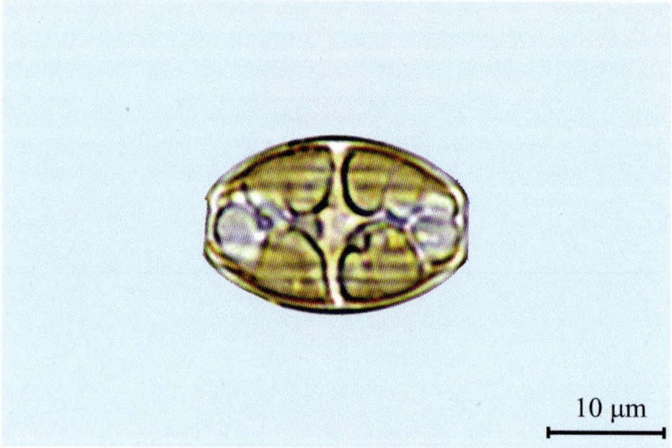

南京市运粮河- 10 月

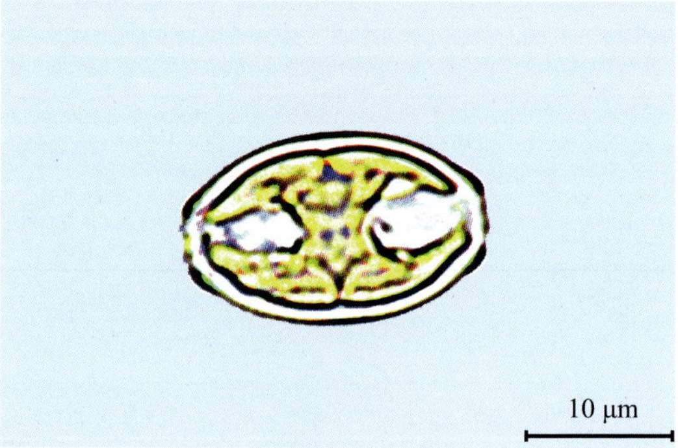

太湖- 1 月

形态特征:壳面新月形,背缘凸出,腹缘凹入,末端钝圆形;中轴区仅在腹侧明显;壳缝略呈波状,由点纹组成的横线纹在腹侧中部间断,末端斜向极节,在背侧呈放射状排列,在 10 μm 内 9～16 条;壳面长 20～140 μm,宽 6～9.5 μm。带面广椭圆形,末端截形,两侧边缘弧形。

生态分布:生长在湖泊、水库、河流、溪流、沼泽、稻田、水坑、池塘及潮湿岩壁上。

桥弯藻属 *Cymbella* Agardh 1830

植物体为单细胞,或为分枝或不分枝的群体,浮游或着生,着生种类细胞位于短胶质柄的顶端或在分枝或不分枝的胶质管中;壳面两侧不对称,明显有背腹之分,背侧凸出,腹侧平直或中部略凸出或略凹入,呈菱形披针形、舟形、半披针形、半椭圆形、线形、新月形,末端钝圆或渐尖;中轴区两侧略不对称,具中央节和极节;壳缝略弯曲,少数近直,其两侧具横线纹,一般壳面中间部分的横线纹比近两端的横线纹略显稀疏;带面长方形,无间生带和隔膜;色素体片状、侧生,1 个。

切断桥弯藻

Cymbella excisiformis Krammer, K. (2002). Cymbella. In: H. Lange-Bertalot (ed.), Diatoms of Europe, Diatoms of the European Inland waters and comparable habitats. A. R. G. Gantner Verlag K. G., 3: pp. 1-584.

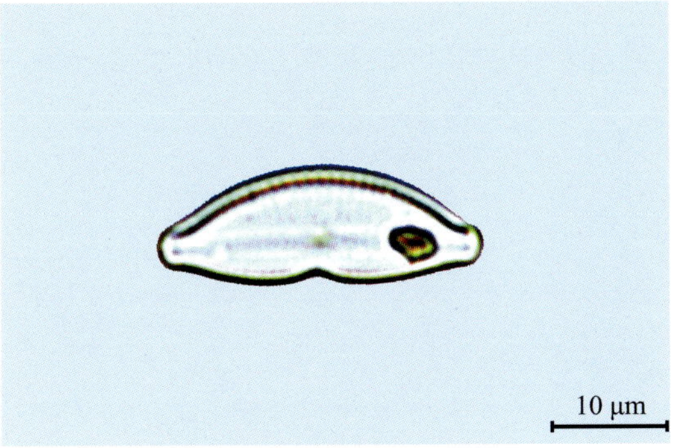

南京市内秦淮河-8月

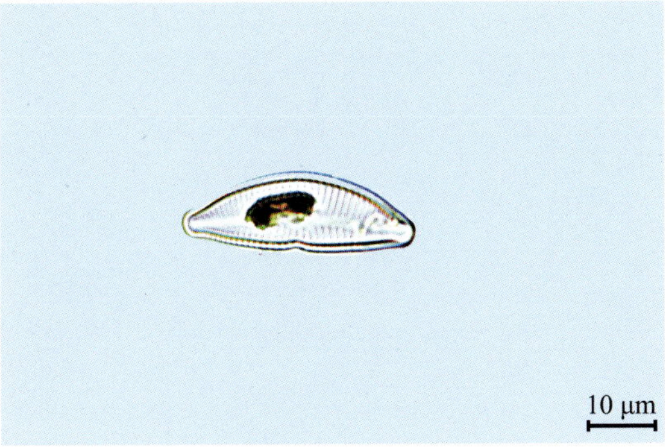

南京市运粮河-3月

苏州市青剑湖-6月

形态特征：植物体壳面呈广椭圆形至菱形披针形，两侧不对称，末端钝圆形，常略呈喙形，壳面长 50～120 μm，壳面宽 15～50 μm；中心区呈圆形，中轴区呈宽披针形；壳缝直，略偏于腹侧；横线纹粗，呈放射状排列，在 10 μm 内背侧中部有 5～9 条，两端有 9～15 条，腹侧中部有 7～10 条，两端有 11～16 条，末顶端具线纹。

生态分布：淡水普生种，广泛分布于水库、河流、湖泊的沿岸带。

箱形桥弯藻

Cymbella cistula (Hempr.) Kirchner, in Cohn, Kryptog.-Fl. Schlesien, Band, 2(1): 189, 1878; Patrick & Reimer, Diatoms Unit. Stat., V. 2. Part 1, p. 62-63, pl. 11, Fig. 3-4, 1975; 胡鸿钧等：中国淡水藻类，175 页，图版 37：8，1980.

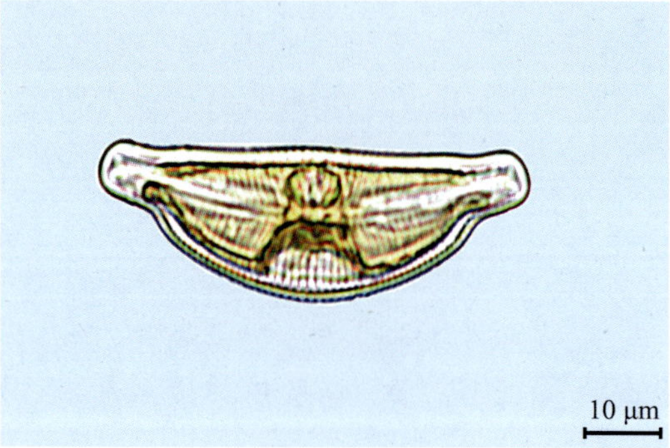

长江南京段-4月

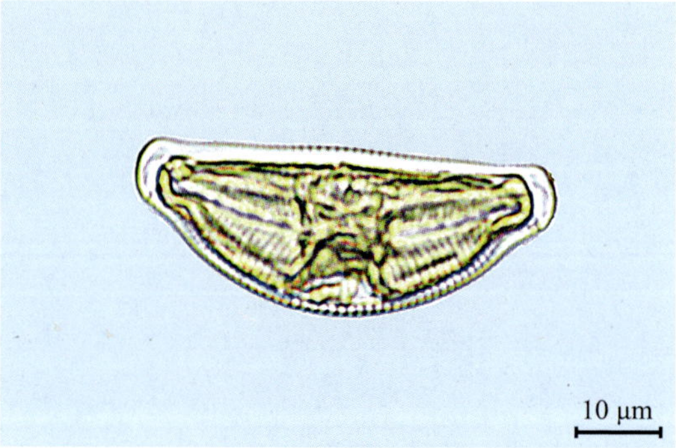

常州市天目湖-4月

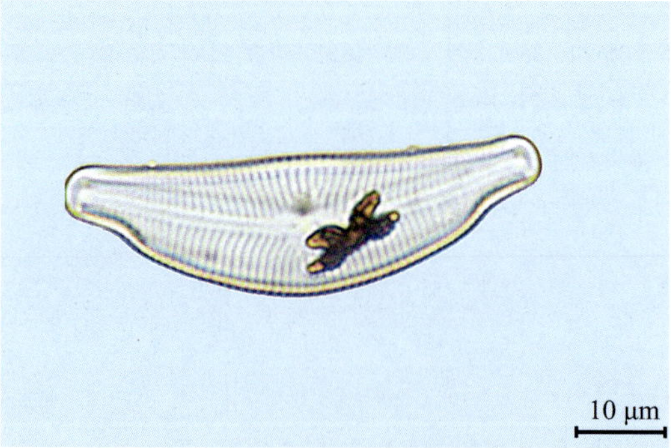

阳澄湖-5月

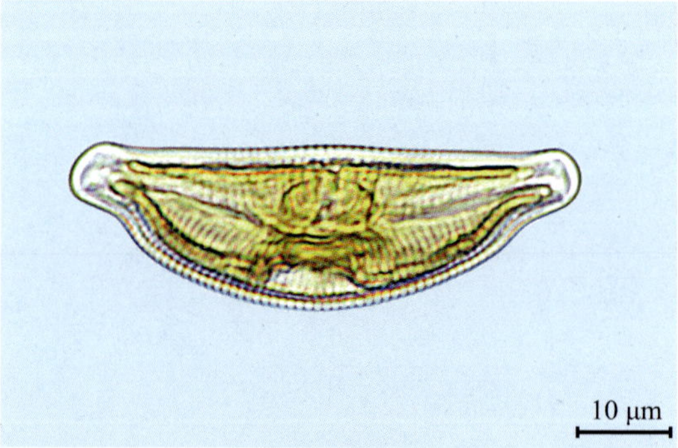

长江南京段-7月

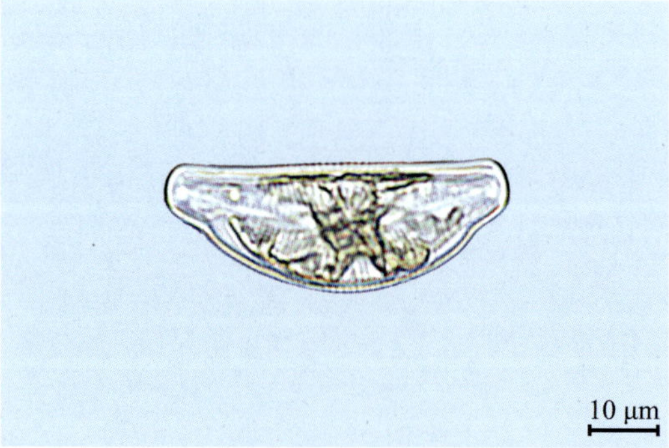

长江南京段-8月

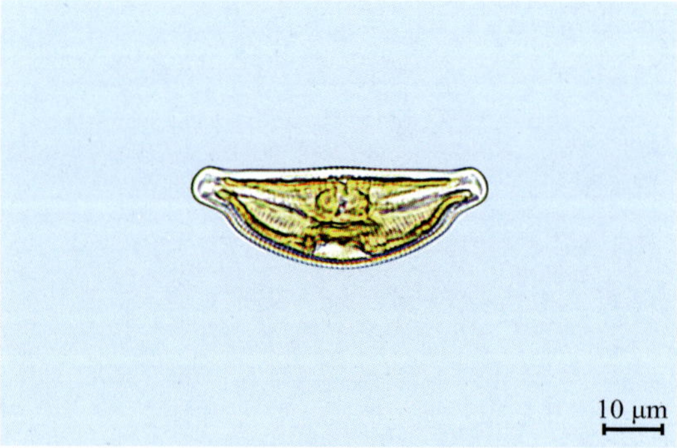

长江南京段-7月

形态特征：植物体壳面新月形，有明显的背腹之分，背缘凸出，腹缘凹入，其中部略凸出，末端钝圆至截圆；中轴区狭窄，中央区略扩大，多少呈圆形；壳缝偏于腹侧、呈弓形，末端呈钩形斜向背缘，腹侧中央区具3～6个单独的点纹；横线纹明显由点纹组成，点纹10 μm内18～20个，横线纹呈放射状斜向中央区，在中部近平行，背侧中部10 μm内5～12条，腹侧中部10 μm内6～11条；细胞长31～180 μm，宽10～36 μm。

生态分布：生长在湖库、河流、溪流、泉水、沼泽、稻田、水坑、池塘及潮湿岩壁中。

新月形桥弯藻

Cymbella cymbiformis Agardh，1830；Patrick & Reimer，Diatoms Unit. Stat.，V. 2. Part 1，p. 54-55，pl. 10，Fig. 3-4，1975；胡鸿钧等：中国淡水藻类，175 页，图版 37：23，1980.

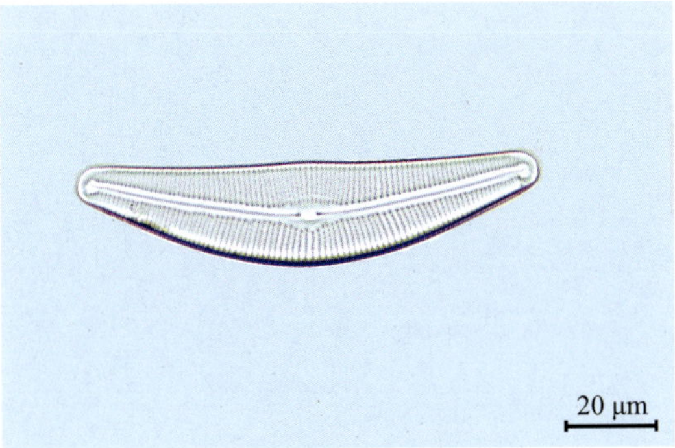

常州市长荡湖- 4 月

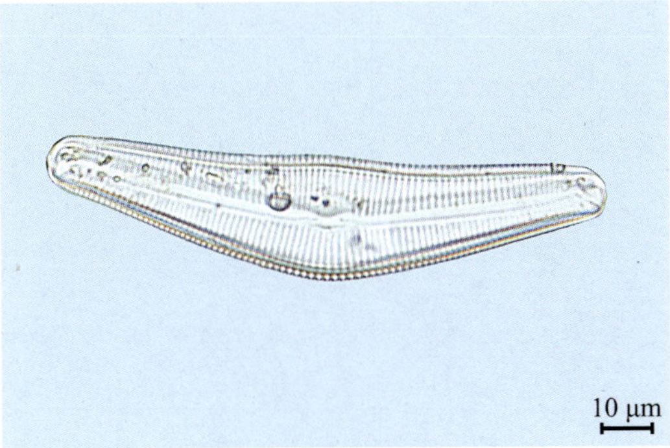

常州市天目湖- 10 月

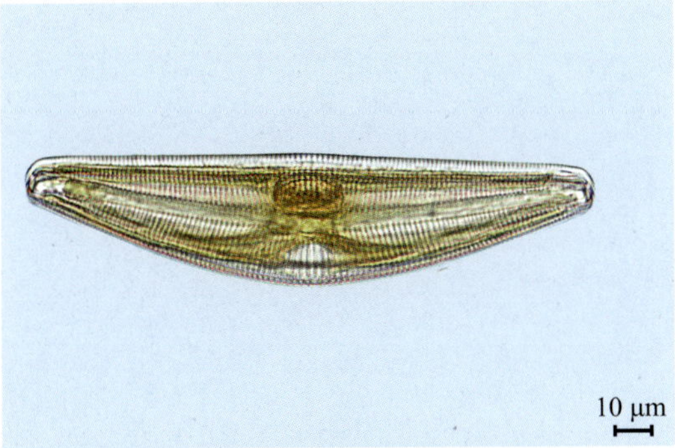

南京市运粮河- 4 月

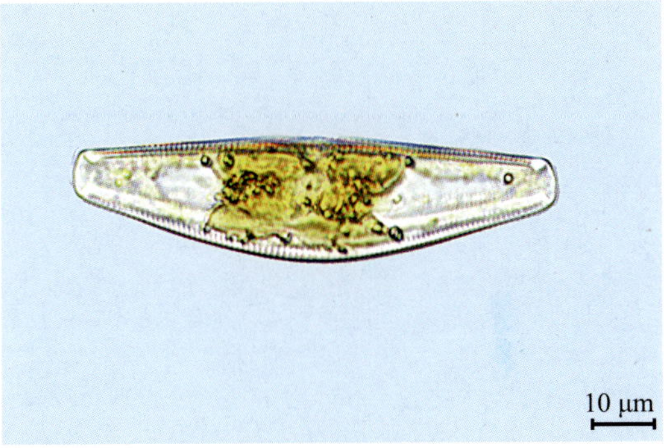

常州市长荡湖- 5 月

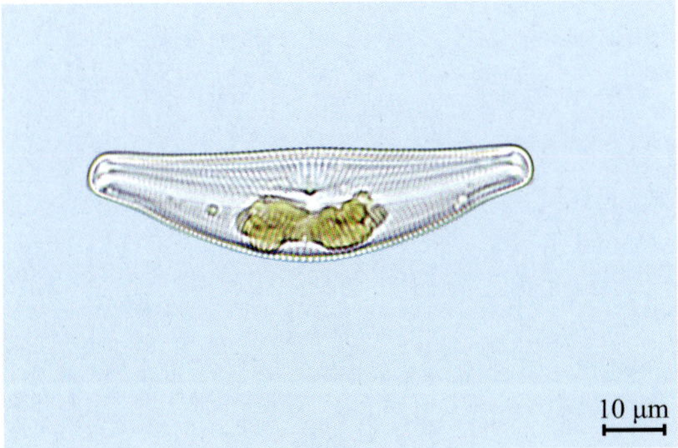

常州市滆湖- 5 月

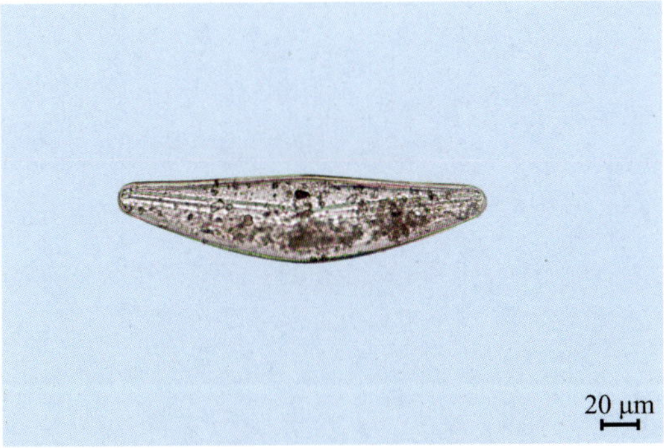

长江南京段- 8 月(鲁哥氏液固定)

形态特征：壳面新月形，有背腹之分，背缘凸出，腹缘除中部略凸外其余部分略凹入或平直，逐渐向两端呈圆锥形，末端钝圆；中轴区狭窄，中央区绝大多数略向腹侧扩大；壳缝略偏于腹侧、呈弓形，末端呈钩形斜向背缘，腹侧中央区具一个单独的点纹，横线纹明显呈放射状斜向中央区，背侧中部 10 μm 内有 6～9 条，腹侧中部 10 μm 内有 10～14 条，横线纹由点纹组成，点纹 10 μm 内 18～20 个；细胞长 30～100 μm，宽 9～16 μm。

生态分布：生长在池塘、湖泊、稻田、水坑、水库、河流、溪流、泉水、沼泽及潮湿岩壁上。

偏肿桥弯藻

Cymbella ventricosa Kützing，1844，（non C. ventricosa（Ag. ）Agardh，1830）；胡鸿钧等：中国淡水藻类，176 页，图版 37：21，1980.

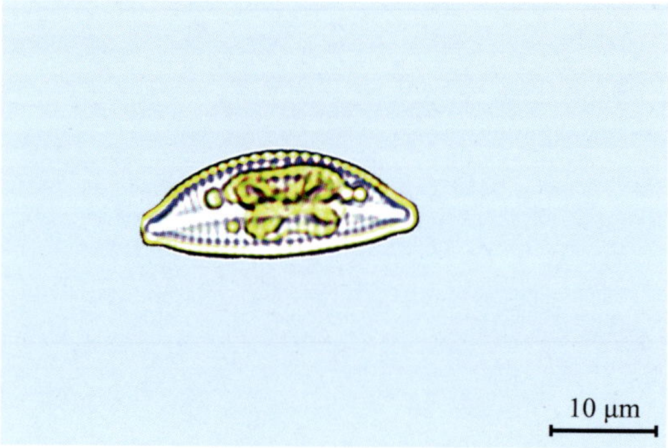

无锡市横山水库-9 月

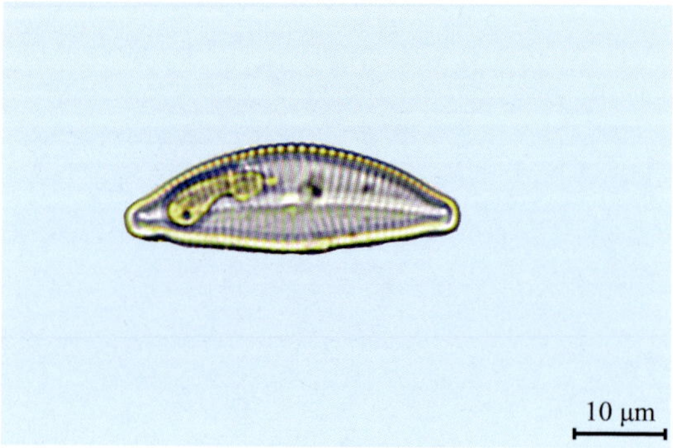

长江南京段-7 月

形态特征：植物体壳面呈新月形至半椭圆形，有明显的背腹之分，背缘凸出，腹缘平直或中部略凸出，两端略延长，末端略尖或近钝圆形；中央区不扩大或者略扩大，中轴区狭窄；壳缝偏于腹侧、直，横线纹略呈放射状斜向中央区，背侧在 10 μm 内 8～17 条，腹侧在 10 μm 内 8～17 条，两端斜向极节；细胞长 10～40 μm，宽 3～12 μm。

生态分布：生长在湖泊、水库、河流、溪流、稻田、水坑、池塘、沼泽及潮湿岩壁上，国内外广泛分布。

扇形藻属 *Meridion* Agardh 1824

植物体由细胞互相连成扇形或螺旋形群体；壳面呈棒形或倒卵形，纵轴对称，横轴不对称；假壳缝狭窄，其两侧具横细线纹和肋纹；带面楔形，具 1～2 个间生带，壳内具许多发育不全的横隔膜；色素体小盘状，多数，每个色素体具 1 个蛋白核。

环状扇形藻

Meridion circulare（Grev. ）Agardh，1831；Patrick & Reimer，Diatoms Unit，Stat.，p. 113，pl. 2，Fig. 15，1966.

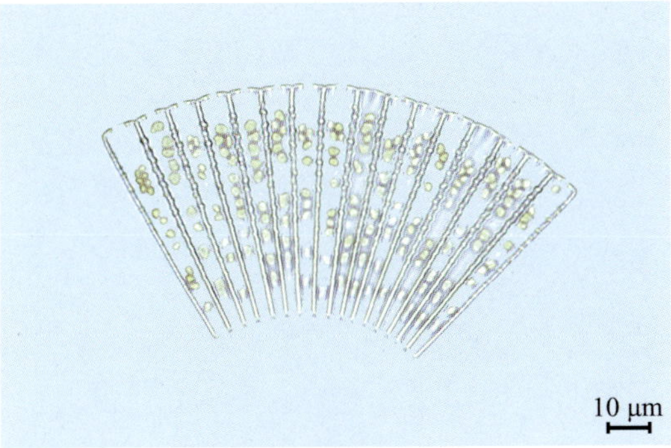

南京市内秦淮河-4月

形态特征：细胞互相连成扇形群体；壳面棒形，上端呈明显的宽、广圆形，下端较狭，壳面上端近壳缘具1个唇形突；假壳缝狭窄，其两侧具横细线纹和肋纹，线纹在10 μm内12～20条，肋纹在10 μm内2～6条；带面楔形，具1或2个间生带，壳内具许多发育不全的横隔膜；细胞长12～80 μm，宽4～8 μm。

生态分布：生长在淡水小水体中，特别是流水水体，有的也在微咸水中出现。

内丝藻属 *Encyonema* Kützing 1833

形态特征：壳面背腹之分明显，背侧高度弓形，腹侧直或几乎平直，腹缘几乎平直或略弓形弯曲，向两端略窄，端部宽圆形；壳缝几乎在中位，呈线形，几乎直向；壳面长14.1～16.9 μm，宽4.4～5.3 μm，近缝端膨大，弯向背侧；中轴区窄，线形；中央区不规则；在10 μm内线纹7～10条。

内丝藻属

Encyonema sp.

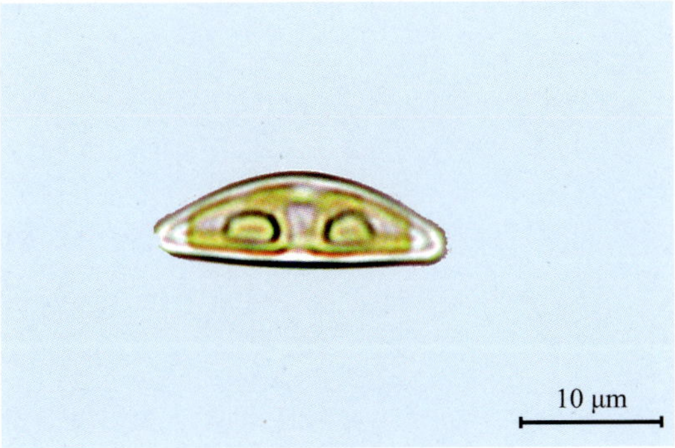

南京市运粮河-9月

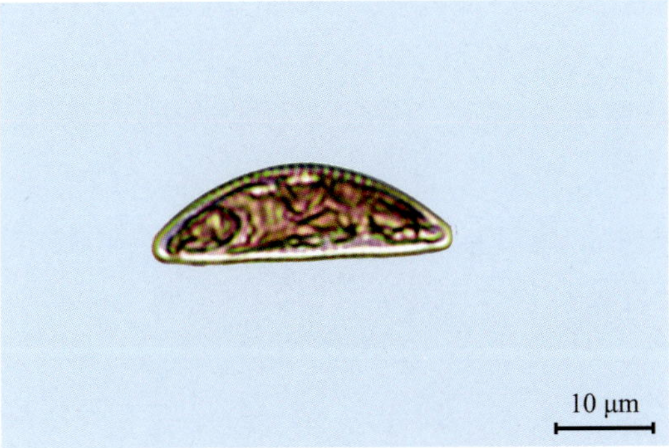

长江南京段-8月（鲁哥氏液固定）

形态特征：壳面背腹之分明显，背侧高度弓形，腹侧直或几乎平直，腹缘几乎平直或略弓形弯曲，向两端略窄，端部宽圆形；壳缝几乎中位，线形，几乎直向。壳面长 14.1～16.9 μm，宽 4.4～5.3 μm。近缝端膨大，弯向背侧；中轴区窄，线形；中央区不规则。在 10 μm 内线纹 7～10 条。

生态分布：国内外广泛分布。

瑞氏藻属 *Reimeria* Kociolek & Stoermer 1987

植物体壳面略具背腹之分，呈线形或线状披针形，外形略与桥弯藻属相似，背缘呈弓形，腹缘呈弓形或平直，中部略膨大凸出，壳缝几乎中位且直，有一个孤点，线纹平行或略呈放射状排列。

波状瑞氏藻

Reimeria sinuata Kociolek J. P., Stoermer E. F. 1987. Ultrastructure of Cymbella sinuata and its allies (Bacillariophyceae), and their transfer to Reimeria, gen. nov. Systematic Botany. 12(4): 451-159.

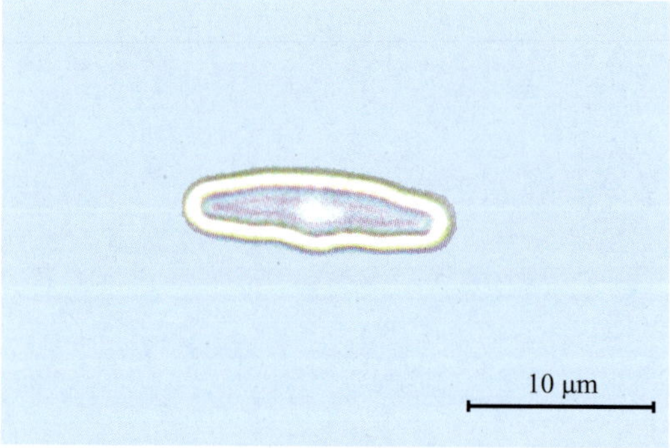

太湖-5月

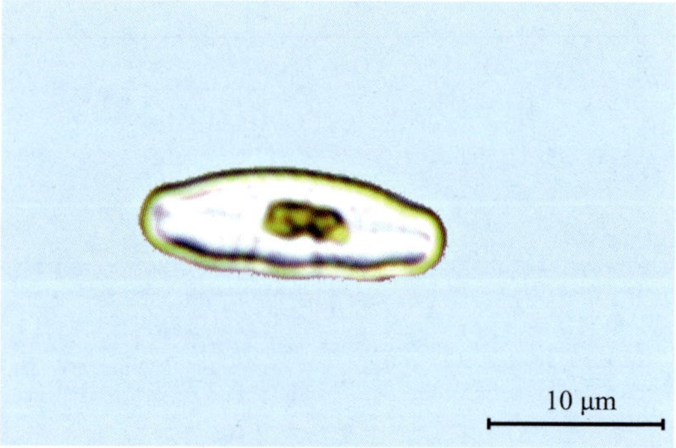

南京市运粮河-2月

形态特征：壳面线形，两侧略不对称，背侧边缘略凸起，末端广圆，个别也有稍长的末端，腹侧边缘从几乎平稳凸出至呈波状，壳面长 12～40 μm，壳面宽 3～9 μm；中轴区极窄；中心区在壳面腹侧横向放宽，可到达壳缘，壳缝略偏于腹侧，通常为直线形，也有的略弯曲，端隙狭小，伸向腹侧缘，在背侧中心节旁与横线纹之间有 1 个单独的点纹；横线纹略呈放射状排列，有的几乎呈平行排列，在 10 μm 内 8～15 条，腹侧 10～14 条。

生态分布：此种为淡水沿岸带的普生性种类。在贫营养与富营养水体中均存在，特别在岩石与苔藓植物的附着物上大量存在。

异极藻科(Gomphonemaceae)

植物体为单细胞，或为分枝或不分枝的树状群体，浮游或着生，着生种类的细胞位于胶质柄的顶端或在分枝的胶质管中；壳面上、下两端不对称，或两端及两侧均不对称，前端宽于末端，呈线形、披针形、椭圆形、舟形、菱形披针形，末端钝圆或渐尖；中轴区两侧对称，具中央节或极节；上、下壳面具真壳缝，壳面两侧具横线纹或点纹；带面呈长方形、楔形、椭圆形，具或无间生带，无隔膜；色素体侧生、片状，1 个，具 1 个蛋白核。

异极藻属 *Gomphonema* Ehrenberg 1832

形态特征：植物体为单细胞，或为分枝或不分枝的树状群体，细胞位于胶质柄的顶端，以胶质柄着生于基质上，有时细胞从胶质柄脱落，成为偶然性的单细胞浮游种类；壳面上、下两端不对称，上端宽于下端，两侧对称，呈棒形、楔形、披针形；中轴区狭窄、直，中央区略扩大，有些种类在中央区一侧具 1 个、2 个或多个单独的点纹，具中央节或极节；壳缝两侧具由点纹组成的横线纹；带面多呈楔形，末端截形，无间生带，少数种类在上端具横隔膜；色素体侧生、片状，1 个。

尖顶异极藻

Gomphonema augur Ehrenberg，1840；朱蕙忠和陈嘉佑：中国西藏藻类，223 页，图版 41：19，2000；施之新：中国淡水藻志，第十二卷，硅藻门，异极藻科，28-29 页，pl. 6：1-3，2004.

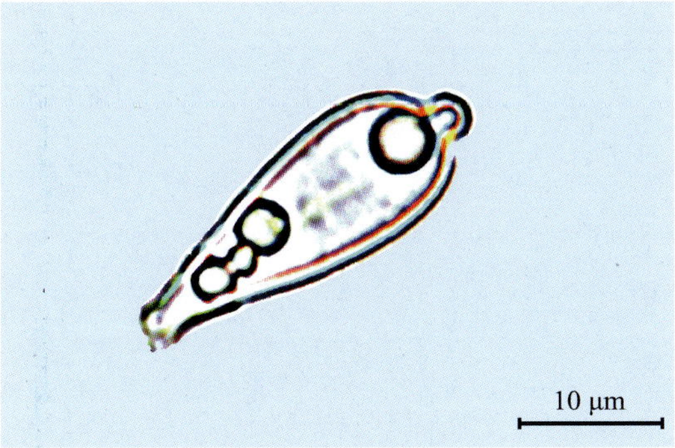

南京市玄武湖-6 月

形态特征：壳面呈棒状，最宽处位于上端近顶端处，前端平圆形，顶端中间凸出呈尖楔形或喙状，向下逐渐狭窄，下缘末端尖圆；中轴区狭窄、线形，中央区一侧具 1 个单独的点纹，壳缝两侧中部横线纹近平行，两端逐渐呈放射状排列，在中间部分 10 μm 内 9～18 条；细胞长 17.5～54 μm，宽 5.5～15 μm。

生态分布：生长在池塘、湖泊、稻田、水坑、水库、河流、溪流、沼泽中。

塔形异极藻

Gomphonema turris 水利部水文局 长江流域水环境监测中心：中国内陆水域常见藻类图谱，106 页；王业耀等：中国流域常见水生生物图集，559 页.

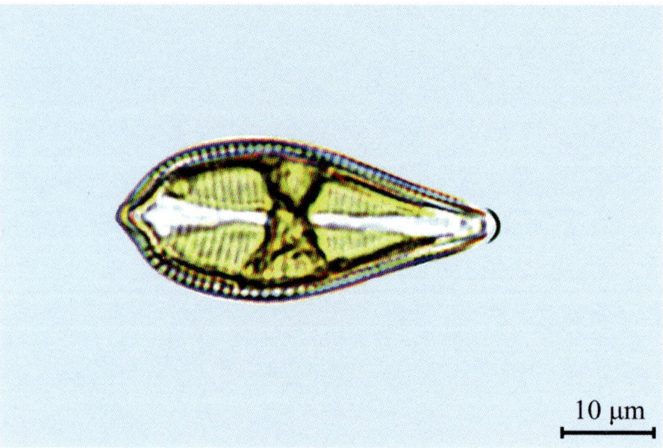

长江南京段-1月

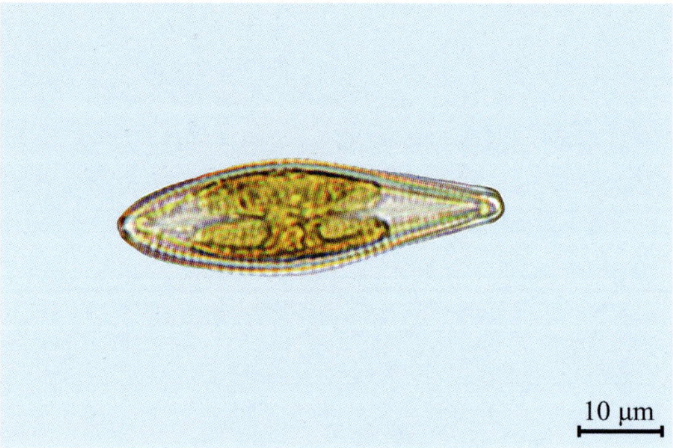

常州市长荡湖-9月

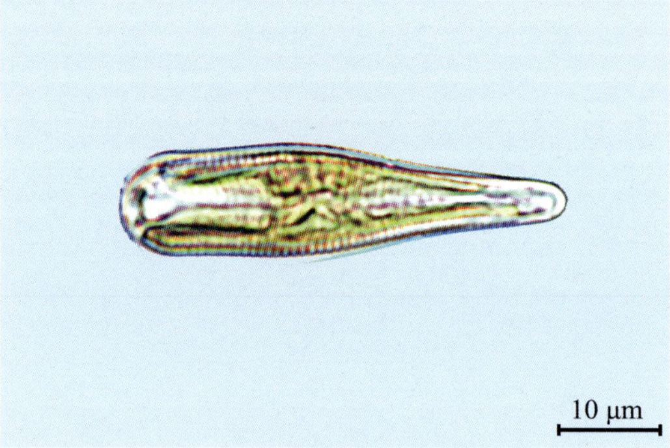

常州市长荡湖-3月

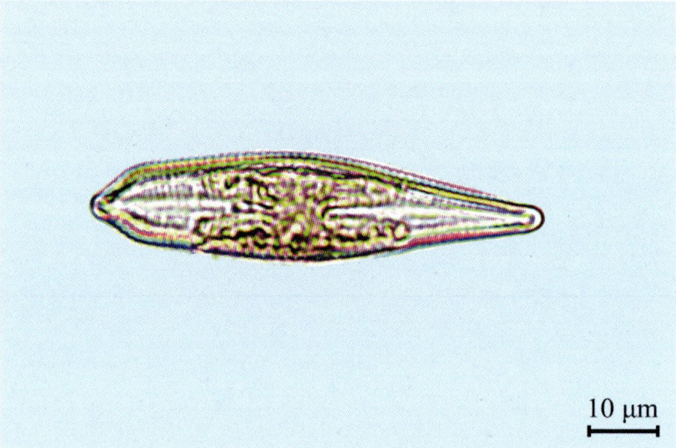

常州市长荡湖-9月(鲁哥氏液固定)

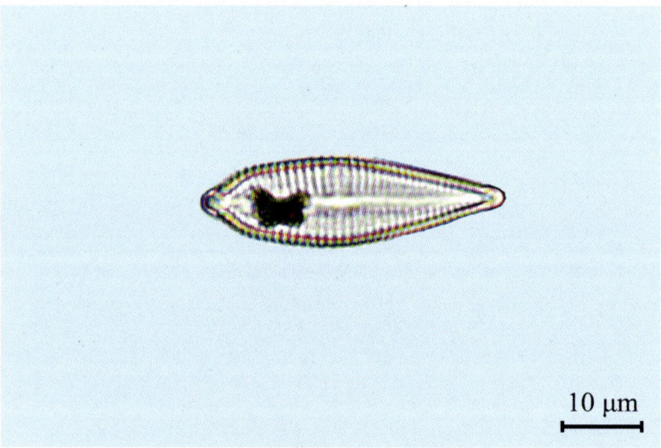

无锡市横山水库-9月

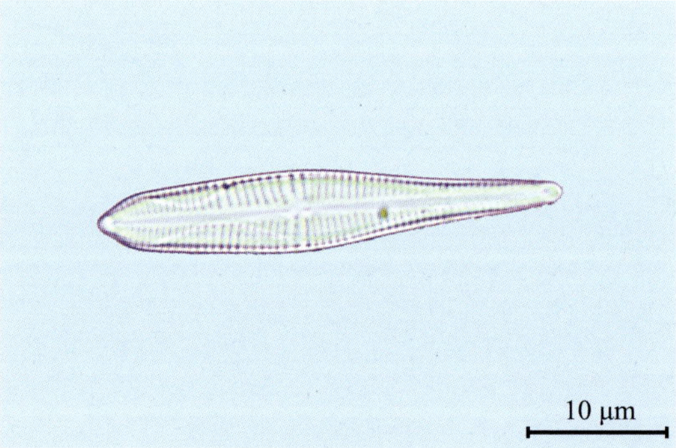

南京市运粮河-4月

形态特征:壳面略双缢缩,上端末端呈楔圆形;中心区对称或一侧稍横向伸延;壳面长28.5～47(～59) μm,壳面宽6～8.5(～11) μm,横线纹在壳面中部10 μm内8～10条,上、下两端有12～16条。

生态分布:沼泽,水坑分布较多。

纤细异极藻

Gomphonema gracile Ehrenberg, em Heurck, 1838, 1885; 胡鸿钧等: 中国淡水藻类, 182页, 图版38: 7, 1980.

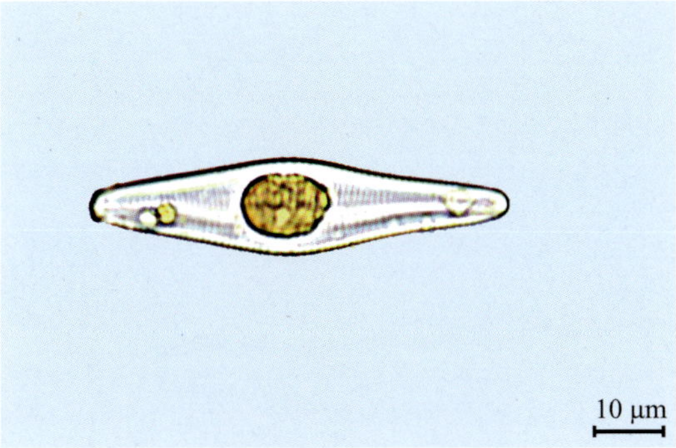

南京市运粮河-11月

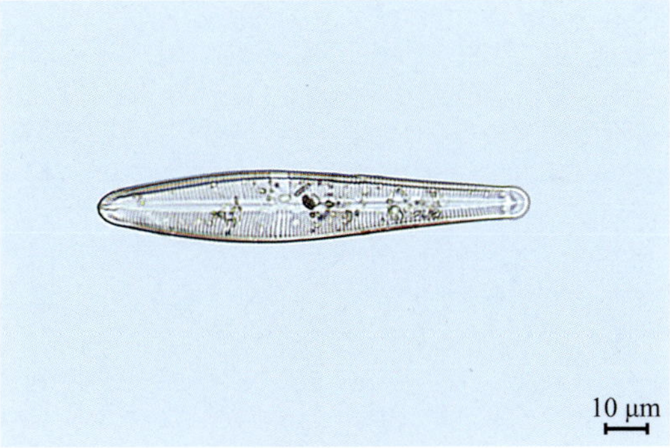

洪泽湖-11月

形态特征：植物体壳面披针形，前端呈尖圆形，从中部向两端逐渐狭窄；中轴区狭窄、线形，中央区小、圆形并略横向放宽，在其一侧具1个单独的点纹；壳缝两侧的横线纹呈放射状排列，在中间部分10 μm内有9～17条；细胞长25～70 μm，宽4～11 μm。

生态分布：生长在池塘、湖泊、稻田、水坑、水库、河流、溪流、泉水、沼泽中，喜贫营养水环境，适应较宽的pH及电导率，附着在潮湿的岩壁上。

小型异极藻

Gomphonema parvulum (Kütz.) Kützing, 1849; Patrick &. Reimer, Diat. Unit. Stat. ,V. 2, Part 1, p. 122-123, pl. 17, Figs. 7-12, 1975；胡鸿钧等：中国淡水藻类，181页，图版38:11，1980.

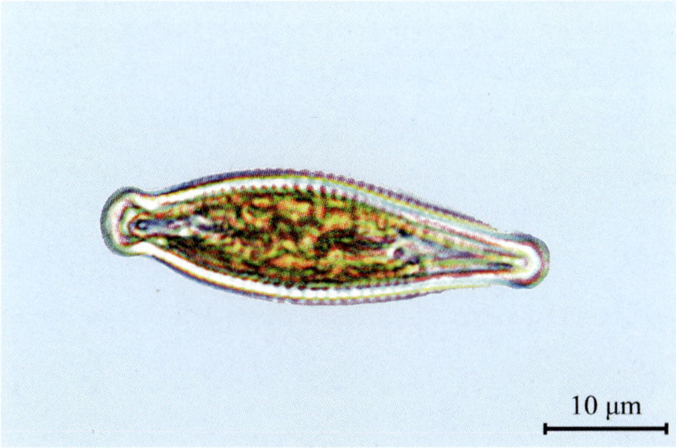

常州市长荡湖-3月

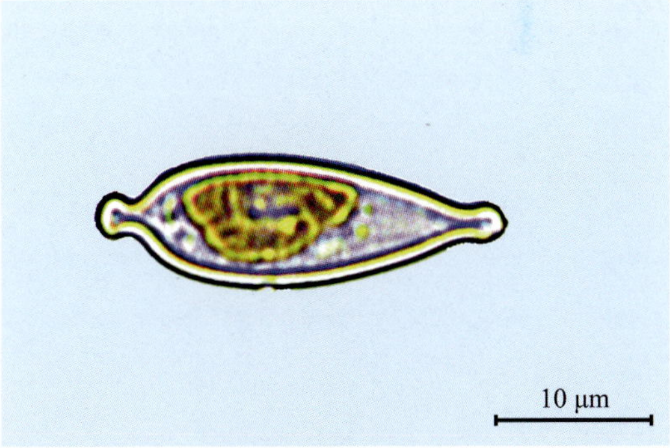

南京市运粮河-9月

形态特征：壳面呈棒状披针形，逐渐向前端变狭，前端呈喙状或短头状，中部最宽，向下端逐渐狭窄，末端狭圆；中轴区很狭，中央区狭小、不明显，在其一侧具一个单独的点纹，壳缝两侧的横线纹在中部近平行，在中间部分10 μm内10～16条，在两端呈放射状排列；细胞长12～30 μm，宽4～7 μm。

生态分布：生长在水坑、池塘、湖泊、溪流、河流、沼泽中。

异极藻属

Gomphonema sp.

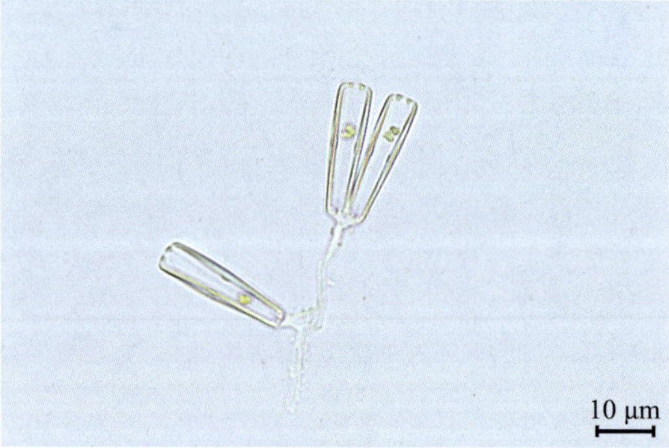

苏州市金鸡湖-12 月

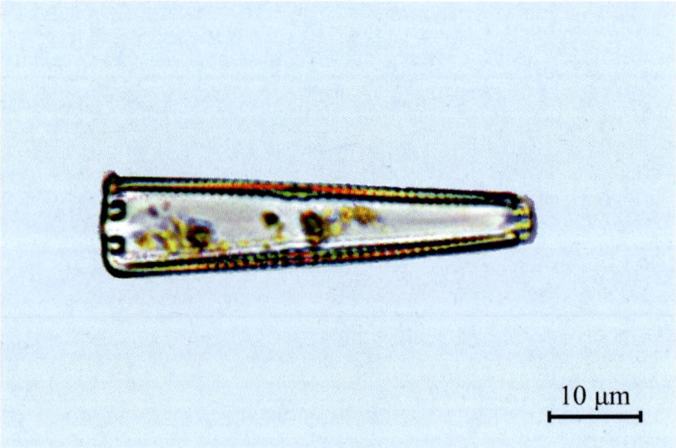

南京市运粮河-12 月

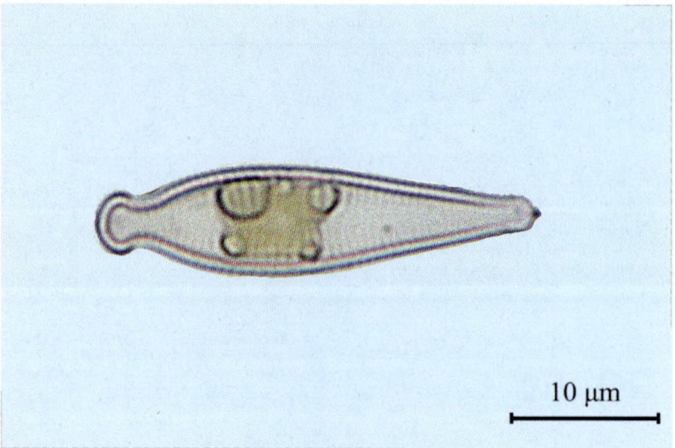

阳澄湖-5 月

形态特征：植物体为单细胞，或为不分枝或分枝的树状群体，细胞位于胶质柄的顶端，以胶质柄着生于基质上，有时细胞从胶质柄脱落，成为偶然性的单细胞浮游种类；壳面上、下两端不对称，上端宽于下端，两侧对称，呈棒形、披针形、楔形；中轴区狭窄、直，中央区略扩大，有些种类在中央区一侧具 1 个、2 个或多个单独的点纹，具中央节或极节；壳缝两侧具由点纹组成的横线纹；带面多呈楔形，末端截形，无间生带，少数种类在上端具横隔膜。色素体侧生，片状，1 个。

生态分布：主要生长在淡水、半咸水中，较少种类生长在海水中。

双楔藻属 *Didymosphenia* M. Schmidt 1899

壳面棒形，上下明显不对称，两侧略不对称；基部的顶孔区是由许多细孔纹成排密集排列而成，不分区；带面呈楔形；中央区明显，具 2 至数个孤点；线纹由大圆孔组成；中轴区明显，常呈线形，在基端近节区呈“T”形。

双生双楔藻

Didymosphenia geminata (Lyngbye) M. Schmidt, in A. Schmidt et al., Atlas. Diat. - Kunde. 1899, pl. 214. Fig. 7-10; Shi ZX(施之新), 2004, p. 78, pl. XXXV: 6.

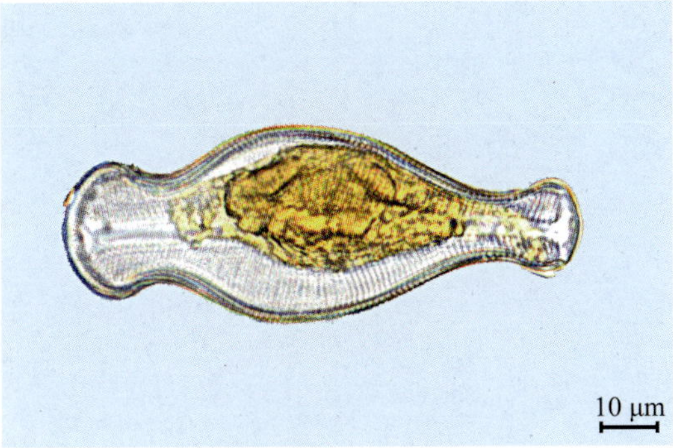

长江南京段- 12 月

形态特征：植物体壳体较大，上下明显不对称，两侧略不对称，中部明显膨大，在中部与上下两端之间各具一明显的收缢部，两末端膨大呈楔头状，端部宽圆形，长 96～120 μm，宽 39～45 μm。线纹由圆孔纹组成，放射排列 10 μm 内有 9～11 条。下端基部具黏液孔。

生态分布：亚洲、欧洲、北美洲。

4.2.4 单壳缝目(Monoraphidales)

曲壳藻科(Achnanthaceae)

植物体为单细胞或连成带状或树状的群体，单细胞的种类多以具壳缝的一面附着在基质上，群体种类以胶质柄着生在基质上；壳面呈椭圆形、宽椭圆形、线形、棒形、披针形，上、下两个壳面有一个壳面具真壳缝，具中央节和极节，另一个壳面具横线纹构成的假壳缝；带面横向弯曲、纵长膝曲状弯曲或弧形，具纵隔膜或不完全的横隔膜；色素体片状，1 或 2 个，或小盘状，多数。

曲壳藻属 *Achnanthes* Bory 1822

植物体为单细胞或以壳面互相连接形成带状或树状群体，以胶质柄着生于基质上；壳面呈线形披针形、菱形披针形、线形椭圆形、椭圆形，上壳面凸出或略凹入，具典型的壳缝，中央节明显，极节不明显，壳缝和假壳缝两侧的横线纹或点线纹相似，或一壳面横线纹平行，另一壳面呈放射状；带面纵长弯曲，呈膝曲状或弧形；色素体片状，1 或 2 个，多数。

曲壳藻属

Achnanthes sp.

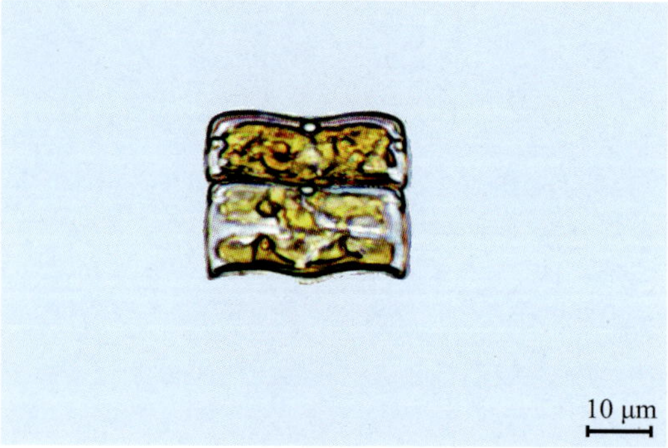

扬州市高邮湖-12月

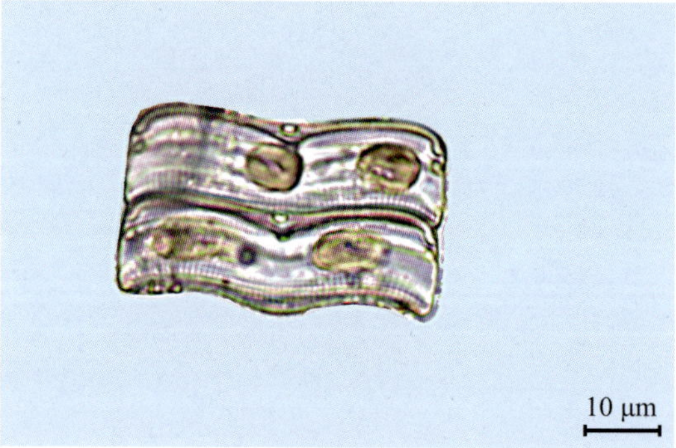

长江无锡段-8月

形态特征:植物体为单细胞或以壳面互相连接形成带状或树状群体,以胶质柄着生于基质上;壳面呈线形披针形、菱形披针形、线形椭圆形、椭圆形,上壳面凸出或略凹入,具典型的壳缝,中央节明显,极节不明显,壳缝和假壳缝两侧的横线纹或点线纹相似,或一壳面横线纹平行,另一壳面呈放射状;带面纵长弯曲,呈膝曲状或弧形;色素体片状,1或2个,多数。

生态分布:生活在淡水中的类群主要着生于丝状藻类、沉水高等植物或其他基质上,或亚气生。

弯壳藻属 *Achnanthidium* Grunow 1880

细胞小,两壳面异形,具壳缝的一面为R面,具假壳缝的一面为P面;壳面呈线形披针形至线形椭圆形,末端呈头状至亚喙状,长度<30 μm(一般为10~20 μm),宽度<5 μm,带面呈浅"V"形;扫描电镜下观察发现壳面的横线纹由单列点纹组成,呈放射状或几乎平行,在中部较疏(约30条/10 μm),两端较密(约40条/10 μm),靠近中轴区的点纹比边缘更粗大(具壳缝一面更明显);壳缝结构精细,近端缝很少膨大,末端缝呈直线形或偏向一侧,壳套上有一列延长呈短线状的孔纹。

链状弯壳藻

Achnanthidium catenatum (Bily & Marvan) Lange Bertalot, 1999.

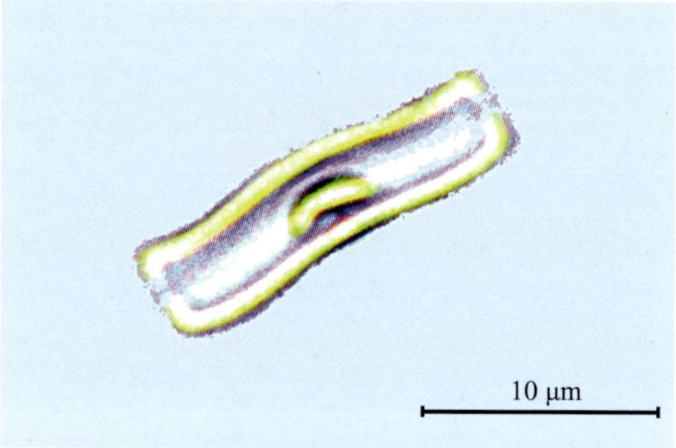

南京市琵琶湖-4月

形态特征：植物体细胞能以壳面相连，一般形成 2 个，最多 3 个细胞的短链状群体；壳面细长，末端呈头状至亚头状（小个体），中部明显膨大，壳面边缘呈波浪状；长 7.6～19.3 μm，宽 2.6～4.1 μm；带面纵长呈弓形，中部平直或向腹侧略微隆起，末端尖且向假壳缝面强烈弯曲；壳缝面凸起，中央区圆形，假壳缝面凹陷，中央区呈菱形至披针形；两壳面横线纹相似，略呈放射状（小个体不明显）偏向中央区，中部 1～3 条明显较疏，并向末端逐渐变密，10 μm 内 28～33 条。

生态分布：广温性种类，能在较宽的范围内大量繁殖，能够适应较低的光强，水华多发生于湖库水体。

卵形藻属 *Cocconeis* Ehrenberg 1837

植物体为单细胞，以下壳着生在丝状藻类或其他基质上；花纹各异或相似，壳面呈椭圆形、宽椭圆形，上、下两个壳面的外形相同，上、下两个壳面有一个壳面具假壳缝，另一个壳面具直的壳缝，具中央节和极节，壳缝和假壳缝两侧具横线纹或点纹，带面横向弧形弯曲，具不完全的横隔膜；色素体片状，1 个，具蛋白核 1 或 2 个。

扁圆卵形藻

Cocconeis placentula Ehrenberg，1838；胡鸿钧等：中国淡水藻类，183 页，图版 38：16-17，1980.

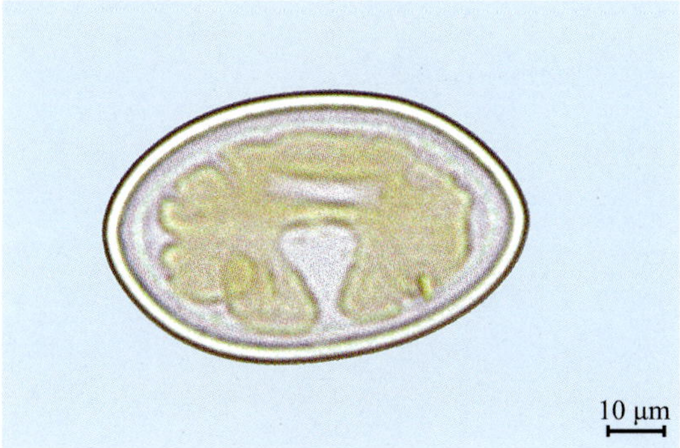

太湖－5 月

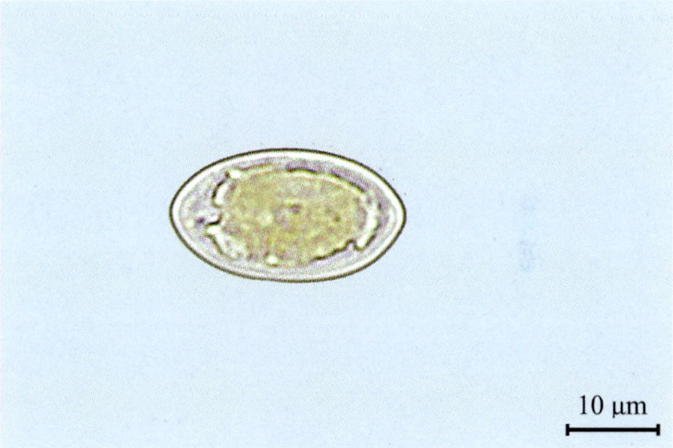

洪泽湖－12 月

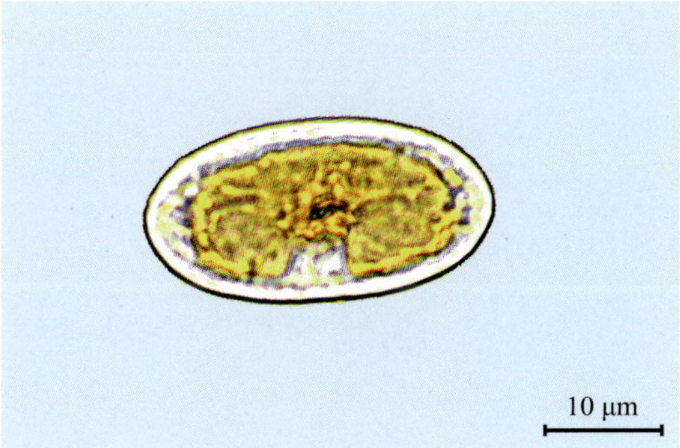

南京市内秦淮河－10 月

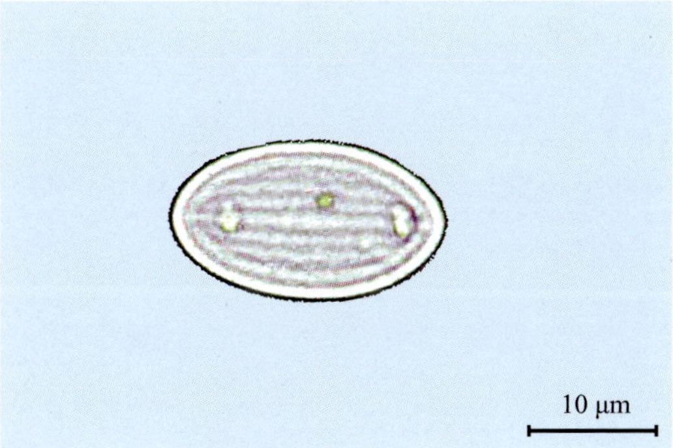

扬州市高邮湖－12 月

形态特征:植物体壳面椭圆形,具假壳缝一面的横线纹由相同大小的小孔纹组成,具壳缝的一面和不具壳缝的另一面的中轴区均狭窄,具壳缝的一面中央区小,多少呈卵形;壳缝线形,其两侧的横线纹均在近壳的边缘中断,形成一个环绕在近壳缘四周的环状平滑区,由明显点纹组成的横线纹略呈放射状斜向中央区,在 10 μm 内 15~20 条,不具壳缝的一面假壳缝狭窄,明显点纹组成的横线纹在 10 μm 内 18~22 条;细胞长 11~70 μm,宽 7~40 μm。

生态分布:生长在稻田、湖泊、水库、水坑、池塘、河流、溪流、沼泽中。

虱形卵形藻

Cocconeis pediculus Patrick, R. M. and Reimer, C. W. (1966) The Diatoms of the United States exclusive of Alaska and Hawaii, V. 1 Monographs of the Academy of Natural Sciences of Philadelphia 13.

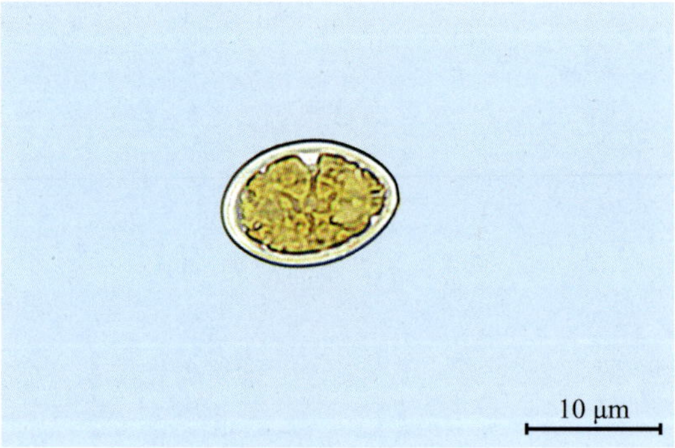

长江镇江段-3 月

形态特征:壳面宽 13~13.5 μm,长 14~15 μm,横线纹在 10 μm 内有 24~26 条。

生态分布:生长在河流中,营底栖生活。

4.2.5 管壳缝目(Aulonoraphidinales)

窗纹藻科(Epithemiaceae)

植物体为单细胞或由壳面互相连成短带状群体;细胞呈舟形、弓形,上、下两个壳面均具发达的管壳缝,管壳缝常在壳面呈"V"形曲折排列或位于一侧壳缘的龙骨上,在管壳缝内壁上具通入细胞的小孔或无,壳面具横肋纹,在横肋纹之间具横线纹或蜂窝状的窝孔纹,中央节或极节退化或完全没有;色素体 1 个,侧生、片状。

窗纹藻属 *Epithemia* Brébesson 1838

植物体为单细胞,浮游或附着在基质上;壳面略弯曲,弓形、新月形,左右两侧不对称,有背腹和侧腹之分,背侧凸出,侧腹凹入或近平直,末端钝圆或近头状,腹侧中部具 1 条

"V"形的管壳缝，管壳缝内壁具多个圆形小孔通入细胞内，具中央节和极节，但在光学显微镜下不易看到，壳面内壁具横向平行隔膜，构成壳面的横肋纹，两条横肋纹之间具 2 列或 2 列以上与肋纹平行的横点纹或窝孔状，有些种类在壳面和带面结合处具一纵长的隔膜；带面长方形。色素体 1 个，侧生、片状。

窗纹藻属

Epithemia sp.

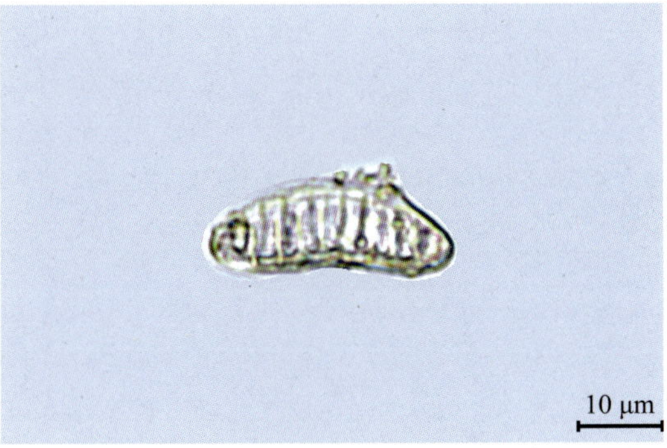

阳澄湖-11 月

形态特征：植物体为单细胞，浮游或附着在基质上；壳面略弯曲，呈弓形、新月形，左右两侧不对称，有背腹和侧腹之分，侧腹凹入或近平直，背侧凸出，末端钝圆或呈近头状，腹侧中部具 1 条明显的"V"形的管壳缝，管壳缝内壁具多个圆形小孔通入细胞内，具中央节和极节，但在光学显微镜下不易看到，壳面内壁具横向平行隔膜，构成壳面的横肋纹，两条横肋纹之间具 2 列或 2 列以上与肋纹平行的横点纹或窝孔状，有些种类在壳面和带面结合处具一纵长的隔膜；带面长方形；色素体 1 个，侧生、片状。

生态分布：生长在淡水和半咸水中，多数种类以腹面附着在水生高等植物或其他基质上。

菱形藻科（Nitzschiaceae）

植物体多为单细胞，或形成星状或带状的群体，或位于分枝的胶质管中；细胞纵长，壳体直或"S"形，罕为椭圆形，上、下两个壳面的一侧具龙骨突起，龙骨突起上具管壳缝，管壳缝内壁具许多通入细胞内的小孔，称"龙骨点"，壳面具横线纹或由点纹组成的横线纹；常无间生带和隔膜；色素体侧生、片状，2 个，少数 4～6 个。

菱形藻属 *Nitzschia* Hassall 1845

植物体多为单细胞，或形成星状或带状群体，或生活在分枝或不分枝的胶质管中，浮游或附着；细胞纵长，直或"S"形，壳面呈线形、披针形，罕为椭圆形，两侧边缘缢缩或不缢缩，两端渐尖或钝，末端头状、尖圆形、楔形、喙状；壳面的一侧具龙骨突起，龙骨突起上具管壳缝，管壳缝内壁具许多通入细胞内的小孔，称为“龙骨点”，“龙骨点”明显，上、下两个壳的龙骨突起彼此交叉相对，具小的中央节和极节，壳面具横线纹，细胞壳面和带面不成直角，因此横断面呈菱形；色素体侧生、带状，2 个，少数 4～6 个。

线形菱形藻

Nitzschia linearis W. Smith, in Pascher, Süssw. -Fl. Mitteleuropas, Heft 10, p. 409, Fig. 784 , 1930；胡鸿钧等：中国淡水藻类，193 页，图版 39：26，1980.

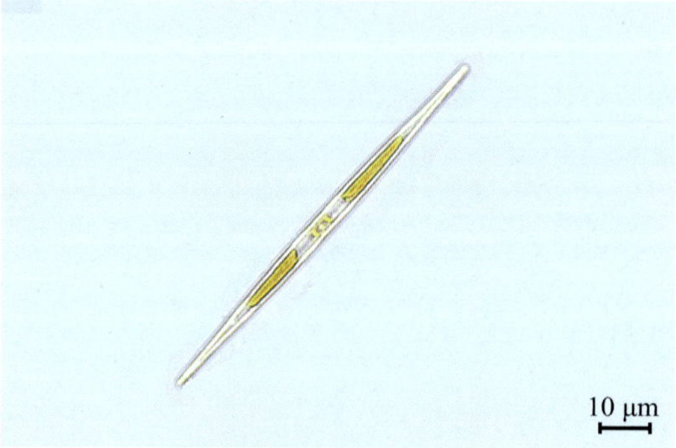

长江南京段- 2 月

形态特征：壳面线形，两侧平行，具龙骨突起的一侧边缘缢入，末端凸出呈头状，两端逐渐狭窄；龙骨点在 10 μm 内 8～14 个，横线纹在 10 μm 内 28～32 条；细胞长 46～180 μm，宽 5～6 μm。

生态分布：生长在稻田、水坑、池塘、湖泊、水库、溪流、河流、沼泽中。

谷皮菱形藻

Nitzschia palea (Kütz.) W. Smith, in Pascher, Süssw. -Fl. Mitteleuropas, Heft 10, p. 416, Fig. 801, 1930；胡鸿钧等：中国淡水藻类，193 页，图版 39：20，1980.

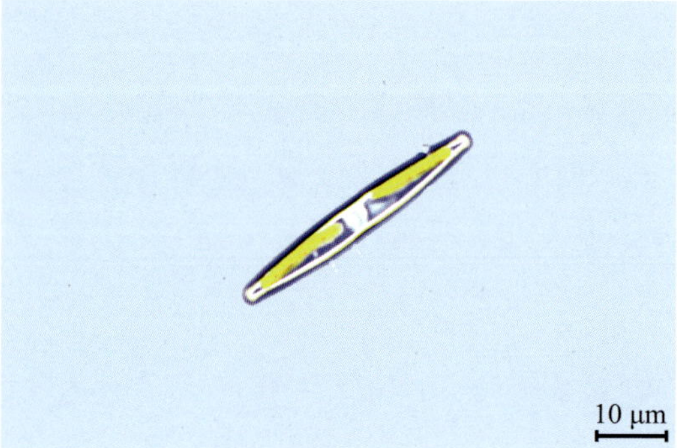

洪泽湖- 5 月

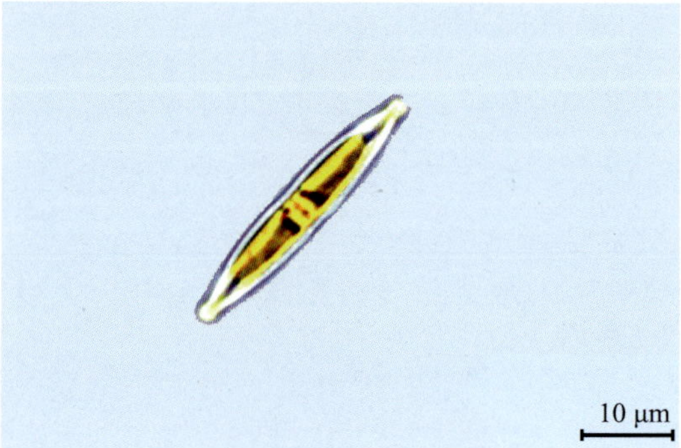

长江南京段- 3 月

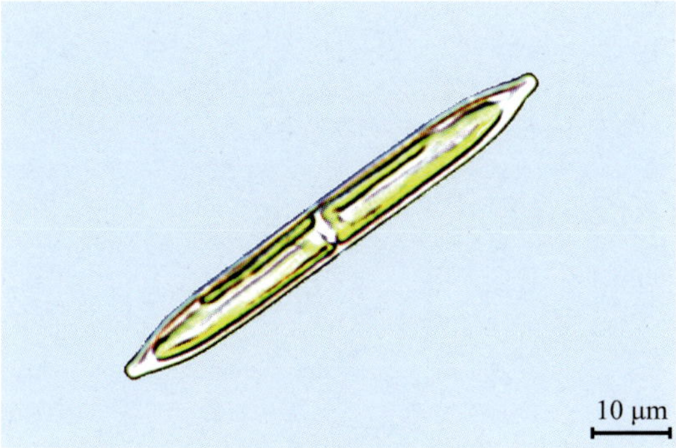

南京市运粮河-4月

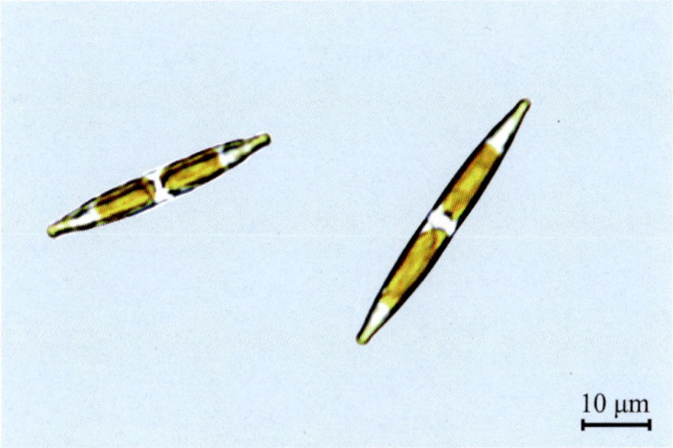

南京市运粮河-2月

形态特征：壳面呈线形、披针形，两侧边缘近平行，末端楔形；横线纹细，在 10 μm 内 30～40 条；龙骨点在 10 μm 内 10～15 个；细胞长 20～65 μm，宽 2.5～5.5 μm。

生态分布：生长在湖泊、水库、河流、稻田、水坑、池塘、溪流、温泉、沼泽中。

针形菱形藻

Nitzschia acicularis（Kütz.）Smith，W.（1853）Synopsis of British Diatomaceae John Van Voorst，London 1853. 89 pp.，pls 1-31.

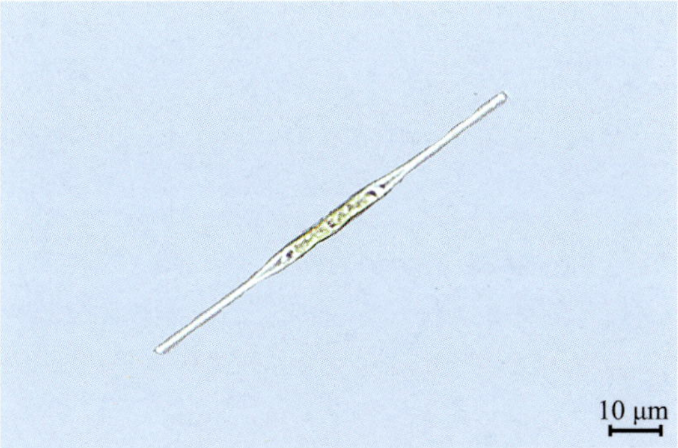

长江南通段入海口-4月

形态特征：壳体轻微硅质化，纺锤形，末端急剧变窄，延长呈喙状；壳面长 43～100 μm，宽 3～5 μm；龙骨突点状，中间两个距离不增大，17～20 个/10 μm；横线纹极细，光学显微镜下很难分辨。

生态分布：生长在沼泽、池塘中。

类 S 形菱形藻

Nitzschia sigmoidea Smith，W.（1853）Synopsis of British Diatomaceae John Van Voorst，London 1853. 89 pp.，pls 1-31.

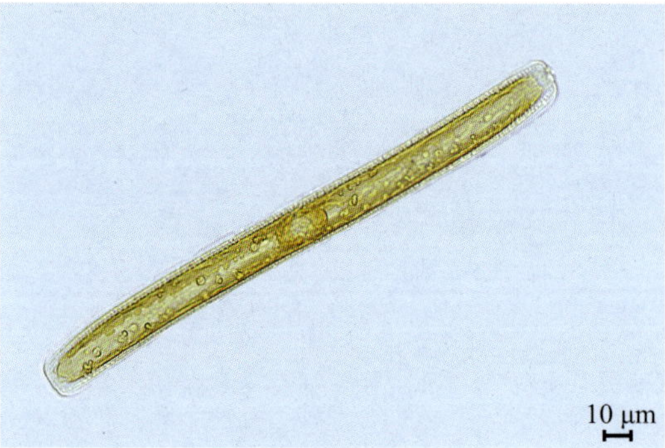

长江南京段-2月

太湖-9月

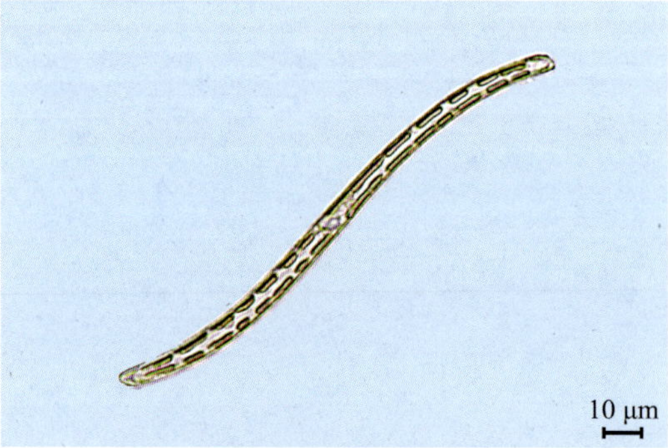

长江南京段-10月

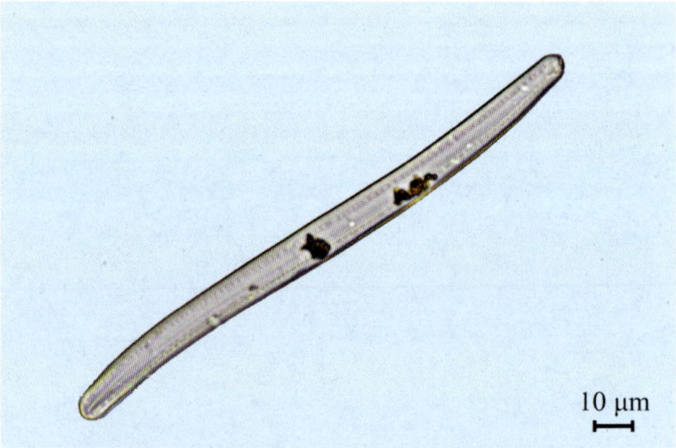

南京市玄武湖-10月(鲁哥氏液固定)

形态特征:细胞较大,带面"S"形弯曲,壳面观直线形,倾斜观察时,壳面稍呈"S"形弯曲;一般带面比壳面宽,所以常示带面观;长 180～450 μm,宽 7～14 μm;龙骨和龙骨突均明显,龙骨突有 6～8 个/10 μm;横线纹细密,光镜下很难分辨。

生态分布:生长在湖泊、溪流、小水渠、草地渗出水、沼泽中。

克劳斯菱形藻

Nitzschia clausii Rabenhorst, L. (1860) Die Algen Sachsens resp. Mittel-Europa's. Decas 95-96. no. 943-953 etc.

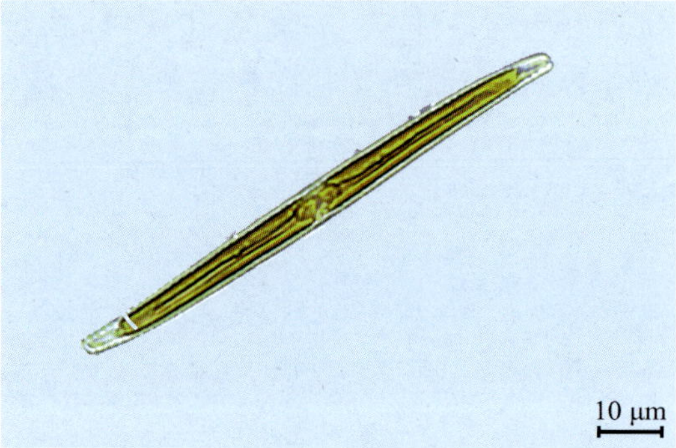

太湖-1月

形态特征:壳面线形,略呈"H"状,末端略延长,圆头状;长 26~55 μm,宽 4~6 μm;龙骨突有 9~13 个/10 μm;横线纹光学显微镜下不清晰。

生态分布:生长在泉水、湖泊、河流、小水渠、沼泽,草丛附生、岩石上附着。

钝头菱形藻

Nitzschia obtusa Krammer and Lange Bertalot 2/2 P117 P118.

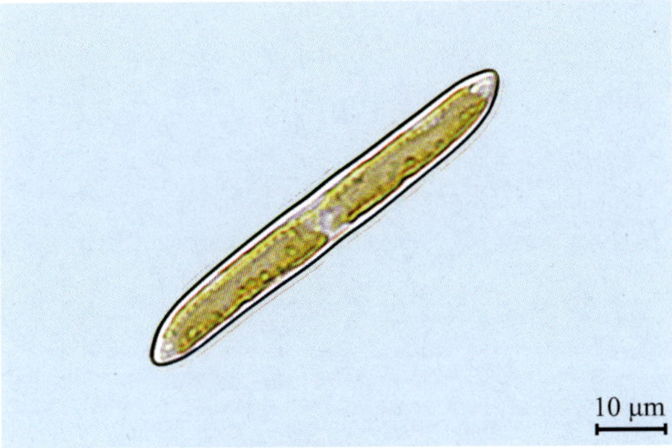

南京市运粮河- 9 月

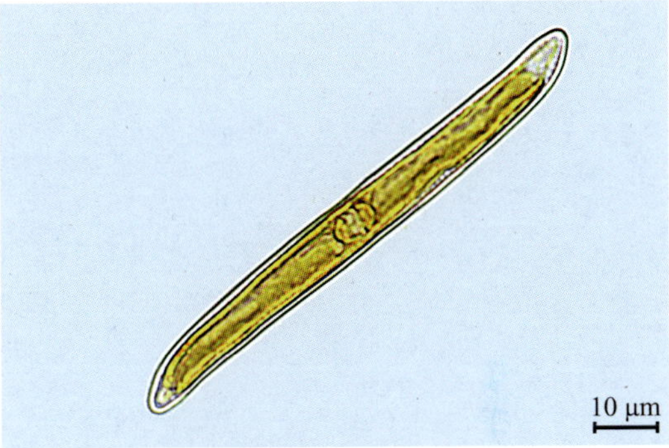

长江南京段- 11 月

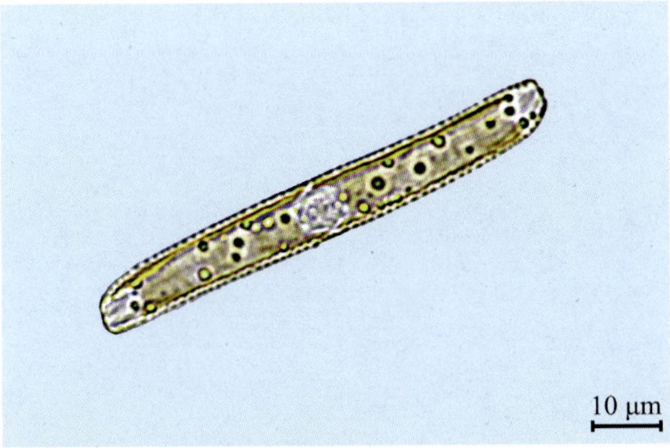

南京市运粮河- 9 月

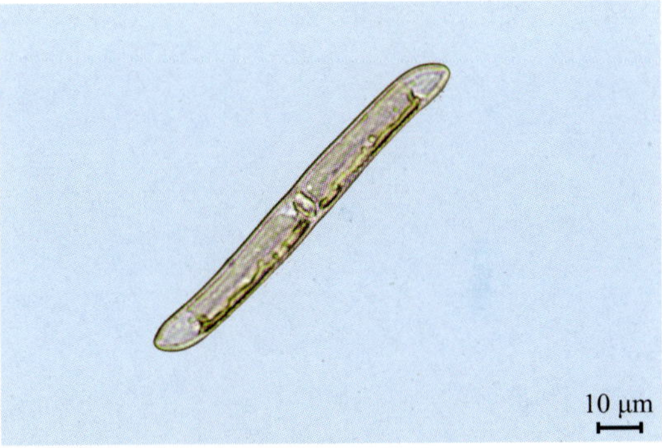

南京市运粮河- 10 月

形态特征:带面线形,末端稍呈"S"形弯曲;壳面观线形,末端呈不同程度"S"形弯曲,末端钝圆,长 120~211 μm,宽 7~11 μm;壳缝龙骨在中央节处离心程度小,极节处离心程度大,龙骨突 5~6 个/10 μm,中间两个距离较大;横线纹 24~30 条/10 μm。

生态分布:生长在湖泊、湖边渗水处、池塘、沼泽、小水渠中,岩石上附生。

弯菱形藻

Nitzschia sigma Smith, W. (1853) Synopsis of British Diatomaceae John Van Voorst, London 1853. 89 pp., pls 1-31.

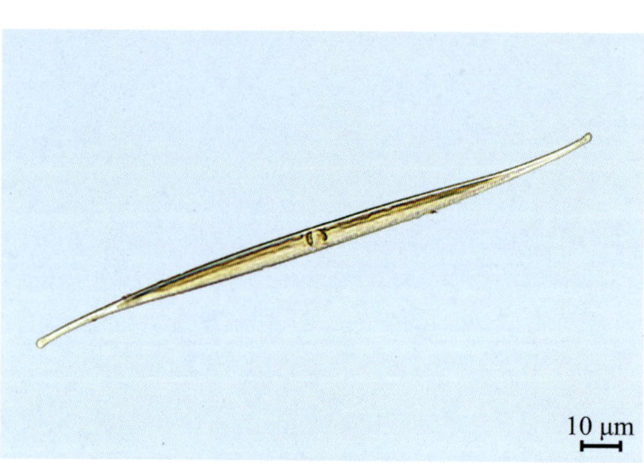

太湖-5月

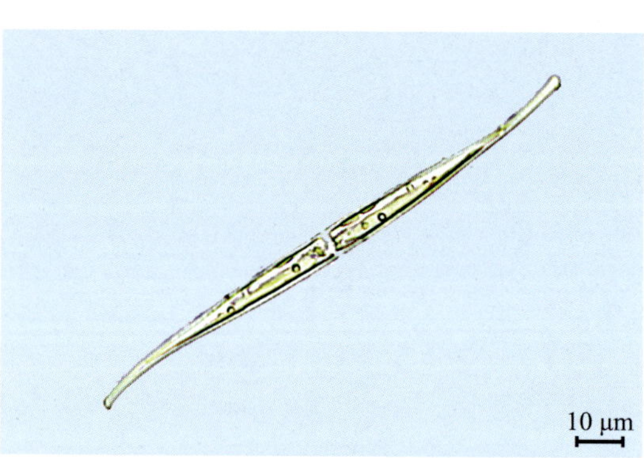

常州市滆湖-6月

形态特征：植物体带面呈明显“S”形弯曲，壳面稍微呈明显的“S”形弯曲，中部呈线形披针形，两端长楔形，末端朝反方向弯曲，长 55～285 μm，宽 5～10 μm；龙骨突位于壳面边缘，肋状，排列整齐，有 8～11 个/10 μm，中间两个距离不增大；横线纹 17～26 条/10 μm。

生态分布：生长在河流、河流渗水处、小水渠、浅水滩、路边积水、沼泽中。

反曲菱形藻

Nitzschia reversa Smith, W. (1853). Synopsis of British Diatomaceae. John Van Voorst, London 1853., 1: 89 pp., pl. 1-31. page(s): p. 43; pl. 15, Fig. 121.

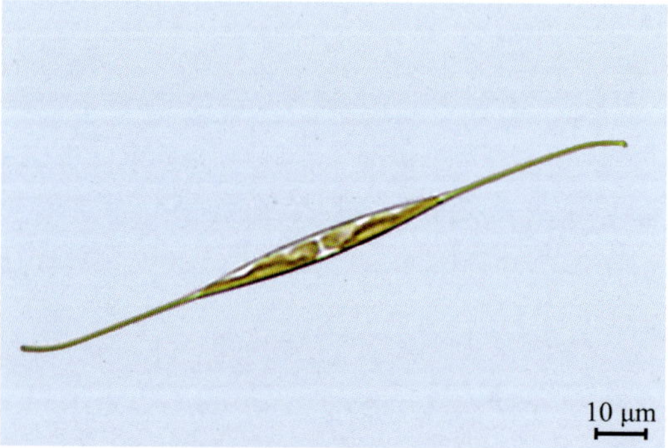

南京市运粮河-10月

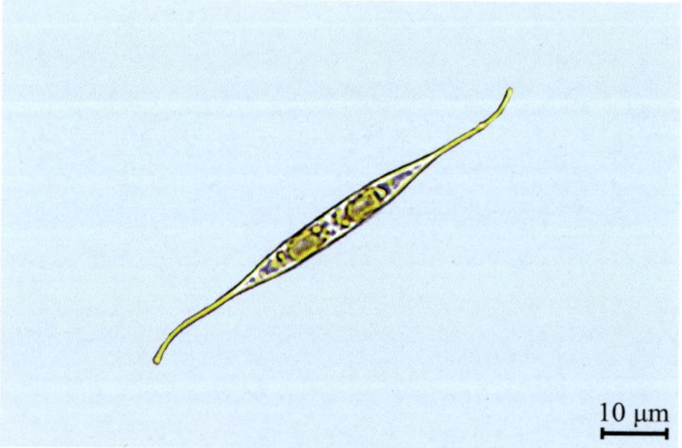

南京市运粮河-9月

形态特征：带面和壳面观末端均呈不同程度“S”形弯曲，壳面纺锤形，末端急剧变窄，延长呈喙状；长 60～90 μm，宽 5～7 μm；龙骨突有 8～13 个/10 μm，横线纹密集，光学显微镜下很难分辨。

生态分布：国内外广布种。

莱维迪菱形藻

Nitzschia levidensis Cassie-Cooper, Smith, W. (1856). Synopsis of British Diatomaceae. John Van Voorst, London 1856., 2: 107 pp., pls. 32-60, 61-62, A-E. page(s): p. 89.

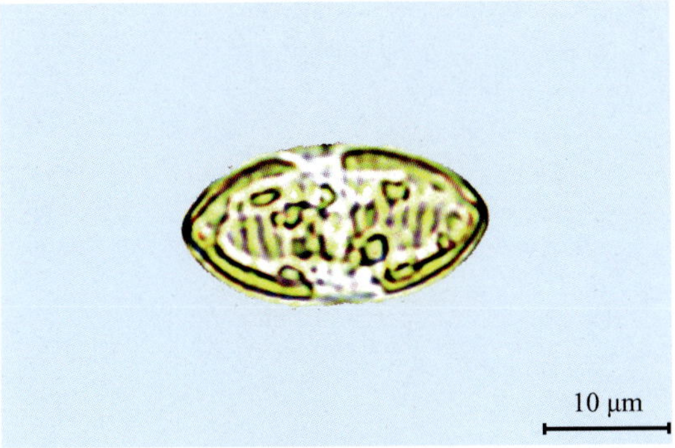

长江南京段-12月

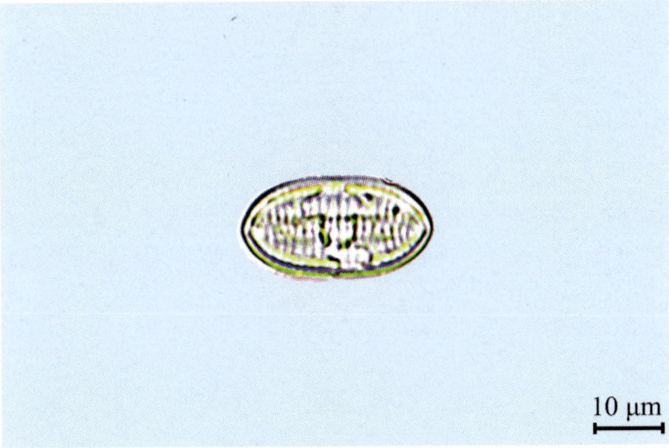

南京市玄武湖-12月

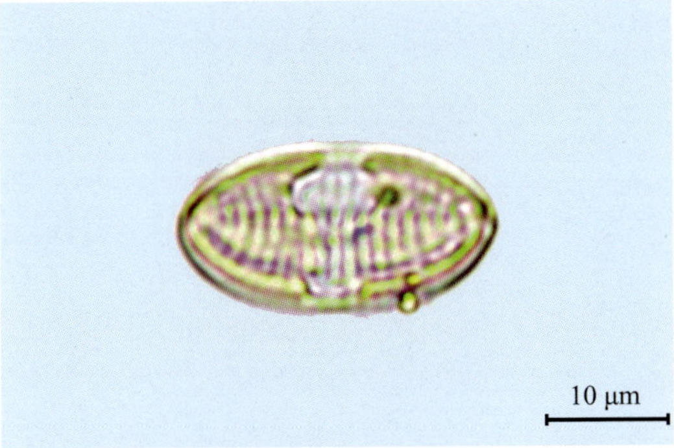

无锡市横山水库-10月

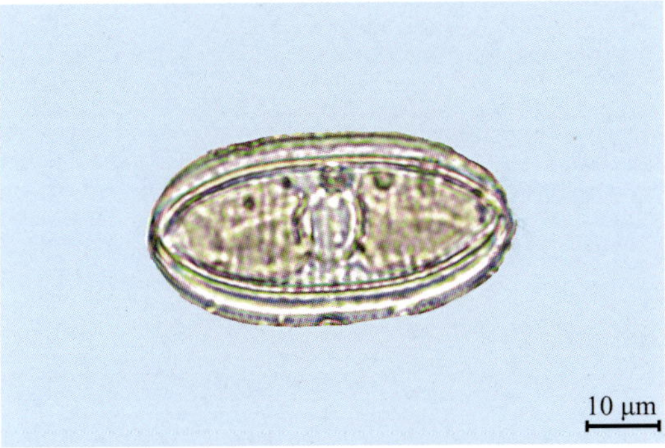

南京市琵琶湖-10月(鲁哥氏液固定)

形态特征：常为单细胞，细胞呈菱形或椭圆形，壳面呈宽菱形或椭圆形，横线纹明显，色素体呈片状，具1个蛋白核。

生态分布：国内外广布种。

中型菱形藻

Nitzschia intermedia Hantzsch, Cleve & Grunow, 1880; Krammer & Lange-Bertalot, 1988, p. 87, pl. 61, Figs. 1-10;谢淑琦，等，1991, p. 417.

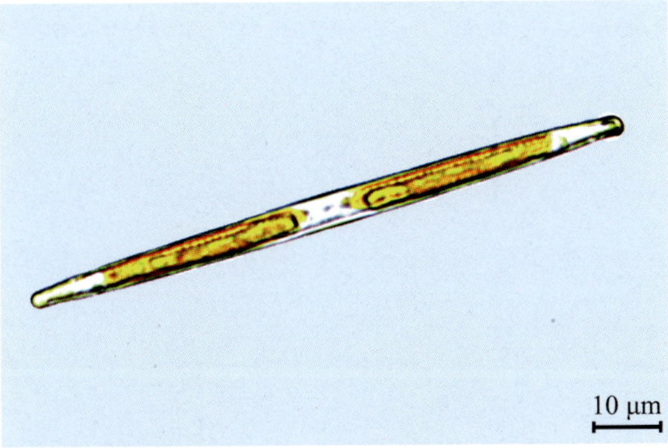

南京市运粮河-2月(鲁哥氏液固定)

形态特征：壳面线形，两端逐渐变窄呈喙状。龙骨突一般与多条线纹相连，在每10 μm

内有 10 个；横线纹呈平行状排列，在每 10 μm 内有 30 条；细胞长 60 μm，宽 4 μm。

生态分布：犀牛海、珍珠滩，附着于丝状藻类、石块等基质上。

菱形藻属

Nitzschia sp.

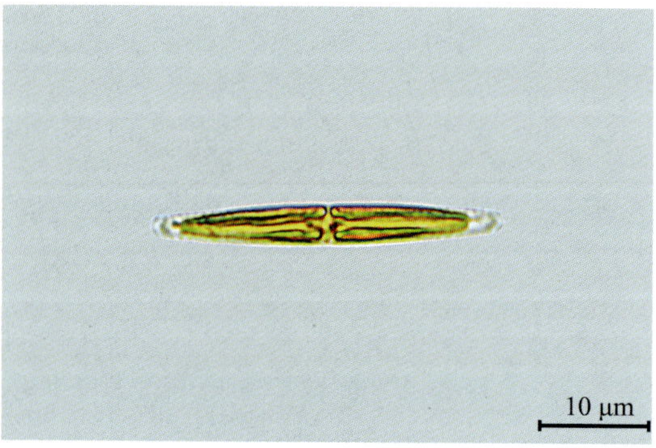

南京市运粮河-8 月

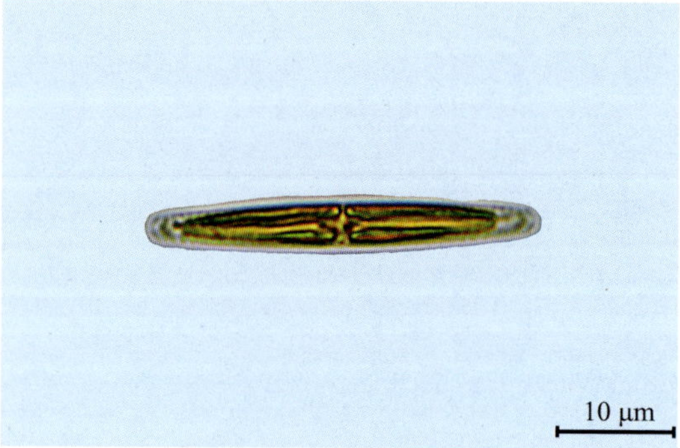

长江南京段-12 月

形态特征：植物体多为单细胞，或形成星状或带状群体，或生活在分枝或不分枝的胶质管中，浮游或附着；细胞纵长，直或"S"形，壳面线形、披针形，罕为椭圆形，两侧边缘缢缩或不缢缩，两端渐尖或钝，末端头状、尖圆形、楔形、喙状；壳面的一侧具龙骨突起，龙骨突起上具管壳缝，管壳缝内壁具许多通入细胞内的小孔，称为"龙骨点"，"龙骨点"明显，上、下两个壳的龙骨突彼此交叉相对，具小的中央节和极节，壳面具横线纹，细胞壳面和带面不成直角，因此横断面呈菱形。色素体侧生、带状，2 个，少数 4～6 个。

生态分布：国内外广泛分布。

菱板藻属 *Hantzschia* Grunow 1877

植物体为单细胞；细胞纵长，直或"S"形，壳面呈线形、弓形或椭圆形，一侧或两侧边缘缢缩或不缢缩，两端渐尖、尖形或近喙状；壳面的一侧边缘具龙骨突起，龙骨突起上具管壳缝，管壳缝内壁具许多通入细胞内的小孔，称为"龙骨点"，龙骨点明显，上、下两壳的龙骨突起彼此平行相对，具小的中央节和极节，壳面具横线纹或由点纹组成的横线纹；带面矩形，两端截形；色素体带状，2 个。

双尖菱板藻

Hantzschia amphioxys (Ehr.) Grunow, in Pascher, Süssw.-Fl. Mitteleuropas, Heft 10, p. 394, Fig. 747, 1930；胡鸿钧等：中国淡水藻类，191 页，图版 39：17，1980.

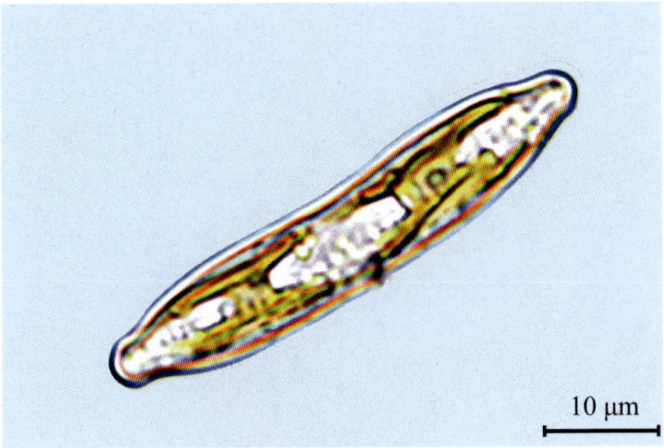

南京市运粮河-9月

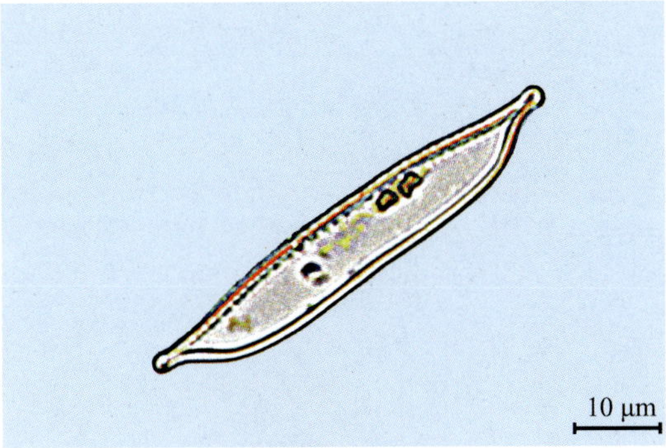

常州市长荡湖-9月

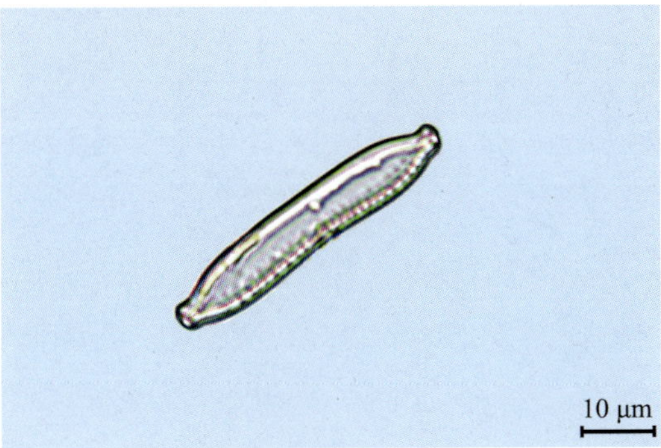

长江南京段-8月

形态特征：壳面弓形，背缘略凸出，腹缘凹入，两端明显逐渐狭窄，末端略呈喙状至头状；龙骨点在腹侧，在 10 μm 内 13～24 条；细胞长 20～105 μm，宽 5～10 μm。

生态分布：生长在池塘、湖泊、水库、河流、沼泽、稻田、水坑中。

双菱藻科（Surirellaceae）

植物体为单细胞；细胞壳面线形、椭圆形、披针形，呈横向上下波状起伏或平直或弯曲，上、下两个壳面的龙骨及翼状构造围绕整个壳缘，龙骨上具管壳缝，管壳缝通过翼沟与细胞内部联系，翼沟间以膜相联系，构成中间间隙，壳面具横肋纹和横线纹；带面矩形，两侧平行或具明显的波状褶皱；色素体侧生、片状，1 个。

波缘藻属 *Cymatopleura* W. Smith 1851

植物体为单细胞，浮游；壳面披针形、椭圆形、纺锤形或线形，呈横向上下波状起伏，上、下两个壳面的整个壳缘由龙骨及翼状构造围绕，龙骨突上具管壳缝，管壳缝通过翼沟与壳体内部联系，翼沟间以膜相联系，构成中间间隙，壳面具粗的横肋纹，有时横肋纹很短，使壳缘呈串珠状，肋纹间具横贯壳面的细的横线纹，横线纹明显或不明显；壳体无间生带，无隔膜；带面矩形、楔形，两侧具明显的波状褶皱；色素体片状，1 个。

草鞋形波缘藻

Cymatopleura solea W. Smith, in Pascher, Süssw. -Fl. Mitteleuropas, Heft 10, p. 425-426, Fig. 823, 1930；胡鸿钧等：中国淡水藻类，195 页，图版 40：1，1980.

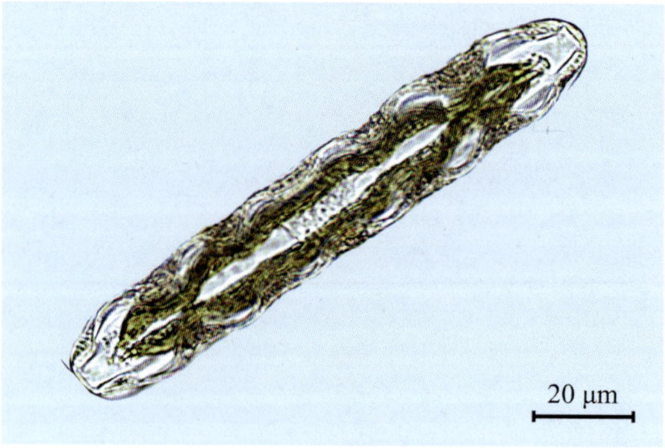

常州市长荡湖－4 月

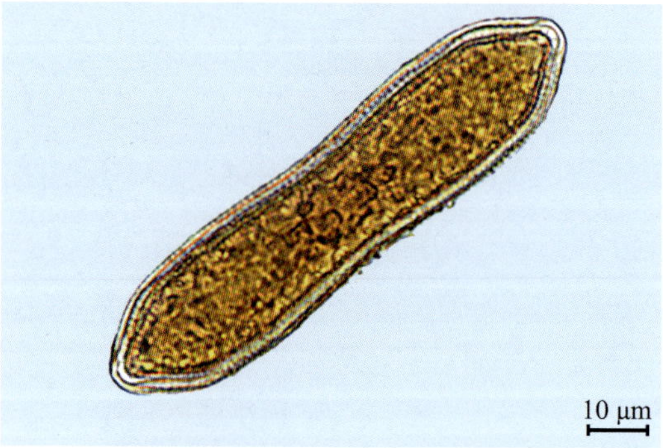

南京市运粮河－2 月(鲁哥氏液固定)

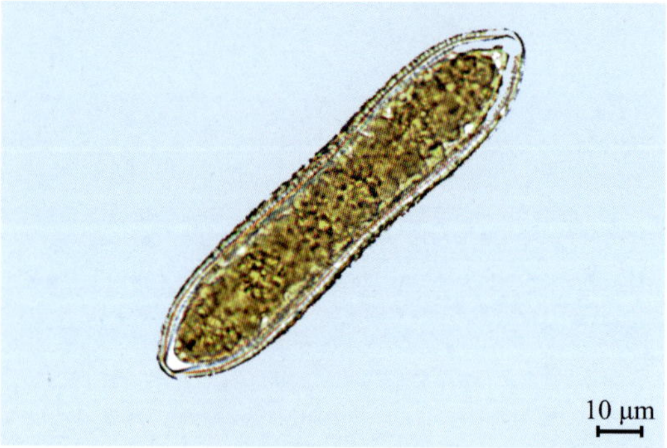

无锡市横山水库－5 月

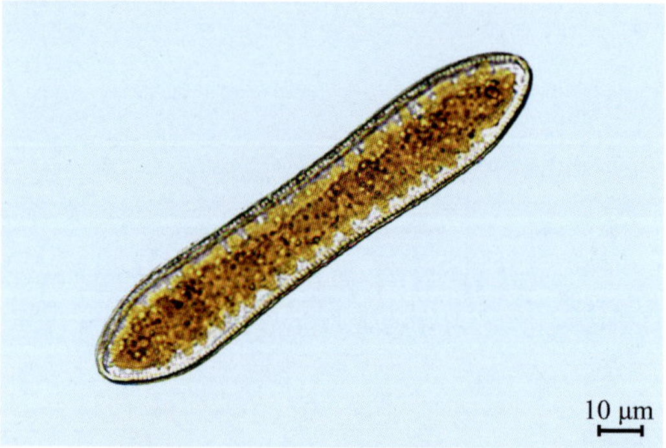

常州市长荡湖－3 月(鲁哥氏液固定)

形态特征：带面两侧具明显的波状褶皱。壳面宽线形，中部两侧缘缢缩，末端圆钝、楔形、渐狭，壳面长(30～)42～152(～300) μm，壳面宽(11～)13～28(～40) μm；龙骨点在 10 μm 内有 6～9 个；横线纹到达轴区，在 10 μm 内有 7～9 条。

生态分布：生长于沼泽、河流、溪流、水库、湖泊、池塘、水坑、稻田。

双菱藻属 *Surirella* Turpin 1828

植物体为单细胞，浮游；壳面线形、椭圆形、卵圆形、披针形，平直或螺旋状扭曲，中部缢缩或不缢缩，两端同形或异形，上、下两个壳面的龙骨及翼状构造围绕整个壳缘，龙骨上具管壳缝，在翼沟内的管壳缝通过翼沟与细胞内部相联系，管壳缝内壁具龙骨点，翼沟通称肋纹，横肋纹或长或短，肋纹间具明显或不明显的横线纹，横贯壳面，壳面中部具明显或不明显的线形或披针形的空隙；带面矩形或楔形。色素体侧生，片状，1 个。

粗壮双菱藻

Surirella robusta Ehrenberg，in Pascher，Süssw.-Fl. Mitteleuropas，Heft 10，p. 437，Fig. 850，1930；胡鸿钧等：中国淡水藻类，198 页，图版 40：9，1980.

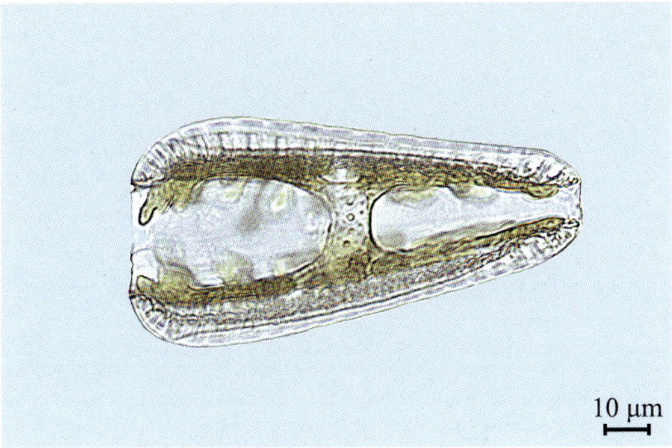

南京市内秦淮河－10 月

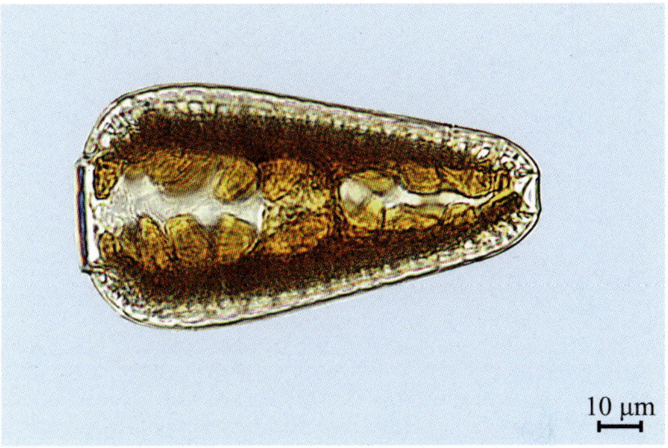

南京市运粮河－4 月（鲁哥氏液固定）

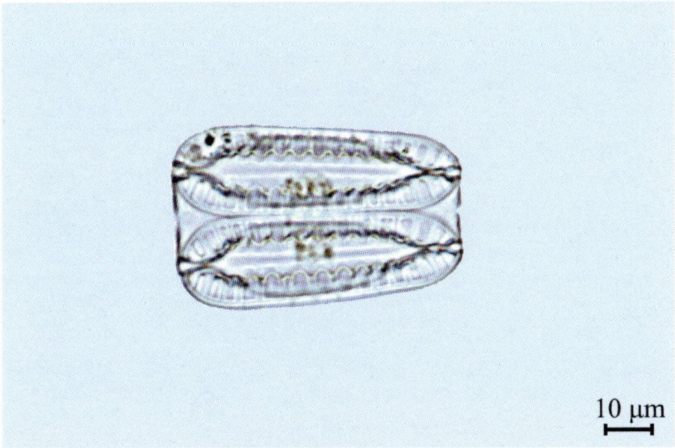

南京市玄武湖－3 月

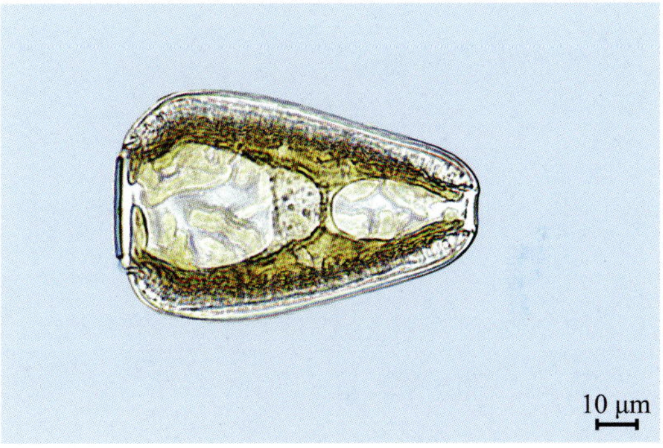

长江南京段－9 月

形态特征：细胞两端异形；壳面卵形至卵圆形，上端的末端钝圆，下端的末端尖圆；龙骨发达，翼状突起清楚，翼发达，横肋纹呈放射状斜向中部，在 10 μm 内 0.6～1.5 条；带面呈楔形；细胞长 150～400 μm，宽 50～150 μm。

生态分布：生长在湖泊、水库、河流、溪流、沼泽、稻田、水坑、池塘中。

线形双菱藻

Surirella linearis W. Smith，in Pascher，Süssw.-Fl. Mitteleuropas，Heft 10，p. 434，Fig. 837-838，1930；胡鸿钧等：中国淡水藻类，198 页，图版 40：11，1980.

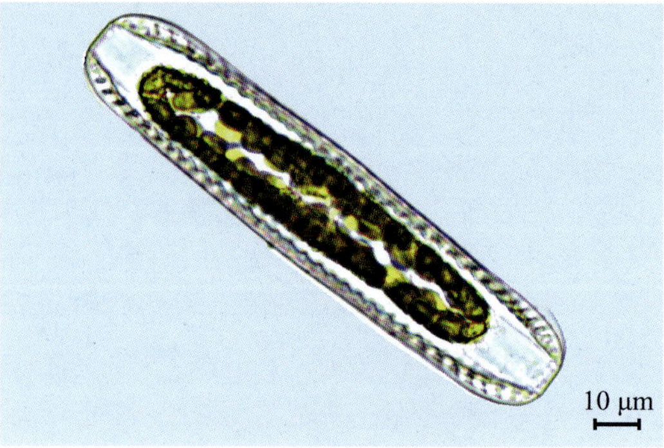

南京市运粮河-10月

长江南京段-8月(鲁哥氏液固定)

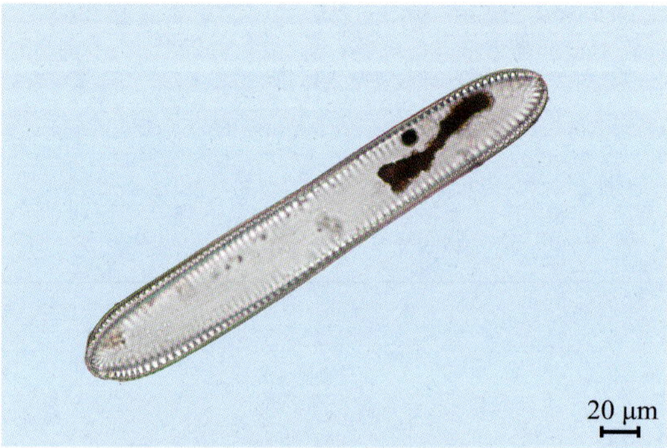

长江南京段-8月

形态特征:壳体带面观呈长方形,壁薄,两端圆角;壳面宽线形,两侧边缘平行或微凸;壳面长(20～)40～72(～125) μm,壳面宽 9～15(～25) μm,末端钝圆或楔形,翼狭窄,翼状突起较明显;肋纹通常较狭窄,在 10 μm 内有 2 或 3 条,几乎到达轴区。

生态分布:淡水普生性种类。常出现在水库沿岸带及山泉水、湖泊、河流中。

螺旋双菱藻

Surirella spiralis Kützing, in Pascher, Süssw.-Fl. Mitteleuropas, Heft 10, p. 445-446, Fig. 870, 1930;胡鸿钧等:中国淡水藻类,197-198 页,图版 40:4,1980.

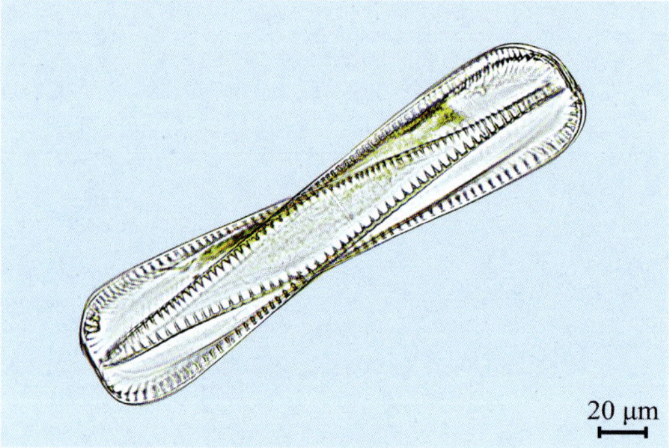

南京市琵琶湖-12月

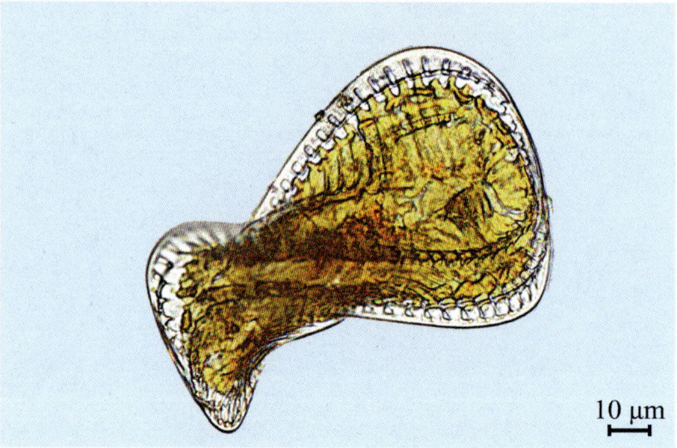

长江南京段-2月(鲁哥氏液固定)

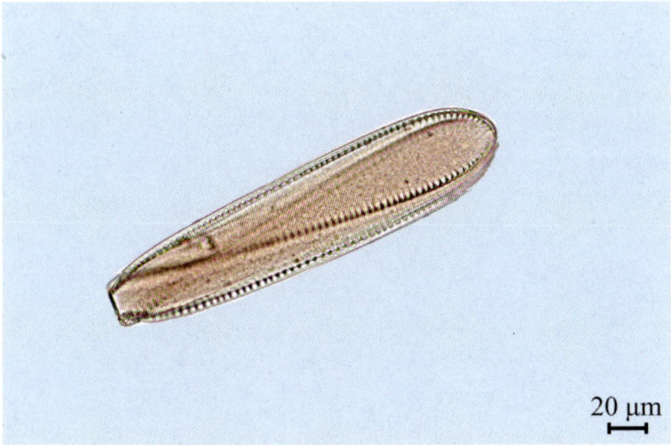

长江南京段-8月(鲁哥氏液固定)

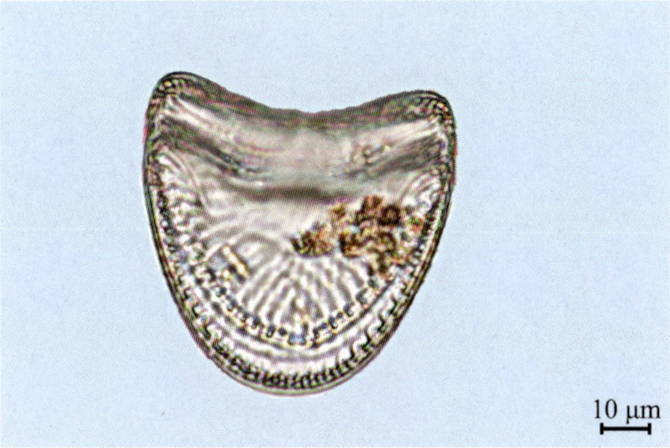

长江南京段-8月(鲁哥氏液固定)

形态特征：细胞壳面呈线形椭圆形，两端异形；逐渐狭窄，呈楔形，末端钝圆；翼状突起清楚；横肋纹呈放射状斜向中部，在10 μm内1.5～5条，横线纹在10 μm内15～18条；带面呈“8”字形；细胞长50～200 μm，宽25～91 μm。

生态分布：生长在湖泊、水库、溪流、河流、沼泽、稻田、水坑、池塘中。

卵形双菱藻

Surirella ovata Kützing，in Pascher，Süssw. -Fl. Mitteleuropas，Heft 10，p. 442，Fig. 863-864，1930；胡鸿钧等：中国淡水藻类，198-199页，图版40：6，1980.

常州市新孟河-3月(鲁哥氏液固定)

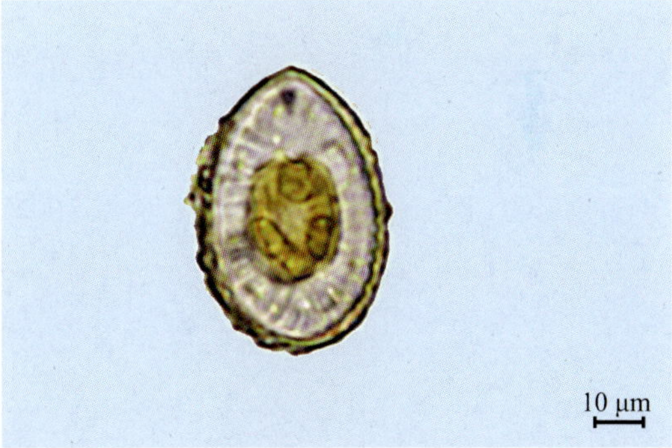

洪泽湖-4月

形态特征：植物体细胞两端异形；壳面呈卵形，上端的末端钝圆，下端的末端尖圆；龙骨不发达，无翼状突起；横肋纹在10 μm内3～7条，横线纹呈放射状斜向中部，在10 μm内16～20条；带面楔形；细胞长10～78 μm，宽7～62 μm。

生态分布：生长在河流、湖泊、水库等淡水水体中。

泰特尼斯双菱藻

Surirella tientsinensis 王业耀等：中国流域常见水生生物图集，589页.

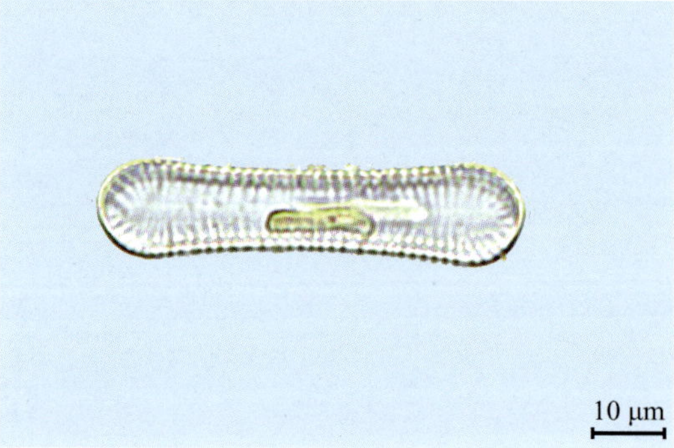

太湖-4 月

形态特征:壳面线形,两侧明显凹入,两端宽圆;龙骨突有 60 个/100 μm;具横线纹,在光学显微镜下不易观察;细胞长 44～60 μm,宽 10～13 μm。

生态分布:太湖流域。

双菱藻属

Surirella sp.

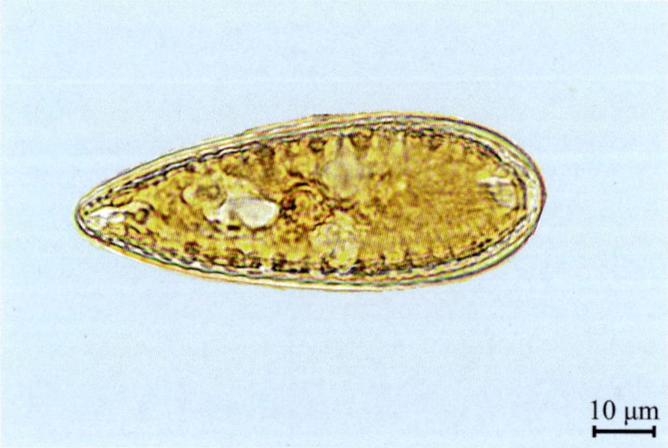

南京市金牛湖-10 月

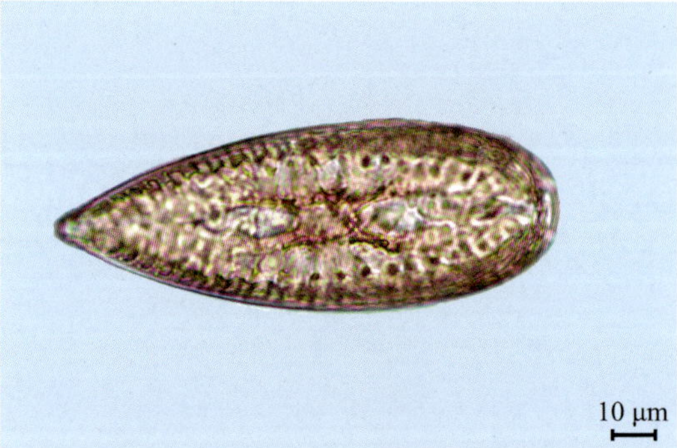

南京市运粮河-10 月(鲁哥氏液固定)

形态特征:植物体为单细胞,浮游;壳面呈线形、卵圆形、披针形、椭圆形,平直或螺旋状扭曲,中部缢缩或不缢缩,两端同形或异形,上、下两个壳面的龙骨及翼状构造围绕整个壳缘,龙骨上具管壳缝,在翼沟内的管壳缝通过翼沟与细胞内部联系,管壳缝内壁具龙骨点,翼沟通称肋纹,横肋纹或长或短,肋纹间具横线纹,横线纹明显或不明显横贯壳面,壳面中部具明显或不明显的披针形或线形的空隙;带面矩形或楔形;色素体侧生、片状,1 个。

生态分布:多分布在热带、亚热带的淡水和海水中。

5 隐藻门（Cryptophyta）

5.1 隐藻纲(Cryptophyceae)

5.1.1 隐藻目(Cryptomonadales)

隐鞭藻科(Cryptomonadaceae)

单细胞,细胞前端斜截形,具 2 条鞭毛。多数种类具色素体,少数种类无。具纵沟和口沟。刺丝胞位于口沟处或细胞周边。

蓝隐藻属 *Chroomonas* Hangsg. 1885

植物体细胞呈纺锤形、圆锥形、近圆柱形、近球形、椭圆形或长卵形;前端平直或长斜截,后端钝圆或渐尖;背腹扁平;口沟或纵沟常很不明显;无刺丝或极小;鞭毛 2 条,不等长;色素体多为一个,盘状、周生,边缘常具浅缺刻,蓝色到蓝绿色;蛋白核 1 个,中央位或位于细胞下半部;细胞核 1 个,位于细胞下半部。

尖尾蓝隐藻

Chroomonas acuta Uterm; Huber Pestalozzi, Phytopl. Süsswassers, 3. Teil, 33, Fig. 19, 1950.

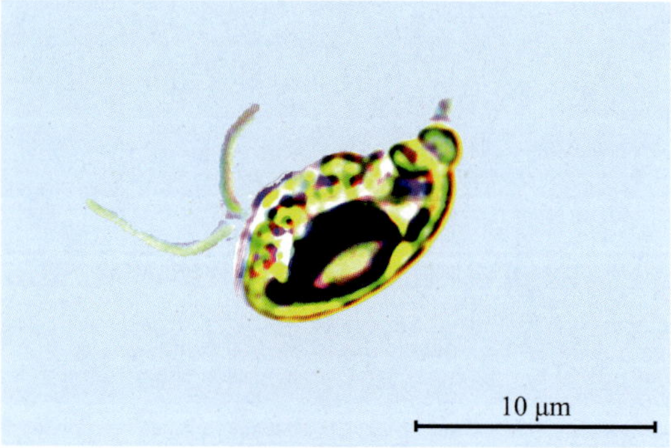

常州市滆湖-1月

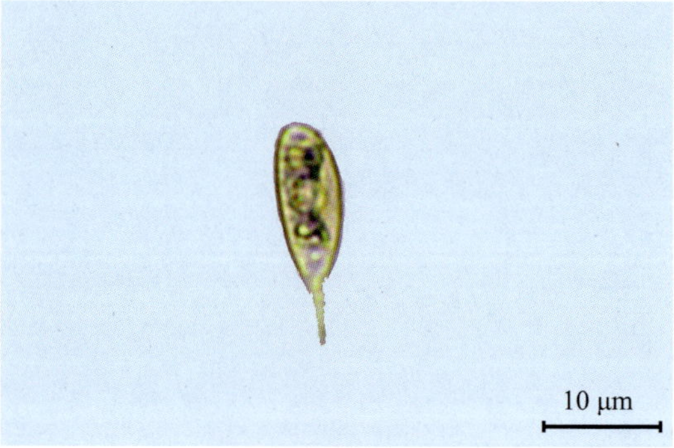

南京市运粮河-3月

形态特征：植物体细胞纺锤形，前端宽斜截形，向后渐狭，后端尖细，常向腹侧弯曲。细胞长7～10 μm，宽4.5～5.5 μm。纵沟很短。无刺丝胞。色素体1个，暗绿色或橄榄绿色，具1个明显的蛋白核，位于细胞中部背侧。鞭毛与细胞长度约相等。

生态分布：生长于各种静止小水体，广泛分布。

隐藻属 *Cryptomonas* Ehrenberg 1838

植物体细胞呈豆形、卵形、椭圆形、圆锥形、纺锤形、"S"形。背腹扁平，背部明显隆起，腹部平直或略凹入。横断面多呈椭圆形。细胞前端钝圆或为斜截形，后端为或宽或窄的钝圆形。具明显口沟，位于腹面。鞭毛2条，自口沟伸出。具刺丝胞或无。液泡1个，位于细胞前端。色素体2个（有时仅1个），位于腹侧或背侧，或者位于细胞的两侧面，黄褐色或黄绿色，有时为红色，多数具1个蛋白核，也有具2～4个的，或无蛋白核。细胞核1个，在细胞后端。

啮蚀隐藻

Cryptomonas erosa Ehr.，1838；胡鸿钧等：中国淡水藻类，91-92页，图版23-6-8，1980.

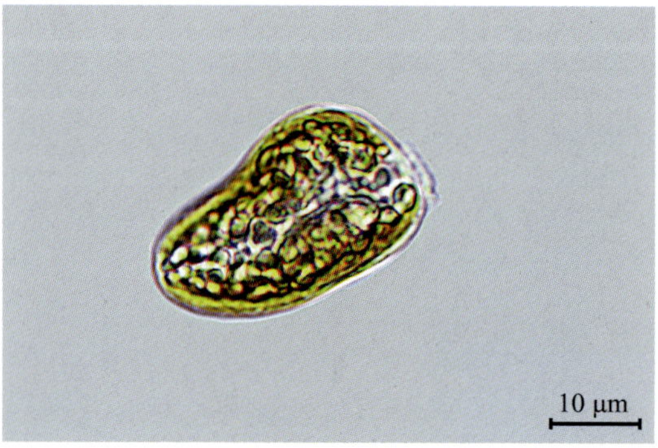

南京市运粮河-9月

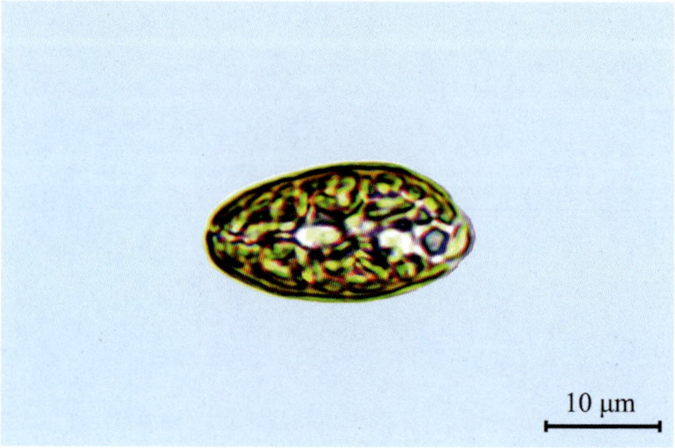

南京市运粮河-9月

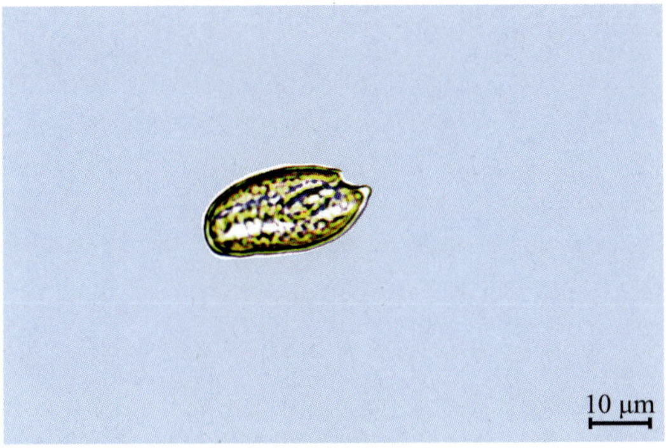

南京市运粮河-3月

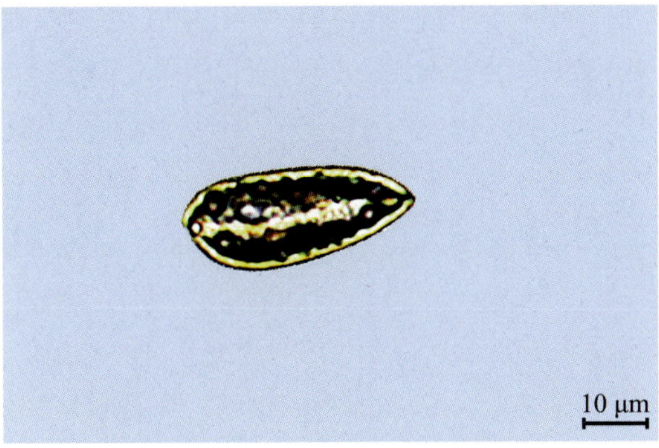

常州市长荡湖-4月(鲁哥氏液固定)

形态特征：植物体细胞呈倒卵形至近椭圆形，前端背角凸出略呈圆锥形，顶部钝圆。细胞长 15～32 μm，宽 8～16 μm。纵沟有时很不明显，但常较深。后端大多数渐狭，末端狭钝圆形。背部大多数明显凸起，腹部通常平直，极少略凹入。细胞有时弯曲，罕见扁平。口沟只到达细胞中部，很少到达后部，口沟两侧具刺丝胞。鞭毛与细胞等长。色素体两个，淡红色、金褐色、褐绿色、绿色，罕见紫色。储藏物质为淀粉粒，常为多个，盘形，双凹入，呈卵形或多角形。

生态分布：此种分布极广，鱼池、水库、湖泊中极为常见。

卵形隐藻

Cryptomonas ovata Ehr.，1838；胡鸿钧等：中国淡水藻类，91 页，图版 23-4-5，1980.

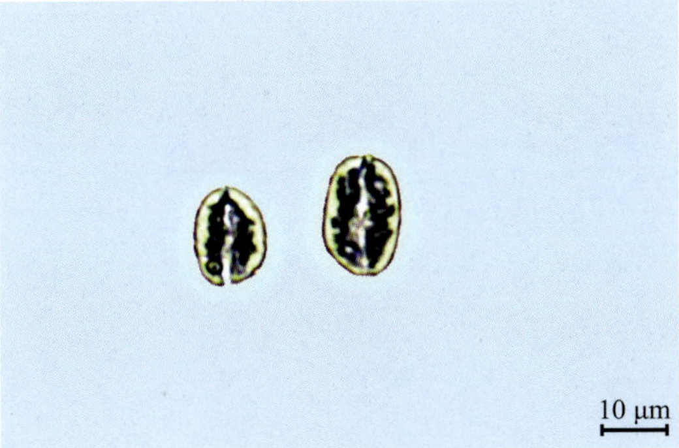

常州市滆湖-5月

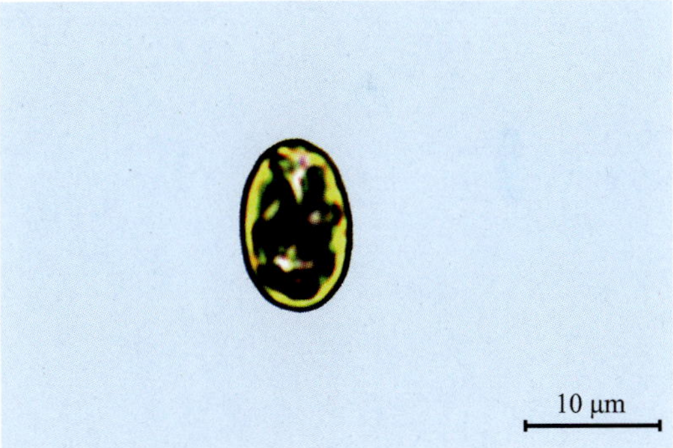

常州市沙河水库-3月

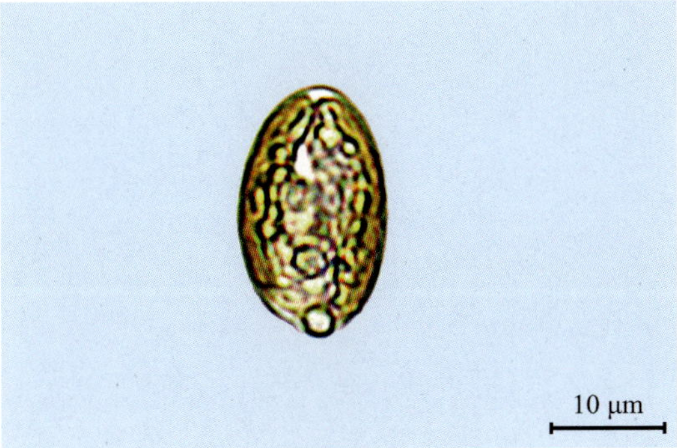

南京市运粮河-9月

形态特征:植物体细胞呈长卵形或椭圆形,通常略弯曲。细胞大小变化很大,通常长 20～80 μm,宽 6～20 μm,厚 5～18 μm。前端为明显的斜截形,顶端呈宽圆或角状,大多数为斜的凸状,后端为宽圆形。细胞多数略扁平,口沟、纵沟明显。口沟到达细胞的中部,有时近于细胞腹侧,或者 1 个在背侧、另 1 个在腹侧。具 2 个色素体,有时边缘具缺刻,橄榄绿色,有时为黄褐色,罕见黄绿色。鞭毛 2 条,几乎等长,多数略短于细胞长度。

生态分布:此种生长于池塘、湖泊、水库中。

6 甲藻门（Dinophyta）

6.1 甲藻纲(Dinophyceae)

6.1.1 多甲藻目(Peridiniales)

裸甲藻科(Gymnodiniaceae)

植物体细胞裸露或具柔软周质体(膜),周质体上具成排的小点状纹饰,常缺乏色素体,具横沟和纵沟;有时细胞具胞质胶被;具眼点或无;自养或腐生或二者兼有。

裸甲藻属 *Gymnodinium* Stein 1878

淡水种类植物体细胞呈卵形至近圆球形,有时具小突起,大多数近两侧对称。细胞表面多数为平滑的,罕见具条纹、沟纹或纵肋纹的。细胞前(上)后(下)两端钝圆或顶端钝圆末端狭窄。上锥部和下锥部大小相等,或者上锥部较大或者下锥部较大。多数背腹扁平,少数显著扁平。横沟明显,通常环绕细胞一周,常为左旋,右旋罕见。纵沟或深或浅,长度不等,有的仅位于下锥部,多数种类略向上锥部延伸。上壳面无龙骨突起,细胞裸露或具薄壁,薄壁由许多相同的六角形小片组成。色素体多个,蓝色、褐色、绿色或金黄色,盘状或棒状,周生或辐射排列;有的种类无色素体;具眼点或无;有的种类具胶被。

钟形裸甲藻

Gymnodinium mitratum Schiller, 1933; 施之新等: 西南地区藻类资源考察专集, 215 页, 图版Ⅷ, 图 10, 11, 1994.

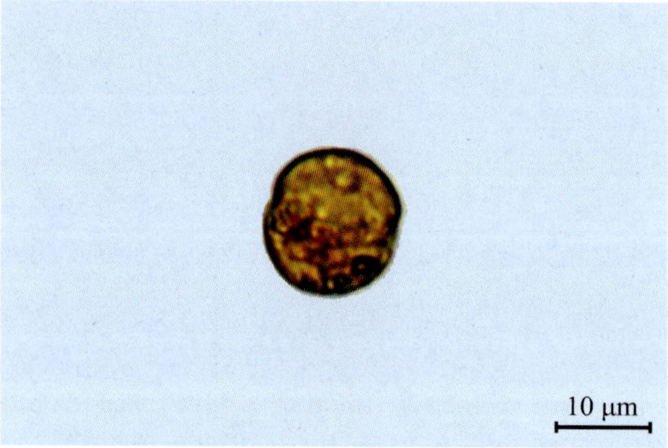

长江南通段入海口-4月

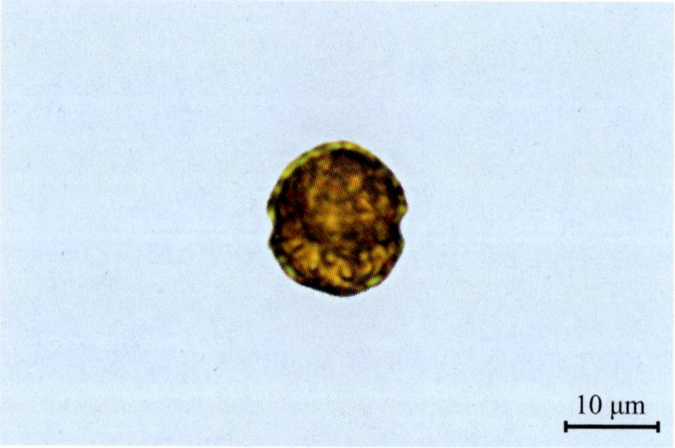

长江南通段入海口-4月

形态特征:植物体细胞呈广椭圆形,略扁平;细胞长13~18 μm,宽10~12 μm,厚8~11 μm;上锥部半球形,下锥部等于或略小于上锥部,半球形;横沟位于近细胞中部,纵沟深,位于下锥部,略向上伸;细胞核大,位于下锥部;眼点小;无色素体。

生态分布:此种生长于水库中。

薄甲藻属 *Glenodinium* (Ehr.) Stein 1883

植物体细胞呈球形至长卵形,近两侧对称。横断面呈肾形或椭圆形,不侧扁。具明显的细胞壁,大多数为整块,少数由多角形的大小不等的板片组成,上壳板片数目不定,下壳规则地由2块底板和5块沟后板组成。板片表面通常平滑,无网状窝孔纹,有时具乳头状突起。横沟中间位或略偏于下壳,呈环状环绕,无或很少有螺旋环绕的。纵沟明显。色素体多数,盘状,金黄色至暗褐色。有的种类具眼点(位于纵沟处)。

薄甲藻

Glenodinium pulviscculus (Her.) Stein., 1883; 胡鸿钧等:中国淡水藻类, 98页, 图版24-3, 1980.

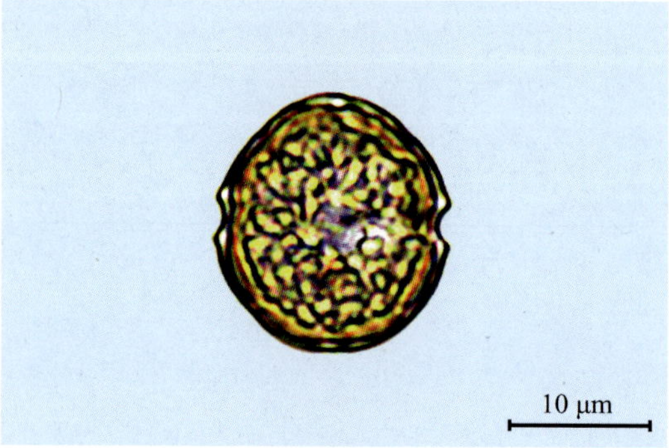

南京市运粮河-9月

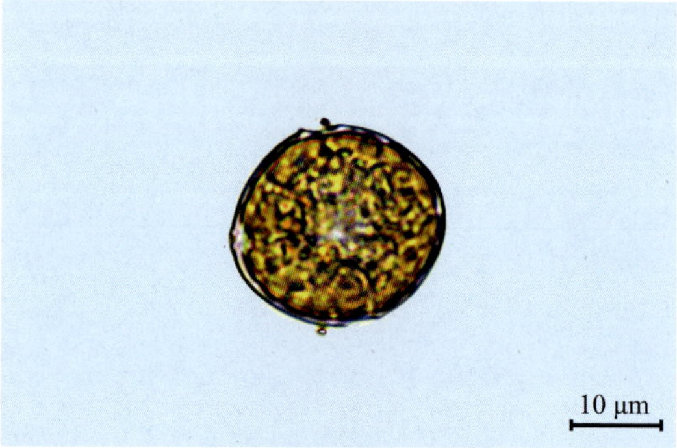

南京市运粮河-9月

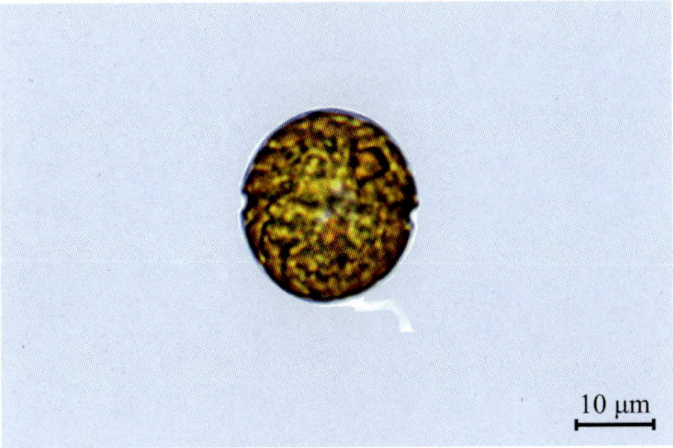

南京市内秦淮河-5月

形态特征：植物体细胞近球形，前后两端宽圆，后端有时较狭窄。细胞长 23 μm，宽 18.4 μm。上壳和下壳几乎相等。横沟略左旋，边缘略凸出，纵沟直达末端。细胞壁薄。色素体多数，圆盘状，淡黄色。无眼点。

生态分布：此种属真性浮游种类，分布广泛，常在春季和冬季温度低的水体中出现。

多甲藻科（Peridiniaceae）

多甲藻科是多甲藻目种类最多的一科。细胞呈椭圆形、卵形、球形，罕见透镜形或螺旋形的，有的为长多角形。上壳板片排列方式按一定规律变化，通常由 12～14 块板片组成。下壳板片组成简单，由 6～7 块板片组成。上壳顶端具明显或不明显的顶孔，有的种类无顶孔。

多甲藻属 *Peridinium* Ehr. 1838

淡水种类细胞常为卵形、椭圆形到球形，罕见多角形，略扁平，顶面观常呈肾形，背部明显凸出，腹部平直或凹入。纵沟、横沟显著，大多数种类的横沟位于中间略下部分，多数为环状，也有左旋或右旋的，纵沟有的略伸向上壳，有的仅限制在下锥部，有的达到下锥部的末端，常向下逐渐加宽。沟边缘有时具刺状或乳头状突起。通常上锥部较长而狭，下锥部短而宽。有时顶极为尖形，具孔或无，有的种类底极显著凹陷。板片光滑或具花纹；板间带或狭或宽，宽的板间带常具横纹。细胞具明显的甲藻液泡，色素体常为多数，颗粒状，周生，褐红色、黄褐色或黄绿色。具眼点或无。有的种类具蛋白核。储藏物质为油和淀粉。细胞核大，肾形、卵形或圆形，位于细胞中部。

多甲藻属

Peridinium sp.

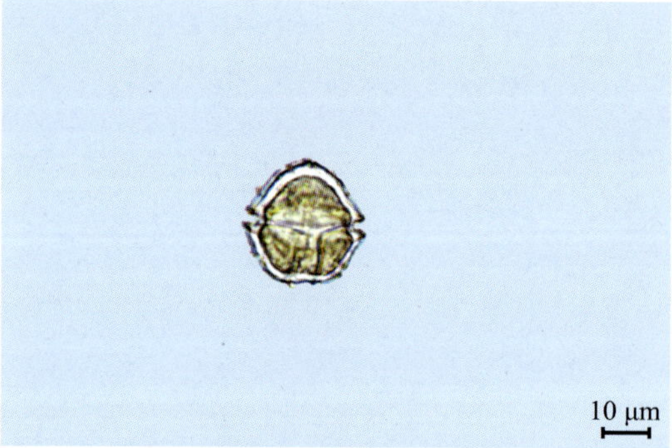

南京市运粮河-7月

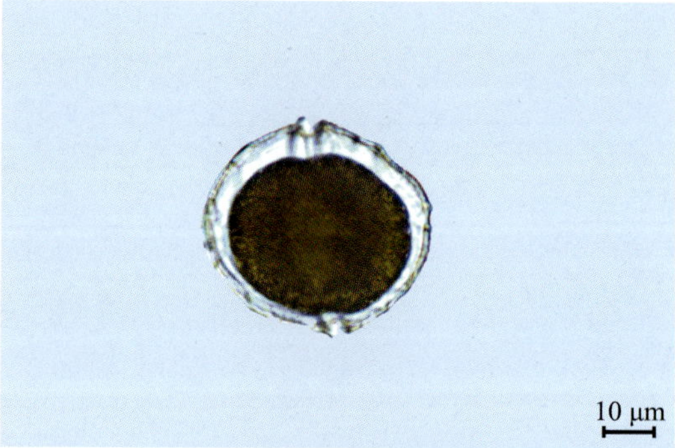

南京市运粮河-8月

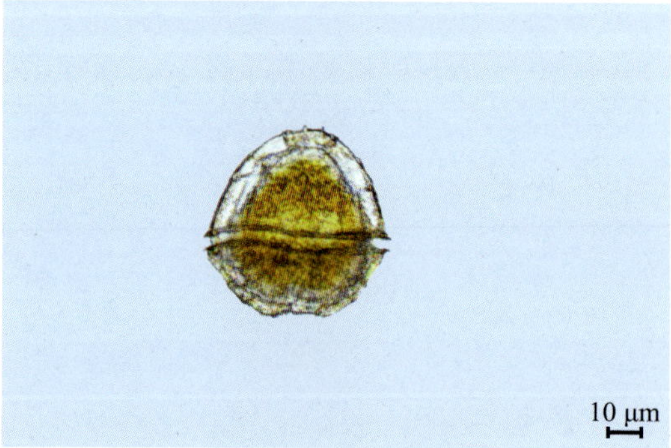

常州市滆湖-4月

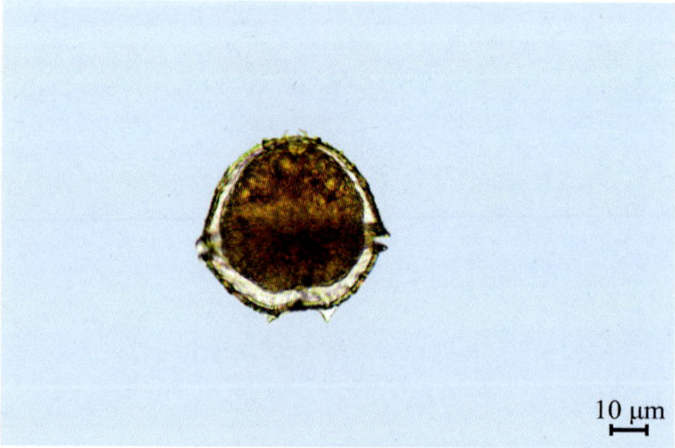

常州市长荡湖-3月

形态特征:淡水种类细胞常为球形、椭圆形至卵形,罕见多角形,略扁平,顶面观常呈肾形,背部明显凸出,腹部平直或凹入。纵沟、横沟显著,大多数种类的横沟位于中间略下部分,多数为环状,也有左旋或右旋的,纵沟有的略伸向上壳,有的仅限制在下锥部,有的达到下锥部的末端,常向下逐渐加宽。沟边缘有时具刺状或乳头状突起。通常上锥部较长而狭,下锥部短而宽。有时顶极为尖形,具孔或无,有的种类底极显著凹陷。板片光滑或具花纹。板间带或狭或宽,宽的板间带常具横纹。细胞具明显的甲藻液泡,色素体常为多数,颗粒状、周生,黄绿色、黄褐色或褐红色。具眼点或无。有的种类具蛋白核。储藏物质为淀粉和油。细胞核大,呈圆形、卵形或肾形,位于细胞中部。

生态分布:此种多数为海产种类,淡水种类很少。

角甲藻科(Ceratiaceae)

植物体为单细胞或有时连接成群体。细胞具1个顶角和2～3个底角。顶角末端具顶孔,底角末端开口或封闭。横沟位于细胞中央,环状或略呈螺旋状,左旋或右旋。细胞腹面中央为斜方形透明区,纵沟位于腹区左侧,透明区右侧为一锥形沟,用以容纳另一个体前角形成群体。板片程式为：4′，5″，5‴，2⁗，无前后间插板。顶板联合组成顶角，底板组成一个底角，沟后板组成另一个底角。壳面具网状窝孔纹。色素体多数，小颗粒状，褐色、黄绿色或金黄色。具眼点或无。

角甲藻属 *Ceratium* Schrank 1773

特征与科同，此属主要是海产的，淡水种类极少。其中角甲藻（*Ceratium hirundinella*）在淡水中分布极广。

角甲藻

Ceratium hirundinella（Müll.）Schr. Dujardin，1841；胡鸿钧，魏印心，2006，p. 438，pl. Ⅻ-2，Fig. 16.

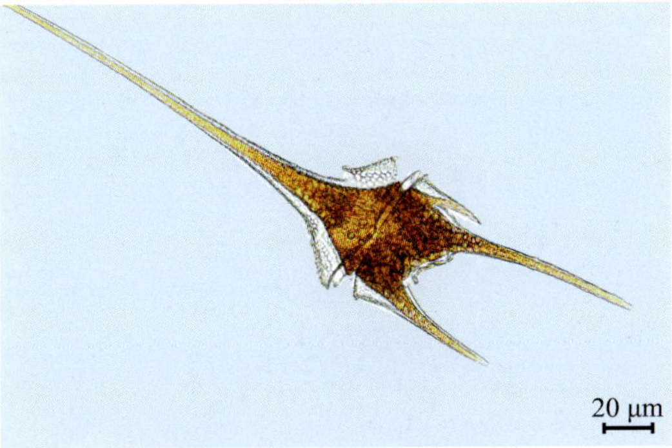

洪泽湖-1月（鲁哥氏液固定）

形态特征：植物体细胞背腹显著扁平。顶角狭长，平直而尖，具顶孔。底角2～3个，呈放射状，末端多数尖锐、平直，或呈各种形式的弯曲。有些类型其角或多或少地向腹侧弯曲。横沟几乎呈环状，极少呈左旋或右旋，纵沟不伸入上壳，较宽，几乎达到下壳末端。壳面具粗大的窝孔纹，孔纹间具短的或长的棘。色素体多数，周生、圆盘状，黄色至暗褐色。细胞长90～450 μm。

生态分布：此种生活于各种静止水体中。

7 裸藻门（Euglenophyta）

7.1 裸藻纲(Euglenophyceae)

7.1.1 裸藻目(Euglenales)

裸藻科(Euglenaceae)

植物体细胞形状多样。表质有的柔软而使形状易变且具裸藻状蠕动，有的硬化而形状固定。鞭毛仅一条伸出体外，能整体活跃摆动，另一条已退化成残根保留在“沟泡”内。色素体多数存在，少数缺乏。眼点和鞭毛隆体在绿色种类中存在，在无色种类中多数缺乏而少数存在。营养方式有光合自养或渗透性的腐生营养。

裸藻属 *Euglena* Ehrenberg 1832

植物体细胞形状多少能变，多为圆柱形或纺锤形，横切面为圆形或椭圆形，后端多少延伸呈尾状或具尾刺。表质柔软或半硬化，具螺旋形旋转排列的线纹。色素体 1 个至多个，呈盘形、盾形或星形，蛋白核有或无。副淀粉粒呈小颗粒状，数量不等；或为定形大颗粒，2 至多个。细胞核较大，中位或后位。鞭毛单条。眼点明显。多数具明显的裸藻状蠕动，少数不明显。大多数淡水产，极少数海产。

绿色裸藻

Euglena viridis Ehrenberg，Abh. Berl. Akad. Wiss. Physik. aus d. Jahre，1830：39，1832；Chu，Sinensia，17：96，Figs. 1-8，1947.

南京市运粮河-9 月

南京市运粮河-9 月

洪泽湖-5 月

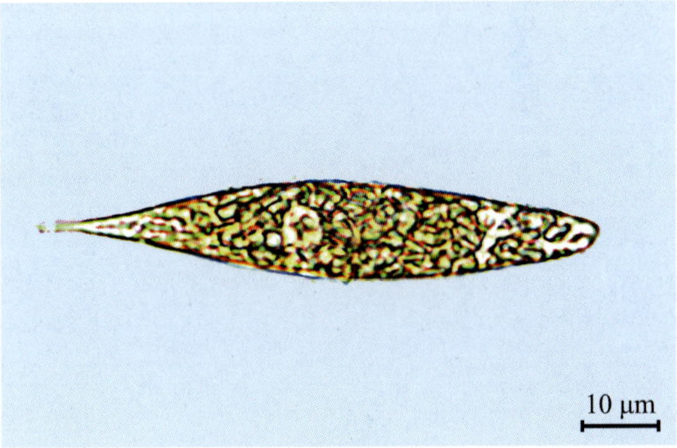

南京市内秦淮河-5 月

形态特征：植物体细胞易变形，常为纺锤形或圆柱状纺锤形，前端圆形或斜截形，后端渐尖呈尾状。细胞长 31～52 μm，宽 14～26 μm。表质具自左向右的螺旋线纹，细密而明显。色素体星形，单个位于核的中部，具多个呈放射状排列的条带，长度不等，中央具副淀粉粒的蛋白核，蛋白核较小。副淀粉粒呈卵形或椭圆形，多数，大多集中在蛋白核周围。核常后位。鞭毛为体长的 1～4 倍。眼点明显，呈盘形。

生态分布：此物种多生长在各种有机质含量高的小型静止水体中，大量繁殖时形成膜状水华。

尖尾裸藻

Euglena oxyuris Schmarda. 1846；施之新 1999，p. 85，pl. XXIX. Figs，1-2.

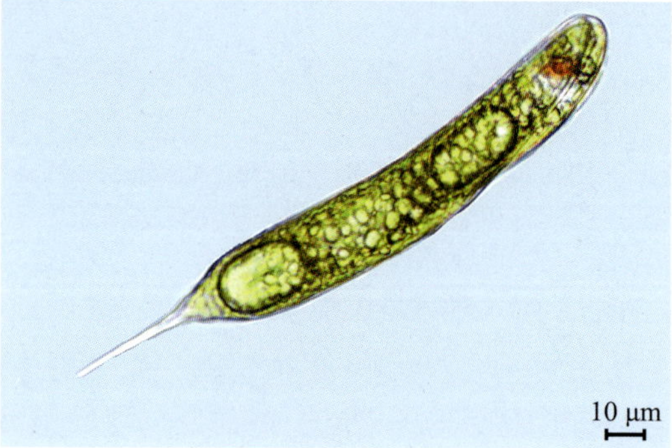

南京市内秦淮河-5月

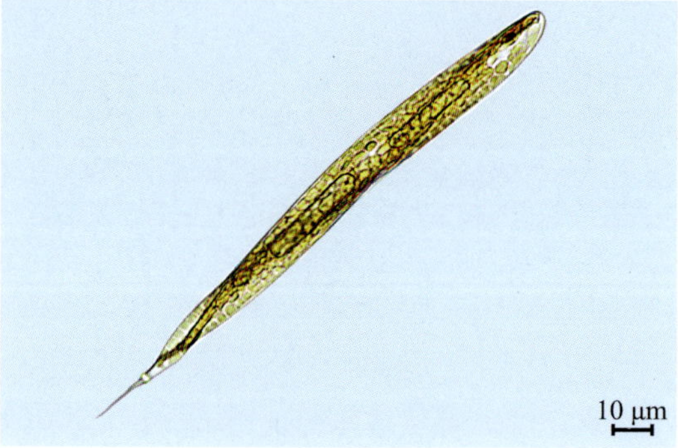

南京市运粮河-7月

常州市长荡湖-4月

形态特征:植物体细胞近圆柱形,稍侧扁,略变形,有时呈螺旋形扭曲,具窄的螺旋形纵沟,前端呈圆形或平截形,有时略呈头状,后端收缢成尖尾刺。细胞长 100～450 μm,宽 16～61 μm。表质具自右向左的螺旋线纹。色素体盘形,多数,无蛋白核。副淀粉粒 2 个大的(有时多个)呈环形,分别位于核的前后两端,其余为杆形、卵形或环形小颗粒。核中位。鞭毛为体长的 1/4～1/2。眼点明显。

生态分布:此种广泛分布于各种静水体中。

梭形裸藻

Euglena acus Ehrenberg,1832;施之新,1999,p. 81-82,pl. XXVI,Figs. 8-9.

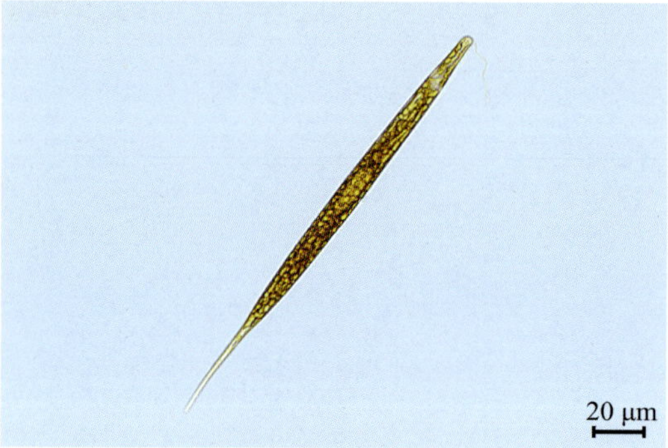

南京市运粮河-7月

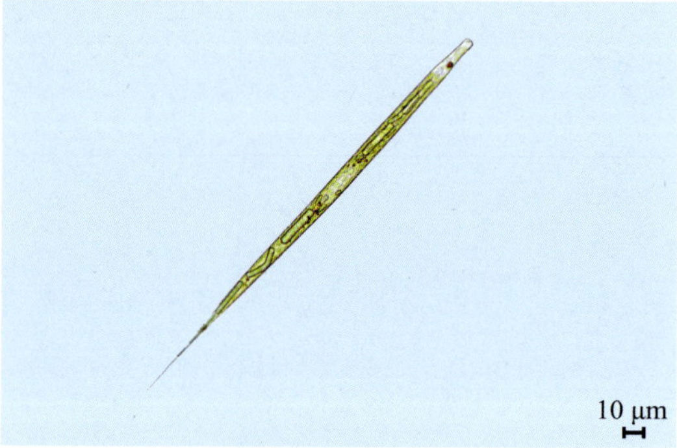

南京市玄武湖-5月

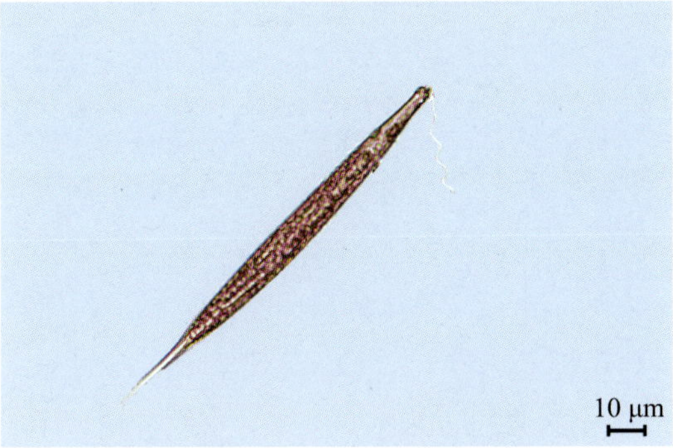

常州市长荡湖-11月(鲁哥氏液固定)

形态特征:植物体细胞呈圆柱形或狭长纺锤形,略能变形,有时可呈扭曲状,前端狭窄呈截形或圆形,有时呈头状,后端渐细呈长尖尾刺。细胞长 60～195 μm,宽 5～28 μm。表质具自左向右的螺旋线纹,有时几成纵向。色素体呈卵形或圆盘形,多数,无蛋白核。副淀粉粒较大,多数(常为十几个)长杆形,有时具卵形小颗粒。核中位。鞭毛较短,为体长的 1/8～1/2。眼点明显,淡红色,呈盘形。

生态分布:生长于各种静止水体中。

鳞孔藻属 *Lepocinclis* Perty 1852

细胞表质硬,形状固定,纺锤形、椭圆形、卵形或球形,辐射对称,横切面为圆形,后端多数呈渐尖形或具尾刺;表质具颗粒或线纹,纵向或螺旋形排列;色素体多数,呈盘状,无蛋白核;副淀粉常为 2 个大的,环形侧生。具眼点。单鞭毛。

秋鳞孔藻

Lepocinclis autumnalis Chu, Sinensia, 7: 266, Fig. 1, 1936.

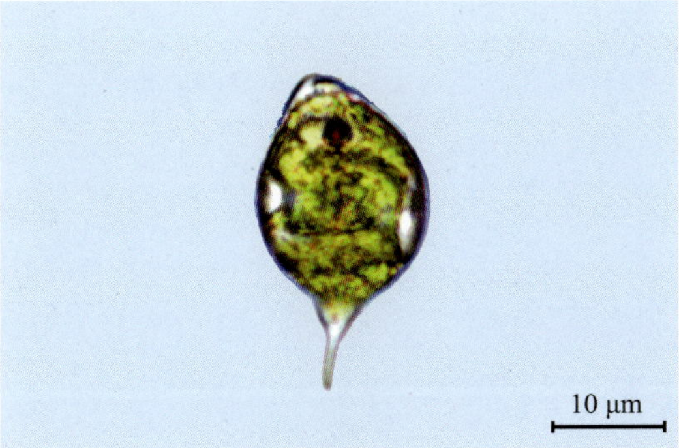

南京市运粮河-5月

形态特征:植物体细胞纺锤形,前端凸出,平截,或呈"V"字形凹入,后端渐缩成一圆柱形的长尾刺;细胞长 36~43 μm,宽 15~23 μm;尾刺长 7~9 μm,前端凸出 3~5 μm;表质具自左向右螺旋形排列的颗粒或线纹;副淀粉 2 个,较大,环形,侧生,有时还具一些杆形或卵形的小颗粒;鞭毛约与体长相等;核中位或后位。

生态分布:生长于池塘、水库等静水水体中。

鳞孔藻属

Lepocinclis sp.

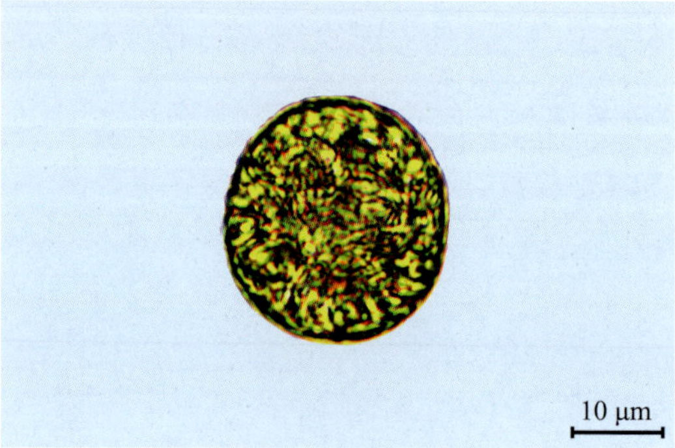

南京市运粮河-9月

形态特征:植物体细胞表质硬,形状固定,呈纺锤形、椭圆形、卵形或球形,辐射对称,横切面为圆形,后端多数呈渐尖形或具尾刺;表质具颗粒或线纹,纵向或螺旋形排列;色素体多数,呈盘状,无蛋白核;副淀粉常为 2 个大的,环形侧生。单鞭毛。具眼点。细胞长 26~43 μm,宽 10~39 μm,尾刺长 1~9 μm。

生态分布:水池、水坑。

扁裸藻属 *Phacus* Dujardin 1841

植物体细胞表质硬,形状固定,扁平,正面观一般呈椭圆形、卵形或圆形,有的呈螺旋形扭转,顶端具纵沟,后端多数呈尾状;表质具纵向或螺旋形排列的颗粒、点纹或线纹。绝大多数种类的色素体呈圆盘形,多数,无蛋白核;副淀粉较大,有哑铃形、线轴形、球形、圆盘形、假环形或环形等各种形状,常为一至数个,有时还有一些杆形、卵形或球形的小颗粒,单鞭毛,具眼点。

梨形扁裸藻

Phacus pyrum (Ehr.) Stein., 1878; 施之新: 中国淡水藻志, 第六卷, 194-195 页, 图版 LV: 4-9, 1999.

长江南京段-3 月

形态特征：植物体细胞呈梨形，前端宽圆，顶端的中央微凹，后端渐细，呈一尖尾刺，直向或略弯曲，顶面观呈圆形；细胞长 30～55 μm，宽 13～21 μm，尾刺长 12～14 μm；表质具 7～9 条肋纹，自左向右螺旋形排列；副淀粉 2 个，呈中间隆起的圆盘形，位于两侧，紧靠表质；鞭毛为体长的 1/2～2/3。

生态分布：生活于河流、水池、水洼等水体。

扭曲扁裸藻

Phacus tortus（Lemm.）Skv. ，1928；施之新：中国淡水藻志，第六卷，234 页，图版 LXXII：1-2，1999.

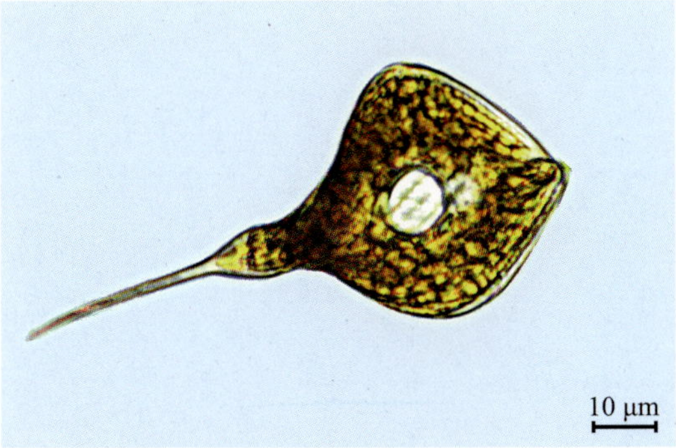

长江南京段-1 月

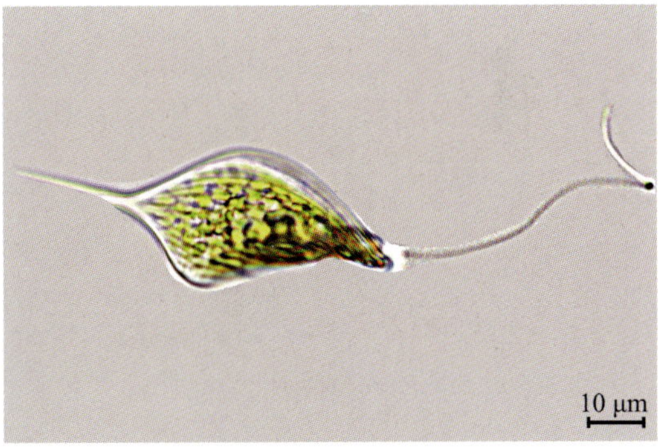

南京市运粮河-9 月

形态特征：植物体细胞沿纵轴呈螺旋形扭转约 1 周，后端渐窄，呈一长而直的尖尾刺，有时略弯；细胞长 69～112 μm，宽 34～52 μm，尾刺长 17 μm；表质具纵线纹；副淀粉一至数个，呈哑铃形、环形或球形；鞭毛约与体长相等。

生态分布：生活于河流、池塘、水沟、水洼等。

旋形扁裸藻

Phacus helicoides 王业耀等：中国流域常见水生生物图集，611 页.

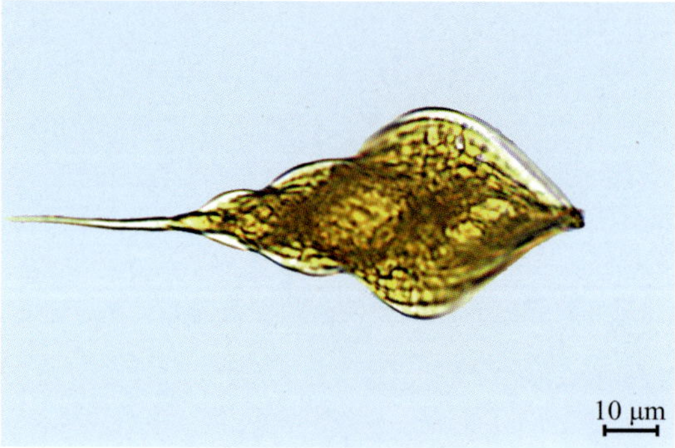

南京市运粮河-5月

形态特征：植物体细胞沿纵轴旋转约2周，呈螺旋形，前端窄，具两叉状的唇片，后端渐细，呈一直而长的尖尾刺；细胞长70～120 μm，宽30～54 μm，尾刺长32 μm；表质具纵线纹，随细胞扭曲方向旋转；副淀粉1个，环形。

生态分布：生长于较肥沃的静止水体中，苏州各湖泊、山东半岛流域（崂山水库）。

三棱扁裸藻

Phacus triqueter (Ehr.) Duj.，1841；施之新：中国淡水藻志，第六卷，228-229页，图版LXIX：11-12，1999.

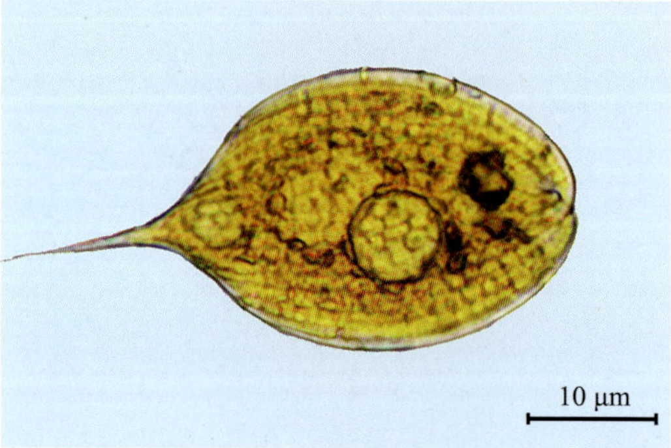

南京市内秦淮河-7月

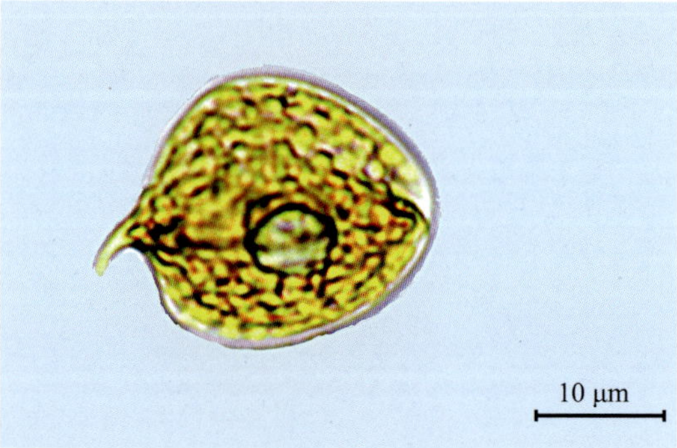

洪泽湖-7月

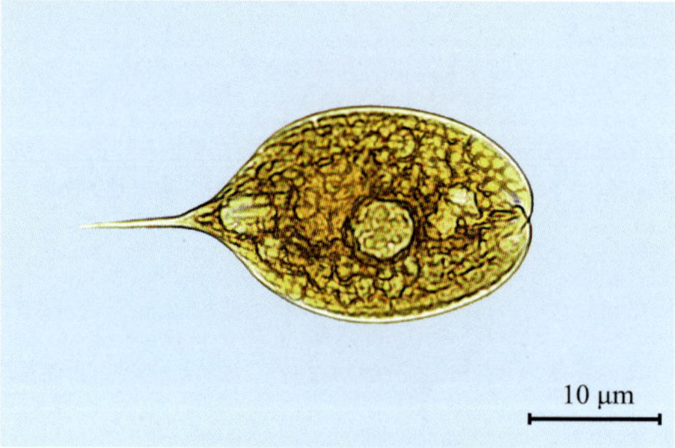

常州市新孟河-3月

形态特征：植物体细胞长卵形，两端宽圆，前端略窄，后端具尖尾刺，向一侧弯曲，具龙骨状的背脊突起，高而尖，伸至后部，顶面观呈三棱形，腹面呈弧形或近平直；表质纵线纹；细胞长 37～68 μm，宽 30～45 μm，尾刺长 11～14 μm；副淀粉 1 或 2 个，较大，环形或圆盘形；鞭毛约与体长相等。

生态分布：生长于水池、水库等。

长尾扁裸藻

Phacus longicauda（Ehr.）Duj.，1841；施之新：中国淡水藻志，第六卷，231-232 页，图版 LⅩⅪ：1，1999.

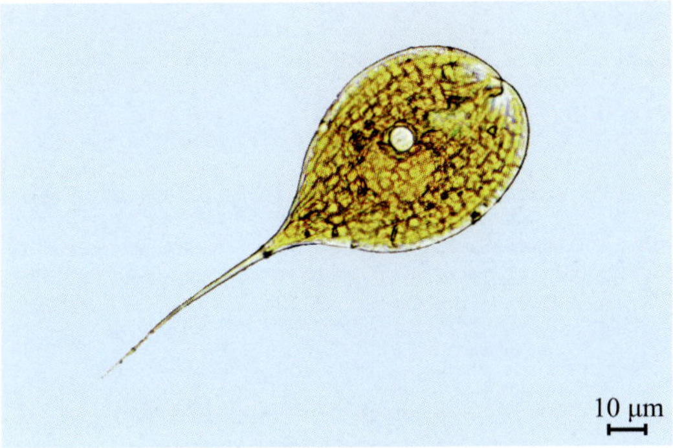

常州市雅浦港、武进港-3 月

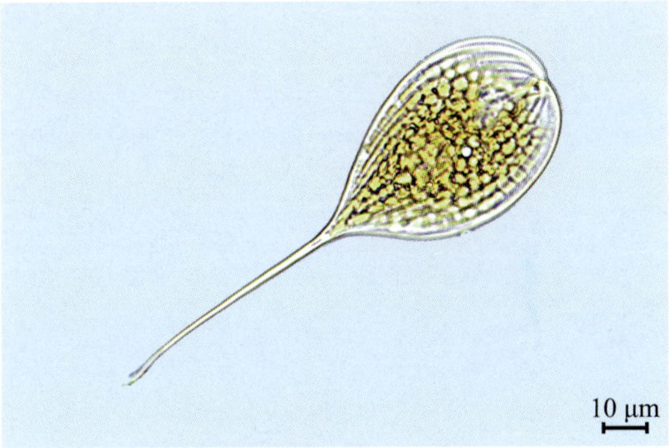

南京市琵琶湖-5 月

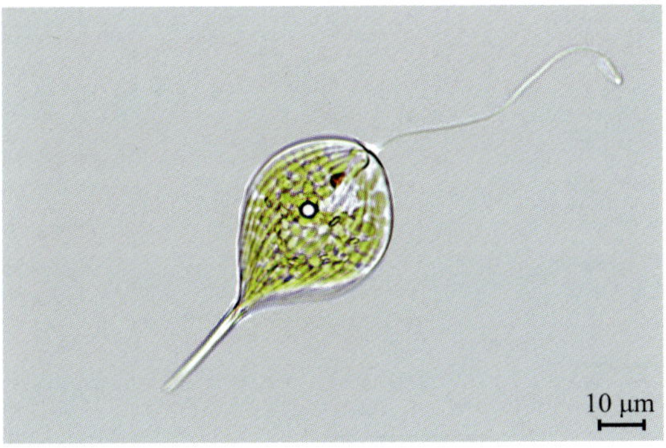

南京市运粮河-9 月

形态特征：植物体细胞呈梨形或宽卵形，前端宽圆，后端渐细，呈一细长的尖尾刺，直向或略弯曲；表质具纵线纹；细胞长 85～170 μm，宽 40～70 μm，尾刺长 45～88 μm；副淀粉一至数个，较大，环形或圆盘形，有时有一些椭圆形或圆形的小颗粒；鞭毛约与体长相等。

生态分布：生长于各种水体。

近圆扁裸藻

Phacus circulatus Pochmann，1942；施之新，1999，p. 213，pl. LⅪ，Figs. 5-7.

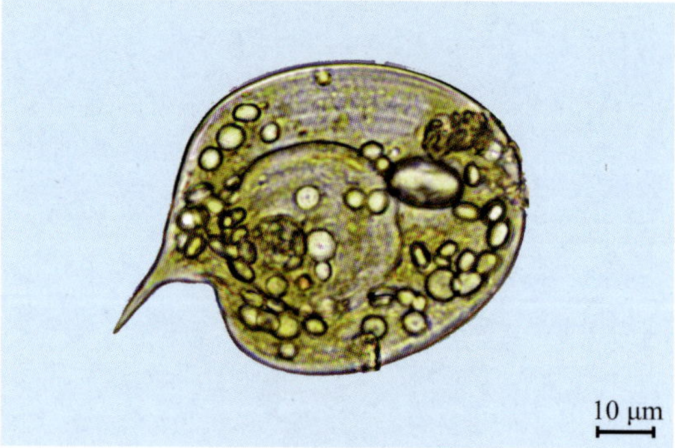

南京市运粮河-9月

形态特征:植物体细胞近圆形,表质具纵向线纹,前段略窄,顶端中央略凹入,后端宽圆,具短尖尾刺,弯向一侧。细胞长 26～35 μm,宽 23～26 μm,尾刺长 3～4 μm。副淀粉粒大,1 个,假环形。

生态分布:此种广泛分布于河流、沟渠、湖泊、沼泽、池塘中,喜生于富营养的小池塘及鱼池中。

奇形扁裸藻

Phacus anomalus Fritsch et Rich, 1929; 施之新, 1999, p. 214, pl. LⅫ, Figs. 1-3.

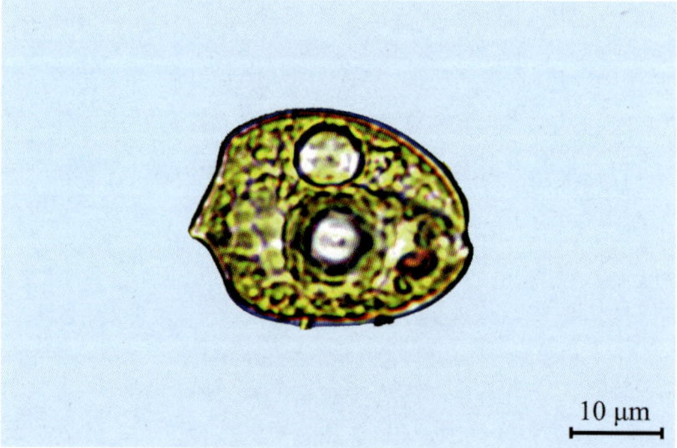

南京市运粮河-9月

形态特征:植物体细胞正面卵圆形或宽卵形,包括“体”和“翼”两部分,“体”大“翼”小,两端宽圆,后端具锥形短尾刺,表质具纵向线纹。细胞长 34～38 μm,宽 27～30 μm,尾刺长 1～1.2 μm。副淀粉粒 2 个,假环形或球形。

生态分布:此种广泛分布于河流、沟渠、湖泊、沼泽、池塘中,喜生于富营养的小池塘及鱼池中。

扁裸藻属

Phacus sp.

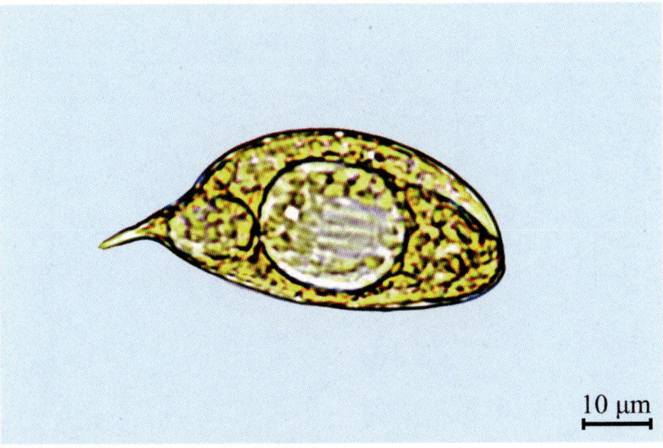

南京市月牙湖-9月

形态特征:植物体细胞表质硬,形状固定,扁平,正面观一般呈椭圆形、卵形或圆形,有的呈螺旋形扭转,顶端具纵沟,后端多数呈尾状;表质具纵向或螺旋形排列的颗粒、点纹或线纹;绝大多数种类的色素体呈圆盘形,多数,无蛋白核;副淀粉较大,有哑铃形、线轴形、球形、圆盘形、假环形或环形等各种形状,常为一至数个,有时还有一些杆形、卵形或球形的小颗粒;单鞭毛;具眼点。

生态分布:生活于水沟、小水池中。

陀螺藻属 *Strombomonas* Ehrenberg 1830

植物体具囊壳,囊壳较薄,表面光滑或具皱纹,无囊裸藻那样多的纹饰。囊壳前端逐渐收缩呈一长领,领与囊体之间无明显界限,多数种类的后端渐尖,呈一长尾刺。原生质体特征与裸藻属相同。

剑尾陀螺藻

Strombomonas ensifera (Dad.) Defl. Arch. Protistenk., 69: 601, Figs. 111-113, 1930; 施之新: 中国淡水藻志, 第六卷, 167页, 图版XLⅦ: 13, 1999.

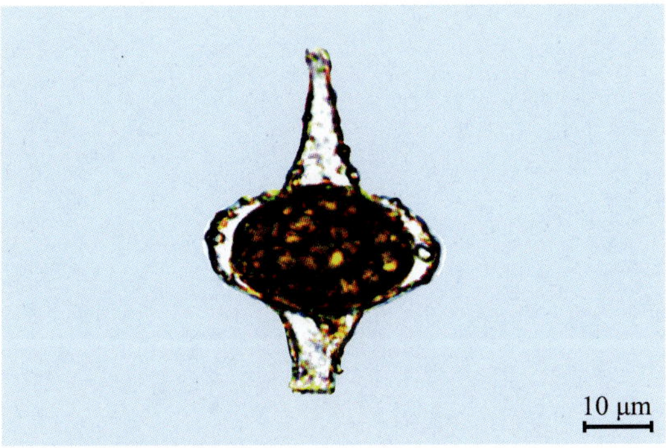

宿迁市西民便河-8月(鲁哥氏液固定)

形态特征：植物体囊壳呈长菱形，中部两侧常呈宽圆形或三角形，前端具长领，领口平截或斜截，后端渐尖，呈直而长的尖尾刺，粗壮，中空，具横隔；囊壳长 65～134 μm，宽 36～55 μm；领宽 8～10 μm；尾刺长 13～70 μm；表面光滑，有时粗糙；透明或淡褐色。

生态分布：藕塘，静水沟。

河生陀螺藻

Strombomonas fluviatilis（Lemm.）Defl. Arch. Protistenk.，69：580，Figs. 52-53，1930；施之新：中国淡水藻志，第六卷，166 页，图版 XLVII：1-3，1999.

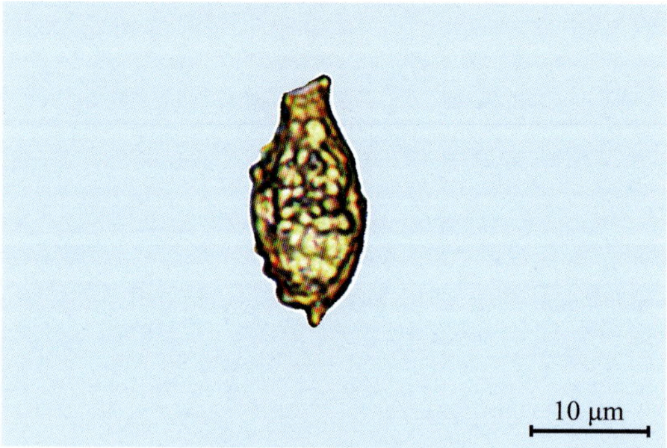

南京市金牛湖-9 月

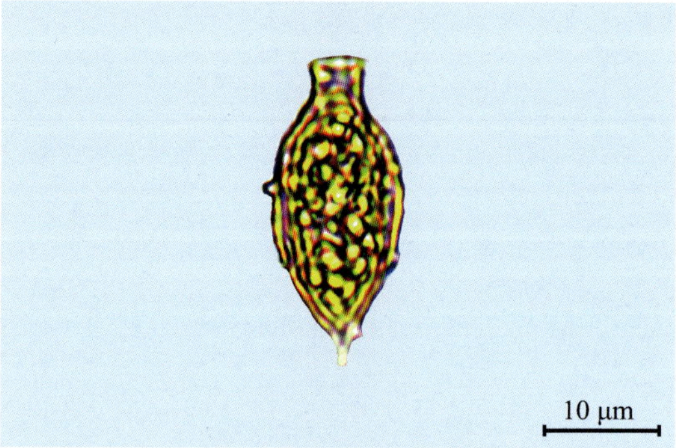

南京市运粮河-9 月

形态特征：植物体囊壳宽纺锤形或椭圆形，前端具圆柱形的直领，领口斜截或平截，具细齿刻，后端渐尖，呈短尖尾刺，直向或略弯；囊壳长 28～38 μm，宽 12～17 μm；领高约 5.5 μm，领宽约 4 μm；尾刺长约 4 μm；表面粗糙或光滑，有时具颗粒，稀疏而不规则；透明或微黄。

生态分布：生长于湖边、稻田、鱼池中。

陀螺藻属

Strombomonas sp.

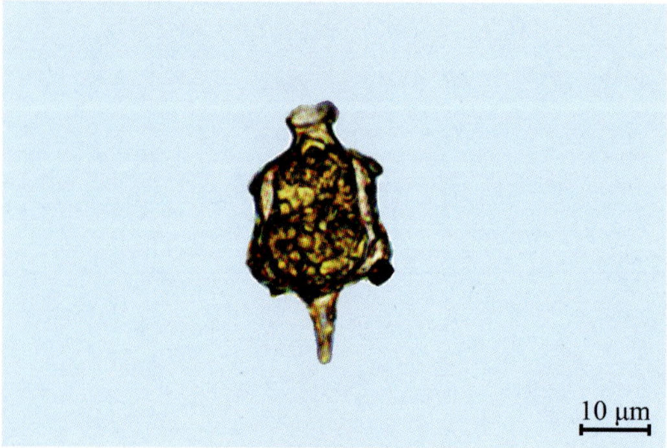

长江泰州段-4 月

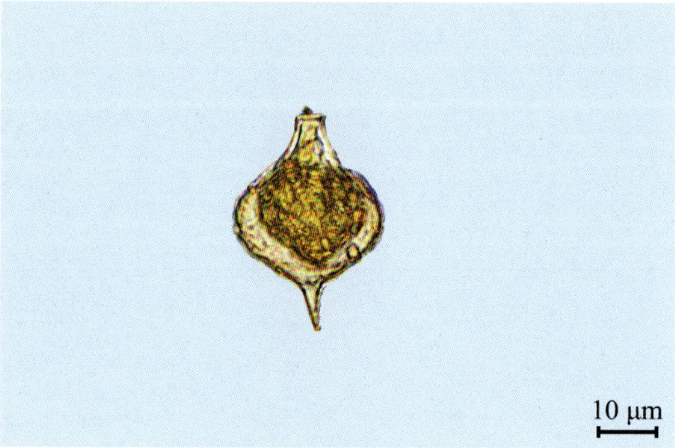

南京市运粮河-6 月

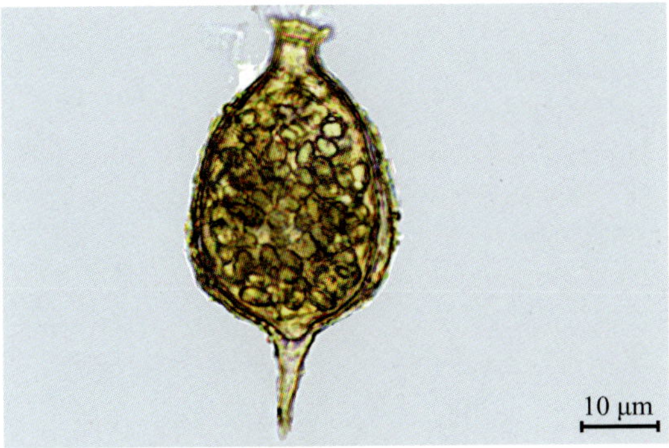

宿迁市西民便河-6月

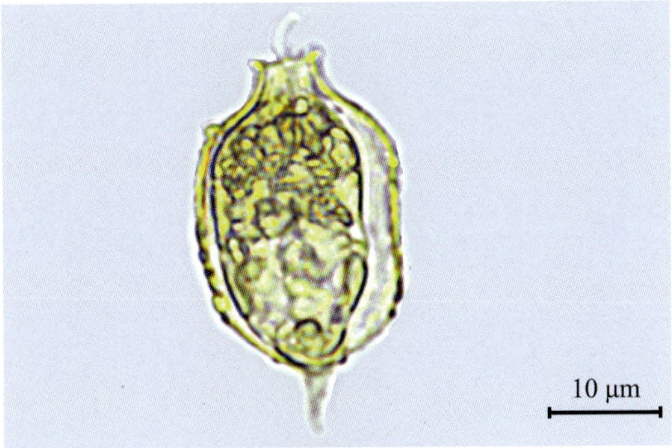

长江南京段-4月

形态特征：植物体具囊壳，囊壳较薄，表面光滑或具皱纹，无囊裸藻那样多的纹饰。囊壳前端逐渐收缩呈一长领，领与囊体之间无明显界限，多数种类的后端渐尖，呈一长尾刺。原生质体特征与裸藻属相同。

生态分布：生长于藕塘、静水沟中。

囊裸藻属 *Trachelomonas* Ehrenberg 1838

植物体细胞外具囊壳，囊壳呈纺锤形、圆柱形、椭圆形、卵形或球形等；囊壳表面光滑或具棘刺、网纹、颗粒、孔纹、点纹等纹饰；囊壳无色，由于铁质沉积，而呈褐色、橙色或黄色，透明或不透明；囊壳的前端具一圆形的鞭毛孔，有或无领，有或无环状加厚圈；囊壳内的原生质体裸露无壁，其他特征与裸藻属相似。

尾棘囊裸藻

Trachelomonas armata（Ehrenberg）Stein，1878；施之新等，1999，p. 144，pl. XLⅠ，Fig. 8.

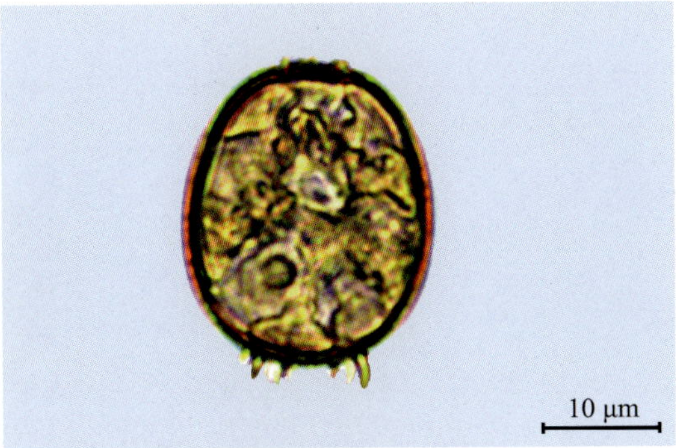

南京市运粮河-9月

形态特征：植物体囊壳卵形或椭圆状卵形，透明或黄褐色，表面光滑，前端窄，后端宽圆且有一圈8～11根的长锥刺，刺略向内弯，长1～9 μm。囊壳长33～34 μm，宽24～25 μm。鞭毛孔具矮领，领口具细齿刻。

生态分布:此种广泛分布于湖泊、沼泽、池塘等水体中,喜生于沼泽,池塘等含铁、锰等金属离子的小水体中。

棘刺囊裸藻

Trachelomonas hispida (Perty) Stein, 1878; 施之新等, 1999, p. 135, pl. ⅩⅩⅪⅩ: Fig. 16, pl. LⅩⅩⅪ: Fig. 9, pl. LⅩⅩⅫ: Fig. 9.

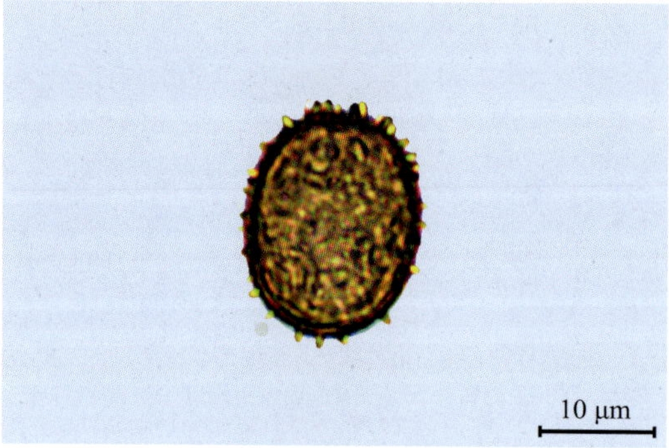

南京市运粮河-9月

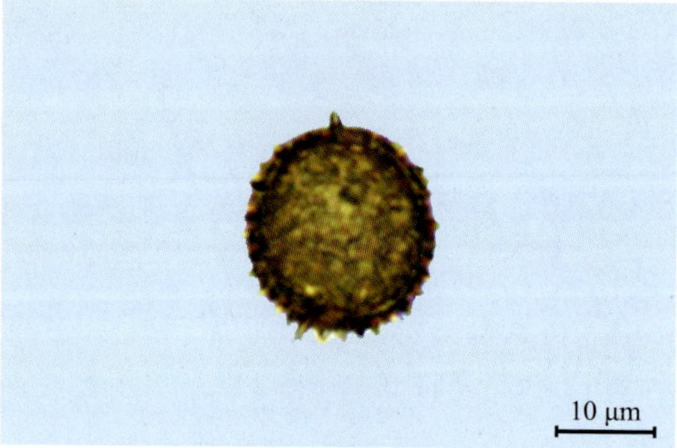

南京市琵琶湖-8月

形态特征:植物体囊壳呈椭圆形,表面具锥形刺或乳突,密集或稀疏。囊壳长 21~33 μm,宽 17~24 μm。鞭毛孔有或无加厚圈。

生态分布:此种广泛分布于湖泊、沼泽、池塘等水体中,喜生于沼泽,池塘等含铁、锰等金属离子的小水体中。

矩圆囊裸藻

Trachelomonas oblonga Lemm., 1900; 施之新:中国淡水藻志, 第六卷, 110 页, 图版ⅩⅩⅣ; 12-15, 1999.

常州市沙河水库-5月(鲁哥氏液固定)

常州市长荡湖-3月(鲁哥氏液固定)

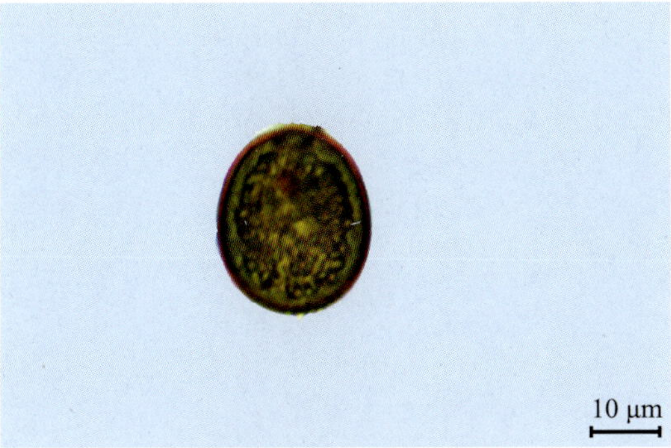

宿迁市西民便河-5月

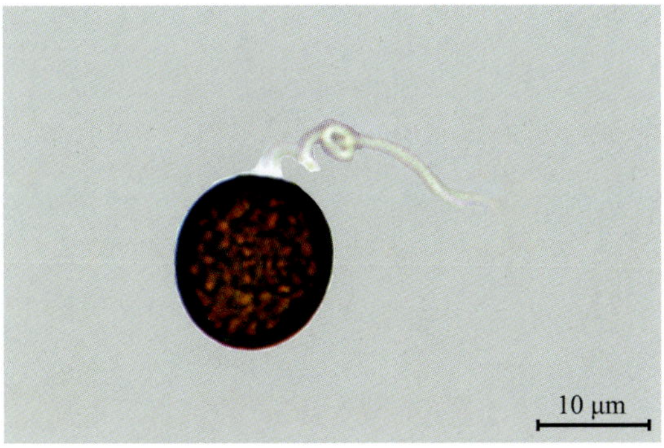

南京市运粮河-10月(鲁哥氏液固定)

形态特征：植物体囊壳椭圆形，表面光滑；囊壳长 12～20 μm，宽 10～15 μm。鞭毛孔有或无环状加厚圈，少数具领状突起；红褐色、黄褐色或黄色。

生态分布：此种生长于鱼池、稻田、水库、湖泊、池塘、沼泽和水沟中。

旋转囊裸藻

Trachelomonas volvocina Her.，1833；施之新：中国淡水藻志，第六卷，98-99 页，图版 LXXIX；1，1999.

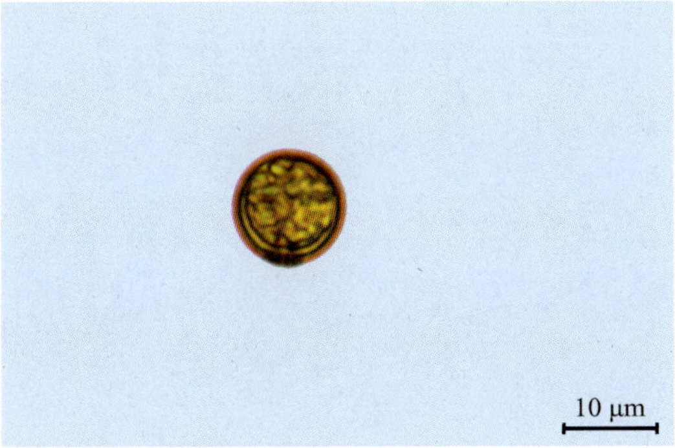

常州市沙河水库-3月

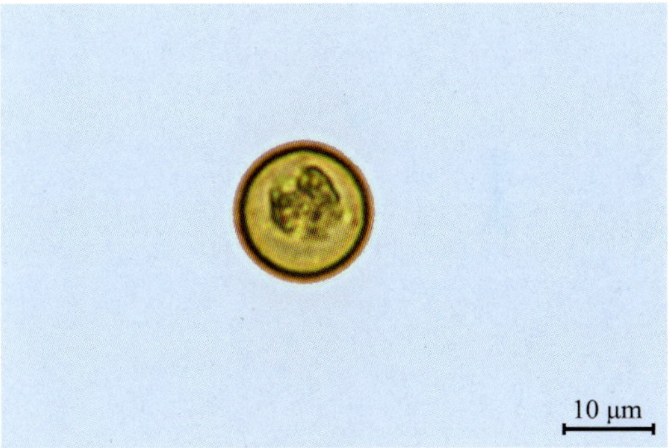

南京市运粮河-4月

形态特征：植物体囊壳呈球形，表面光滑。囊壳直径为 10～25 μm。红褐色、黄褐色或黄色，略透明。鞭毛孔有或无环状加厚圈，少数具低领。鞭毛为体长的 2～3 倍。

生态分布：此种为分布广泛的常见种，大量繁殖时，使水呈黄褐色。

浮游囊裸藻

Trachelomonas planctonica Swirenko，Arch. Hydrob. Plankt. 9：633，Pl. XIX，Fig. 6-6，a，1914；Deflandre，Mon. gen. Trach.，p. 102，Fig. 494-499，1926；Yamagishi，Plankt. Algae Taiwan，p. 67，pl. XXIV，Fig. 22-24，1992.

洪泽湖-11月(鲁哥氏液固定)

常州市沙河水库-3月

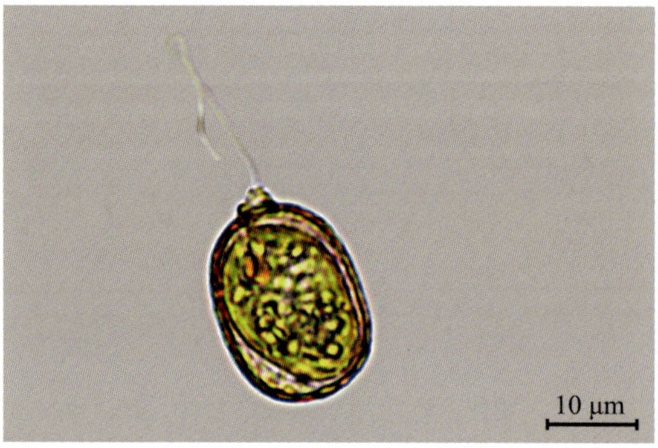

南京市运粮河-9月

南京市运粮河-9月(鲁哥氏液固定)

形态特征:植物体囊壳呈矩圆形,褐色,表面具圆孔纹,分布均匀。囊壳长 21～29 μm,宽 17～19 μm,领长 2.6～3 μm。鞭毛孔具领,领口有不规则齿刻。

生态分布:此种广泛分布于湖泊、池塘等水体中。

8 绿藻门（Chlorophyta）

8.1 绿藻纲(Chlorophyceae)

8.1.1 团藻目(Volvocales)

衣藻科(Chlamydomonadaceae)

单细胞，自由游动，呈球形、椭圆形、卵形、倒卵形、长纺锤形或不规则形状；细胞不纵扁或纵扁；细胞壁具波形或平滑、角锥形、圆柱形的突起，有些种类细胞外具胶被；细胞前端中央具或不具乳头状突起，具 2 条或 4 条等长的鞭毛，鞭毛基部多数具 2 个伸缩泡；色素体多数为杯状，少数为片状、盘状、“H”形、星状，极少数类群无色素体；具 1 个、2 个至多个蛋白核或无；绝大多数种类具 1 个眼点，少数具数个或无；细胞单核。

衣藻属 *Chlamydomonas* Ehrenberg 1833

植物体为游动单细胞，细胞呈宽纺锤形、椭圆形、卵形或球形等，常不纵扁；细胞壁平滑，不具或具有胶被；细胞前端中央具或不具乳头状突起，具 2 条等长的鞭毛，鞭毛基部具 1 个或 2 个伸缩泡；具 1 个大型的色素体，多数杯状，少数片状、“H”形或星状等，具 1 个蛋白核，少数具 2 个、多个；眼点位于细胞的一侧，橘红色；细胞核常位于细胞的中央偏前端，有的位于细胞中部或一侧。

球衣藻

Chlamydomonas globosa Snow，1902；Ettl，Süsswasserflora Von Mitteleuropa，9：226，Fig. 189，1983.

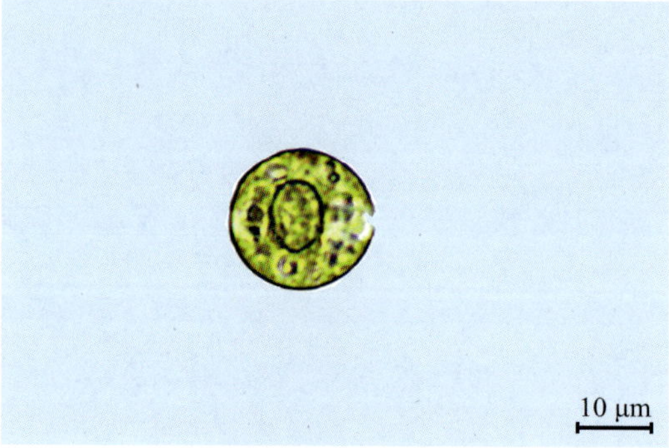

南京市运粮河- 7 月

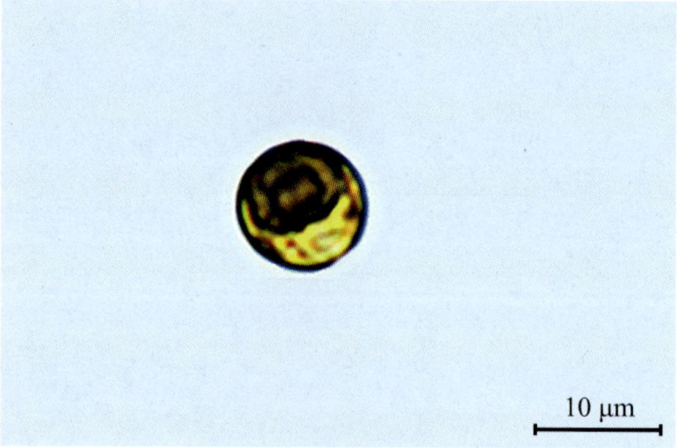

长江南京段- 8 月

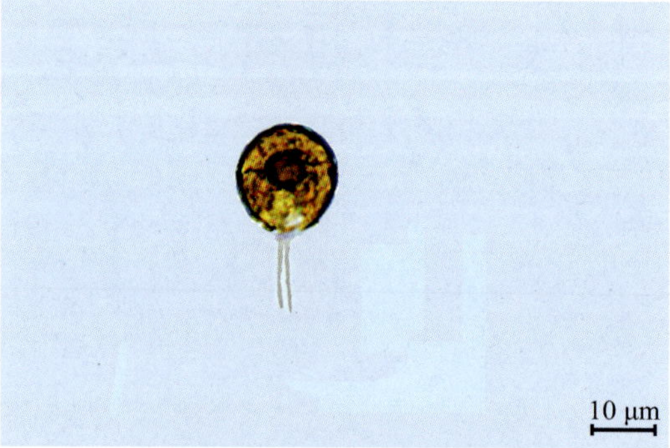

洪泽湖- 12 月(鲁哥氏液固定)

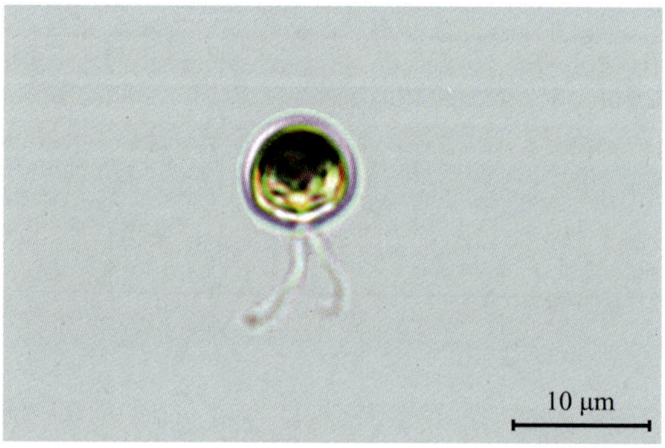

阳澄湖- 4 月

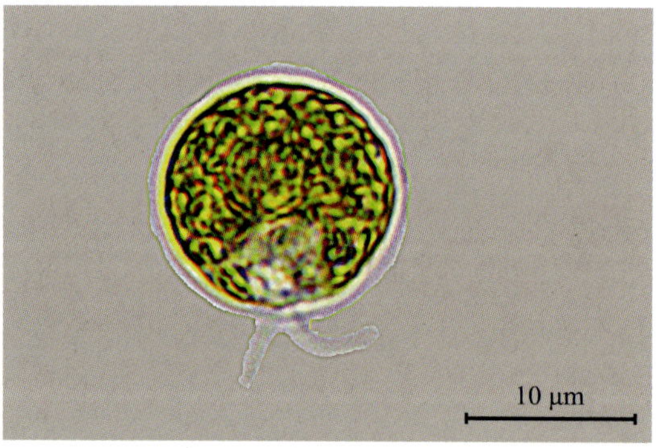

南京市运粮河- 9 月

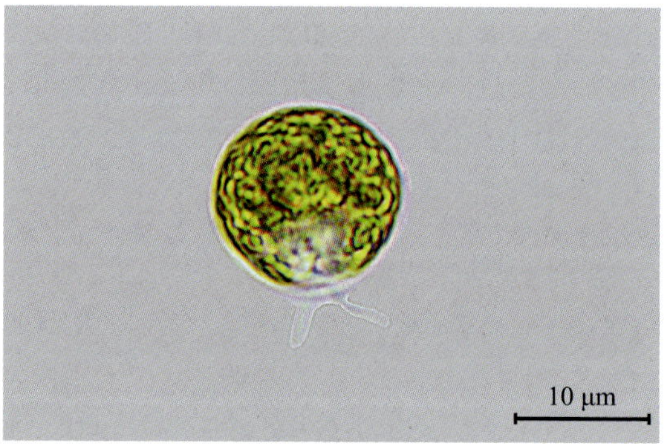

南京市运粮河- 9 月

形态特征:植物体细胞小,多数近球形,少数椭圆形,常具无色透明的胶被;细胞直径为 5~10 μm;细胞前端中央不具乳头状突起,具 2 条等长的、稍长于体长的鞭毛,基部具 1 个伸缩泡;色素体杯状,基部很厚,具 1 个大的蛋白核;眼点位于细胞前端近 1/3 处,不太明显;细胞核位于细胞的中央。

生态分布:湖泊、水库、池塘。

壳衣藻科(Phacotaceae)

单细胞，正面观为方形、椭圆形、卵形、心形或圆形，侧面观为双凸透镜形、椭圆形、卵形、圆形。细胞壁坚硬，不含纤维素，形成囊壳，常具钙质或铁的化合物沉淀，呈黑褐色，光滑或具花纹，有的属囊壳由 2 个半片组成，有的属囊壳为完整的 1 块，绝大多数属的囊壳与原生质体分离，且形状不同，其间的空隙充满胶样物质。原生质体正面观为圆形、卵形或椭圆形，侧面观为卵形或椭圆形，前端贴近囊壳，中央具 2 条或 4 条等长的鞭毛，从囊壳的 1 个或 2 个开孔中伸出，基部具 2 个伸缩泡。色素体大，杯状。蛋白核 1 个、2 个或多个，具 1 个眼点。

翼膜藻属 *Pteromonas* Seligo 1887

单细胞，明显纵扁。囊壳正面观卵形、球形，前端宽而平直，或呈正方形到六角形、长方形，角上具或不具翼状突起。侧面观近梭形，中间具 1 条纵向的缝线。囊壳由 2 个半片组成，表面光滑。原生质体小于囊壳，前端靠近囊壳，正面观为椭圆形、卵形、球形，前端中央具 2 条等长的鞭毛，从囊壳的 1 个开孔中伸出，基部具 2 个伸缩泡。色素体杯状或块状，具 1 个或数个蛋白核。眼点呈椭圆形或近线形，位于细胞近前端。细胞核位于细胞的中央或略偏前端。

尖角翼膜藻

Pteromonas aculeata Lemmermann, 1900；胡鸿钧和魏印心，2006，p. 564，pl. XIV-13. Fig. 5.

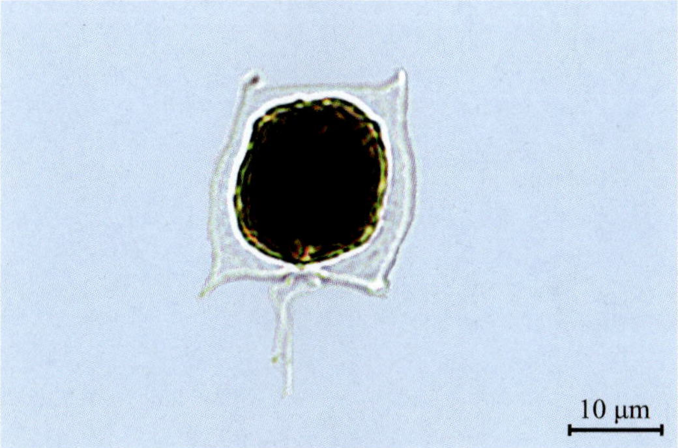

南京市运粮河-11 月

形态特征：植物体细胞纵扁；细胞长 33～37 μm，宽 31～36 μm，厚 17～22 μm；原生质体长 25～35 μm，宽 20～27 μm，厚 17～22 μm；囊壳正面观为长方形或方形，具 4 个角，前端 2 个角向前延伸，后端 2 个角向后延伸形成 4 个角锥形突起；侧面观近纺锤形，侧缘具 3 个波纹，前端尖角形，后端具尖尾；囊壳由 2 个半片组成，壳面平滑；原生质体正面观为圆形至广椭圆形，侧面观为近椭圆形，侧缘具 3 个波纹，原生质体前端具 2 个管状突起，2 条等长的、等于体长或为体长 1.5 倍的鞭毛从管内通过囊壳小孔伸出，基部具 2 个伸缩泡;色素体大,块状,蛋白核 4 或 5 个,呈方形排列;近细胞前端具 1 个线形眼点。

生态分布:生长于湖泊、池塘中。

翼膜藻属

Pteromonas sp.

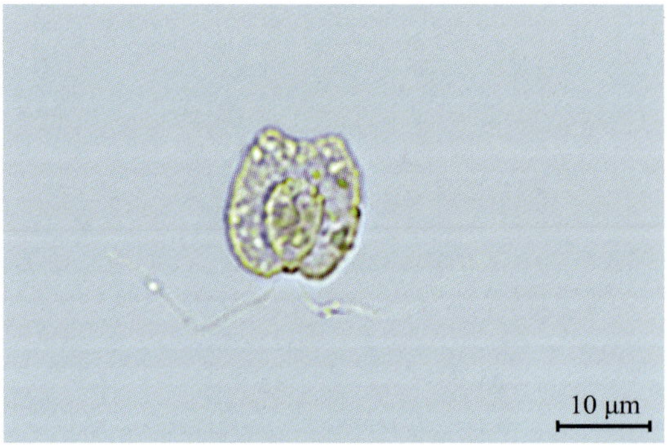

南京市七桥瓮-11 月

形态特征:单细胞,明显纵扁。囊壳正面观球形、卵形,前端宽而平直,或呈正方形至长方形、六角形,角上具或不具翼状突起。侧面观近梭形,中间具 1 条纵向的缝线。囊壳由 2 个半片组成,表面光滑。原生质体小于囊壳,前端靠近囊壳,正面观为球形、卵形、椭圆形,前端中央具 2 条等长的鞭毛,从囊壳的 1 个开孔中伸出,基部具 2 个伸缩泡。色素体杯状或块状,具 1 个或数个蛋白核。眼点呈椭圆形或近线形,位于细胞近前端。细胞核位于细胞的中央或略偏前端。

生态分布:生长于湖泊、池塘中。

团藻科(Volvocaceae)

植物体为多细胞具鞭毛的运动定形群体,群体内细胞具胶被,排列规则;盘藻属由 4 至 32 个细胞排列在一个平面上,成为板状的方形群体;其他各属细胞排列成中空的球形、椭圆形、卵形群体。

群体由 4 个至多达数万个细胞组成,群体细胞的胶被常彼此融合成为群体胶被,少数群体细胞的个体胶被明显。群体细胞的形状相同,呈卵形、半球形、球形,前端具 2 条等长的鞭毛,向外伸出,基部具 2 个伸缩泡。色素体绝大多数为杯状,少数为长线状、片状、块状,蛋白核 1 个或数个。具 1 个眼点。每个细胞具 1 个细胞核。

空球藻属 *Eudorina* Ehrenberg 1832

植物体为定形群体椭圆形,罕见球形,由 16 个、32 个、64 个细胞(常为 32 个细胞)组成,群体细胞彼此分离,排列在群体胶被的周边,群体胶被表面平滑或具胶质小刺,个体胶被彼此融合。细胞球形,壁薄,前端向群体外侧,中央具 2 条等长的鞭毛,基部具 2 个伸缩泡。色素体杯状，仅 1 种色素体为长线状，具 1 个或数个蛋白核。眼点位于细胞前端。常生活于有机质丰富的小水体内。

空球藻

Eudorina elegans Ehr.，1831；Ettl，Süsswasserflora Von Mitteleuropa，9：750，Fig. 1108，1983.

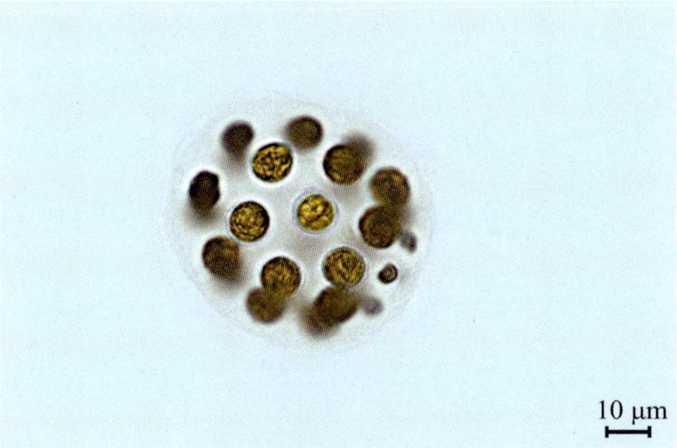

长江南京段-8 月

南京市运粮河-8 月

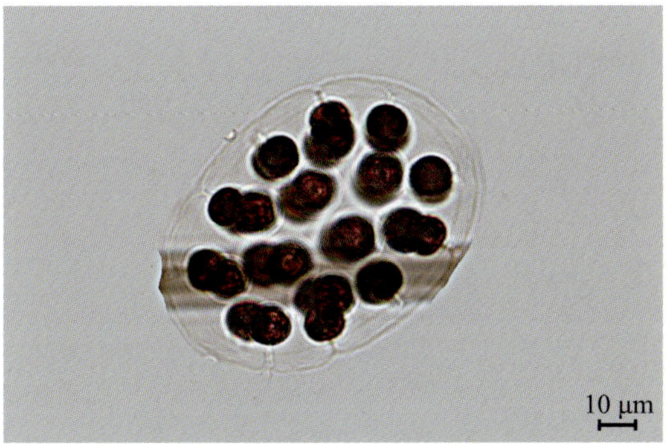

宿迁市骆马湖-7 月（鲁哥氏液固定）

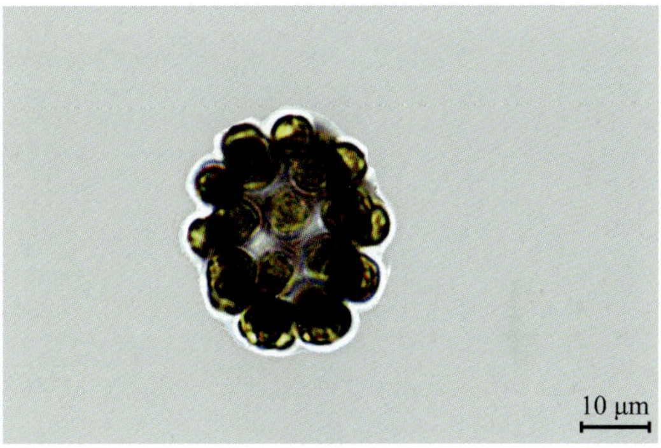

阳澄湖-5 月

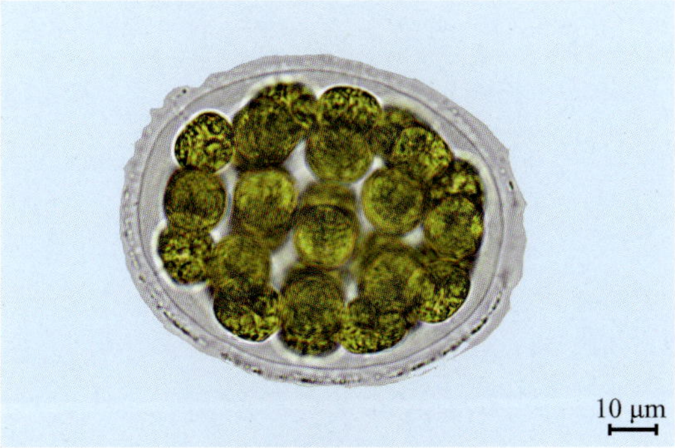

南京市运粮河-9 月

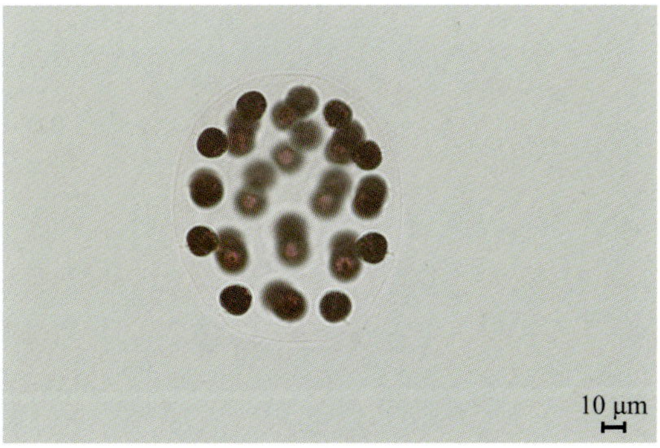

洪泽湖-9 月（鲁哥氏液固定）

形态特征：植物体为群体，具胶被，球形或椭圆形，由 16 个、32 个、64 个细胞（常为

32 个细胞）组成；群体直径 50～200 μm，细胞直径 10～24 μm；群体细胞彼此分离，排列在群体胶被周边，群体胶被表面平滑；细胞球形，壁薄，前端向群体外侧，中央具 2 条等长的鞭毛，基部具 2 个伸缩泡；色素体大，杯状，有时充满整个细胞，具数个蛋白核；眼点位于细胞近前端一侧。

生态分布：广泛分布于世界各个国家和地区。

盘藻属 *Gonium* O. F. Müller 1773

群体板状，方形，由 4～32 个细胞组成，排列在 1 个平面上，具胶被。群体细胞的个体胶被明显，彼此由胶被部分相连，呈网状，中央具 1 个大的空腔。群体细胞形态构造相同，呈椭圆形、卵形、球形，前端具 2 条等长的鞭毛，基部具 2 个伸缩泡。色素体大，杯状，近基部具 1 个蛋白核。具 1 个眼点，位于细胞近前端。常生长在浅水湖及池塘中，在有机质丰富的水体中能大量繁殖。

盘藻

Gonium pectorale O. F. Müller; 1773, in Pascher, 1927; 胡鸿钧和魏印心, 2006, p. 572, pl. XIV-15, Fig. 5.

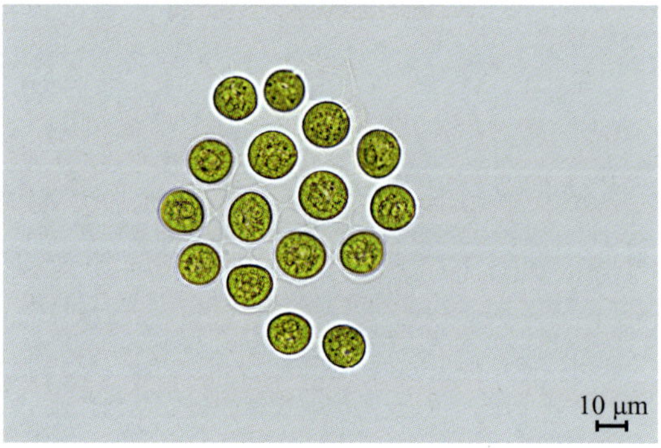

南京市运粮河- 10 月

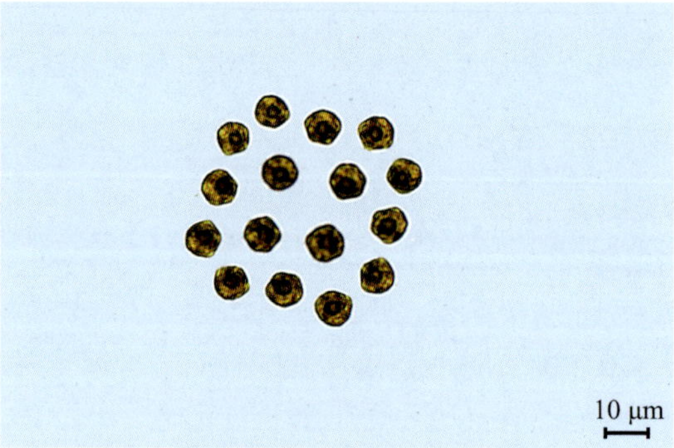

南京市八里湖- 6 月

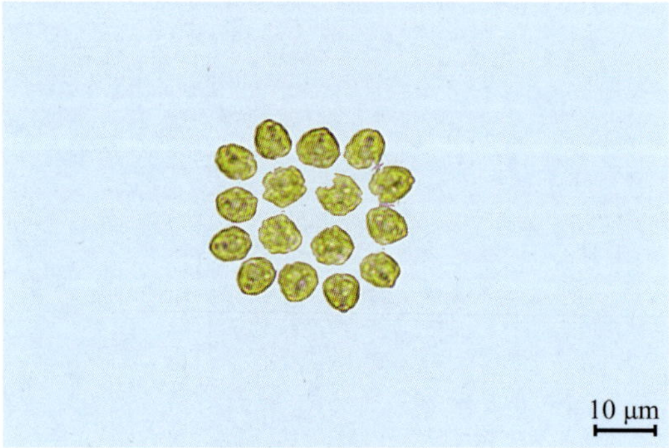

南京市运粮河- 9 月

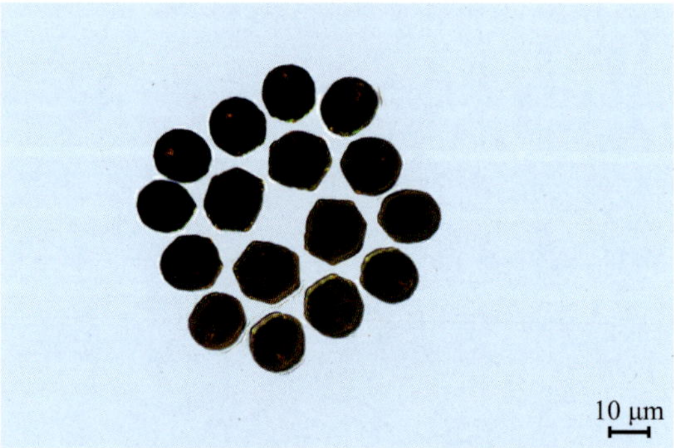

常州市长荡湖- 2 月（鲁哥氏液固定）

形态特征：植物体为群体，绝大多数由 16 个细胞组成，少数由 4 个或 8 个细胞组成，排列在 1 个平面上，呈方形，板状。群体直径 28～90 μm；细胞长 5～14 μm，宽 5～16 μm。

具 16 个细胞的群体，排成两层，外层 12 个细胞，其纵轴与群体平面平行，内层 4 个细胞，其纵轴与群体平面垂直。群体胶被内各细胞的个体胶被明显，彼此由很短的胶被突起相连接，细胞彼此不远离，群体中央具 1 个大的空腔，外层细胞和内层细胞之间具许多小的空腔。细胞呈宽椭圆形至略为倒卵形，前端具 2 条等长的鞭毛，基部具 2 个伸缩泡。色素体大，杯状，近基部具 1 个大的蛋白核。眼点位于细胞的近前端。

生态分布：在沼泽、水沟和池塘中常见。

实球藻属 *Pandorina* Bory 1824

植物体为定形群体，具胶被，呈短椭圆形、球形，由 8 个、16 个、32 个细胞（常为 16 个细胞，罕见 4 个细胞）组成。群体细胞彼此紧贴，位于群体中心，细胞间常无空隙，或仅在群体的中心有小的空间。细胞呈球形、倒卵形、楔形，前端中央具 2 条等长的鞭毛，基部具 2 个伸缩泡。色素体多数为杯状，少数为块状或长线状，具 1 个或数个蛋白核和 1 个眼点。常见于有机质含量较多的浅水湖泊和鱼池中。

实球藻

Pandorina morum（Müller）Bory.，1826；胡鸿钧和魏印心，2006，p. 573，pl. XIV-15，Fig. 7.

苏州市青剑湖- 9 月

苏州市护漕港- 6 月

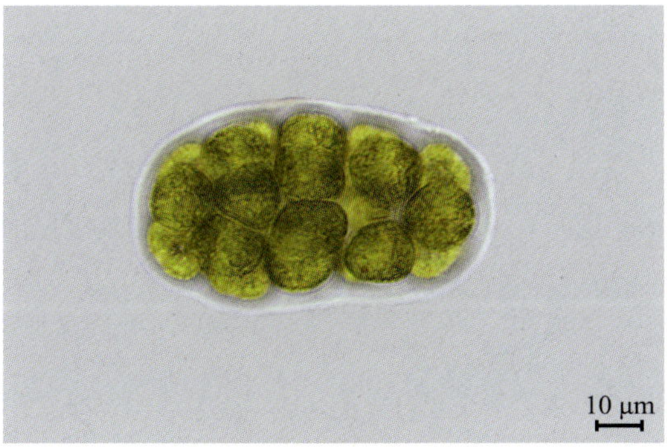

南京市运粮河- 9 月

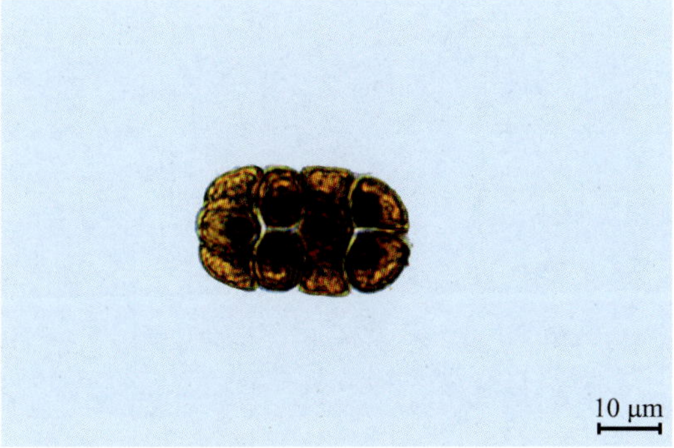

长江南京段- 10 月（鲁哥氏液固定）

形态特征：植物体为群体，呈椭圆形或球形，由 4 个、8 个、16 个、32 个细胞组成。群体直径为 20～60 μm，细胞直径为 7～17 μm。群体胶被边缘狭。群体细胞互相紧贴在群体中心，常无空隙，仅在群体中心有小的空间。细胞呈楔形或倒卵形，前端钝圆，向群体外侧，后端渐狭。前端中央具 2 条等长的、约为体长 1 倍的鞭毛，基部具 2 个伸缩泡。色素体杯状，在基部具 1 个蛋白核。眼点位于细胞的近前端一侧。

生态分布：广泛分布于各种小水体。

团藻属 *Volvox*（Linné）Ehrenberg 1830

植物体为定形群体，具胶被，椭圆形、卵形或球形，由 512 个至数万个细胞组成。群体细胞彼此分离，排列在无色的群体胶被周边，个体胶被彼此融合或不融合。成熟的群体细胞分化成营养细胞和生殖细胞，群体细胞间具有或不具细胞质连丝。成熟的群体，常包含若干个幼小的子群体。群体细胞星形、楔形、多角形、扁球形、卵形或球形，前端中央具 2 条等长的鞭毛，基部具 2 个伸缩泡，或 2～5 个不规则分布于细胞近前端。色素体杯状、碗状或盘状，具 1 个蛋白核。眼点位于细胞近前端的一侧。细胞核位于细胞的中央。常产于有机质丰富的浅水水体中，春季大量繁殖。

团藻属

Volvox sp.

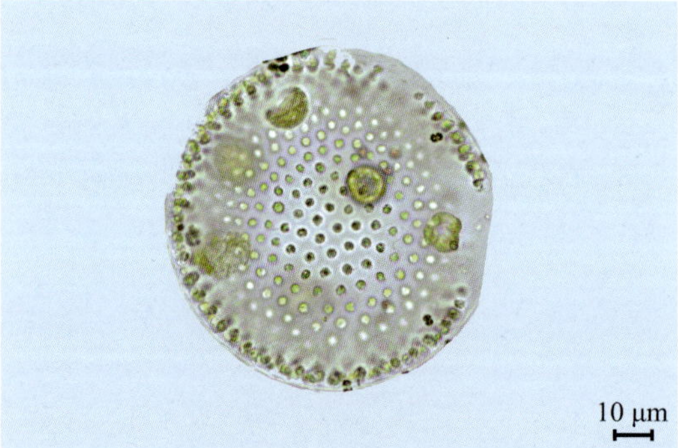

南京市内秦淮河- 10 月

形态特征：植物体为定形群体，具胶被，椭圆形、卵形或球形，由 512 个至数万个细胞组成。群体细胞彼此分离，排列在无色的群体胶被周边，个体胶被彼此融合或不融合。成熟的群体常包含若干个幼小的子群体。群体细胞呈球形、卵形、扁球形、多角形、楔形或星形，前端中央具 2 条等长的鞭毛，基部具 2 个伸缩泡，或 2～5 个不规则分布于细胞近前端。色素体呈盘状、碗状或杯状，具一个蛋白核。眼点位于细胞近前端的一侧。细胞核位于细胞的中央。

生态分布：常产于有机质含量较多的浅水水体中，春季大量繁殖。

8.1.2 四孢藻目(Tetrasporales)

胶球藻科(Coccomyxaceae)

植物体为单细胞或群体；细胞呈圆柱形、卵形、纺锤形或椭圆形；细胞常分泌胶质，胶质融合形成不定形群体；色素体片状、周生，1个，位于细胞的一侧，有或无蛋白核；多为亚气生，附着在潮湿的土壤、树皮上。

纺锤藻属 *Elakatothrix* Wille 1898

植物体是由2个、4个、8个或更多个细胞组成的胶群体，罕为单细胞，漂浮或幼时着生，长成后漂浮，群体胶被呈长椭圆形或纺锤形，无色，不分层；群体细胞纺锤形，其长轴多少与群体长轴平行；色素体1个，片状、周生，位于细胞的一侧，具1个或2个蛋白核；多生长在水库、湖泊及池塘等静水水体中。

纺锤藻

Elakatothrix gelatinosa Wille，1898；胡鸿钧等：中国淡水藻类，283页，图版61：1，1980.

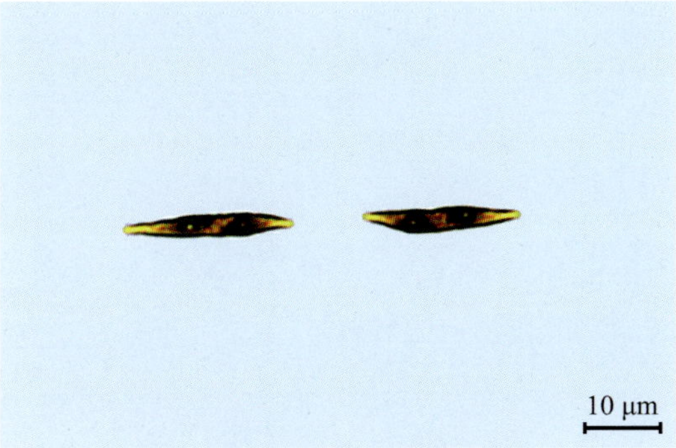

常州市长荡湖-1月(鲁哥氏液固定)

形态特征：植物体为群体，长纺锤形或两端钝圆的长椭圆形，常由4个、8个或16个细胞组成，细胞纺锤形；细胞长15～28 μm，宽3～6 μm；群体长可达150 μm，宽16～38 μm。

生态分布：生长于湖泊、池塘中的真性浮游种类。

8.1.3 绿球藻目(Chlorococcales)

绿球藻科(Chlorococcaceae)

植物体为单细胞，有时多个细胞聚集在水样胶质内成膜状小块；细胞呈纺锤形、球形、近球形、椭圆形或卵形；细胞壁平滑、具刺或其他花纹，壁不均匀增厚或均匀增厚，色素体周生，片状、杯状，罕为轴生，星状，常为 1 个，在充分成长的细胞中常分散充满整个细胞，蛋白核 1 个，罕为多个，细胞核单个或多个。

多芒藻属 *Golenkinia* Chodat 1894

植物体为单细胞，有时聚集成群，浮游；细胞球形，细胞壁表面具许多排列不规则的纤细长刺，色素体杯状、周生，1 个；具 1 个蛋白核。

多芒藻属

Golenkinia sp.

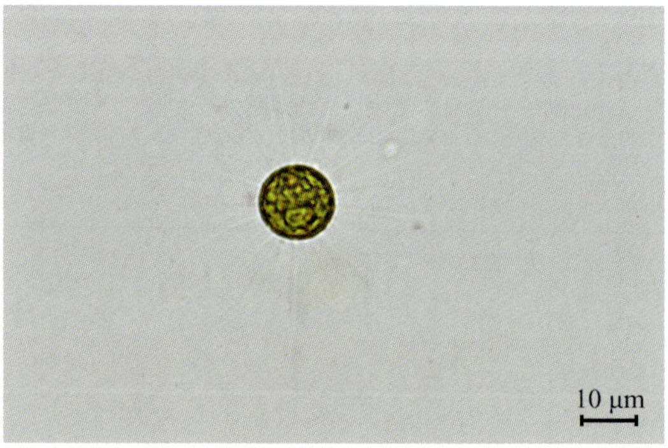

洪泽湖-3 月

形态特征：植物体为单细胞，有时聚集成群，浮游；细胞球形，细胞壁表面具许多排列不规则的纤细长刺，色素体杯状、周生，1 个；具 1 个蛋白核。

生态分布：分布于池塘、湖泊、水库等各种静水水体中，真性浮游种类。

微芒藻属 *Micractinium* Fresenius 1858

植物体由 4 个、8 个、16 个、32 个或更多的细胞组成，排成角锥形、四方形或球形，细胞有规律地相互聚集，无胶被，有时形成复合群体；细胞多为球形或略扁平，细胞外侧的细胞壁具 1～10 条长粗刺，色素体杯状、周生，1 个，具 1 个蛋白核或无。

微芒藻属

Micractinium sp.

南京市运粮河-9月

形态特征：植物体由4个、8个、16个、32个或更多的细胞组成，排成角锥形、四方形或球形，细胞有规律地相互聚集，无胶被，有时形成复合群体；细胞多为球形或略扁平，细胞外侧的细胞壁具1～10条长粗刺，色素体杯状、周生，1个，具1个蛋白核或无。

生态分布：分布于池塘、湖泊、水库等各种静水水体中，真性浮游种类。

小桩藻科（Characiaceae）

植物体为单细胞，群生或单生，有时密集成层，着生；细胞呈纺锤形、椭圆形、长圆形、圆柱形、长卵形、卵形或近球形等，前端尖锐或钝圆，或由顶端细胞壁延长成为柄，柄的基部为小球形的固着器或常膨大为盘状；细胞核常为多个，有时为单个，色素体片状、周生，1个或多个，具1个至多个蛋白核。

弓形藻属 *Schroederia* Lemmermann em. Korschikoff 1898

植物体为单细胞，浮游；细胞呈针形、长纺锤形、弧形、新月形和螺旋形，弯曲或直，细胞两端的细胞壁延伸成长刺，略弯或刺直，其末端均为尖形；色素体片状、周生，1个，几乎充满整个细胞，常具1个蛋白核，有时2个或3个；细胞核1个，老的细胞可为多个。

弓形藻

Schroederia setigera（Schroed.）Lemmermann，1898；胡鸿钧等：中国淡水藻类，290页，图版62：17，1980.

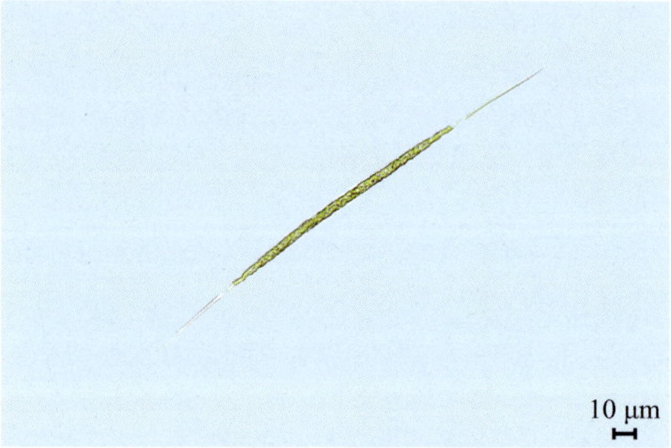

南京市内秦淮河-8月

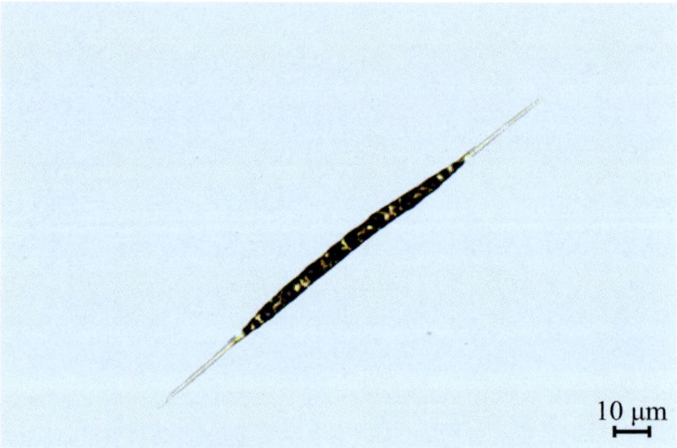

南京市运粮河-3月(鲁哥氏液固定)

形态特征：单细胞，长纺锤形，弯曲或直，细胞两端延伸为无色的细长直刺，末端尖细；具1个蛋白核，罕为2个，色素体片状，1个；细胞长(包括刺)56～85 μm，宽3～8 μm，刺长13～27 μm。

生态分布：湖泊、池塘中常见的浮游种类。

拟菱形弓形藻

Schroederia nitzschioides (G. S. West) Korschikoff, 1953；胡鸿钧等：中国淡水藻类，290页，图版62：18，1980.

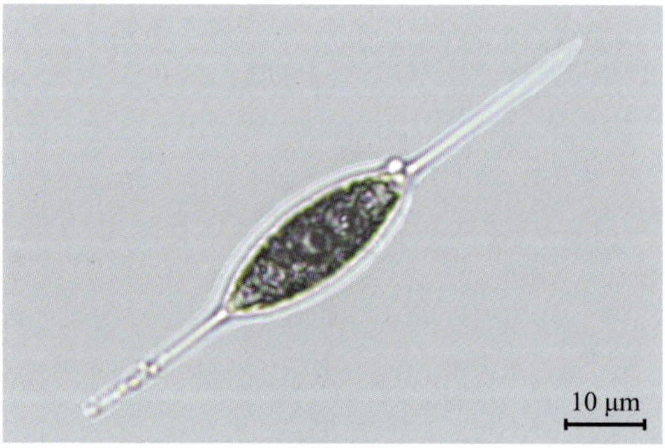

洪泽湖-10月

形态特征：单细胞，长纺锤形，两端逐渐尖细，并延伸成细长的刺，两刺的末端常向相反方向微弯曲；色素体片状，1个，有或无蛋白核；细胞长(包括刺)100～130 μm，宽3.5～13 μm，刺长20～35 μm。

生态分布：湖库、水库、池塘。分布于湖库、水库、池塘等水体中。

印度弓形藻

Schroederia indica Philipose, 1967：毕列爵和胡征宇，2004，p. 27，pl. Ⅷ，Fig. 14.

常州市滆湖-6月

形态特征：植物体单细胞，略弯曲，如半圆形或新月形，具一凹入或略平直的腹和一凸出的背，两端细胞壁自细胞前端各自延伸，成为不与细胞的纵轴成一条直线无色而略等长的尖刺，略弯曲或刺直；具1～3个蛋白核；色素体1个，片状、周生；细胞长28～44 μm，宽4.5～12.5 μm，刺长12.5～21.5 μm

生态分布：湖库、水库、池塘。

小球藻科(Chlorellaceae)

植物体为单细胞，或为4个或更多的细胞长期或暂时无规则地聚集在一起的群体，浮游；细胞呈球形、椭圆形、长圆形、纺锤形、新月形、三角形、四角形或多角形等；细胞壁平滑、具毛状长刺或短棘刺，色素体周生，片状、杯状或盘状，1到多个，每个色素体具1个蛋白核或无。

纤维藻属 *Ankistrodesmus* Corda 1838

植物体为单细胞，或者2个、4个、8个、16个或者更多个细胞聚集成群，浮游，罕为附着在基质上；细胞呈针形、纺锤形、镰形或螺旋形等多种形状，弯曲或直，自中央向两端逐渐尖细，末端尖，罕为钝圆；色素体片状、周生，1个，占细胞的绝大部分，有时裂为数片，具1个蛋白核或无。

针形纤维藻

Ankistrodesmus acicularis（A. Braun）Korschikoff，1953；胡鸿钧等：中国淡水藻类，302页，图版64：5，1980.

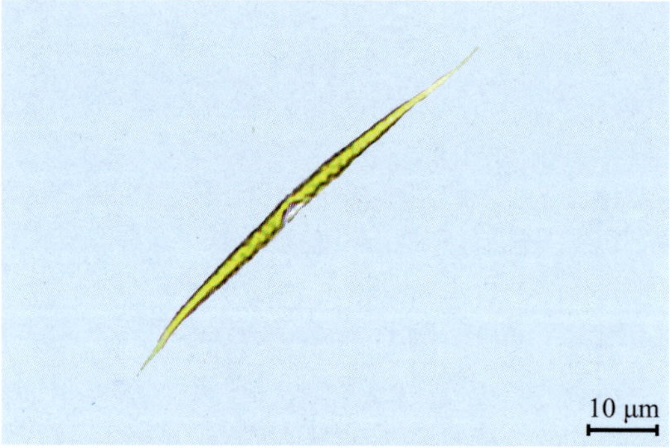

南京市运粮河-9月

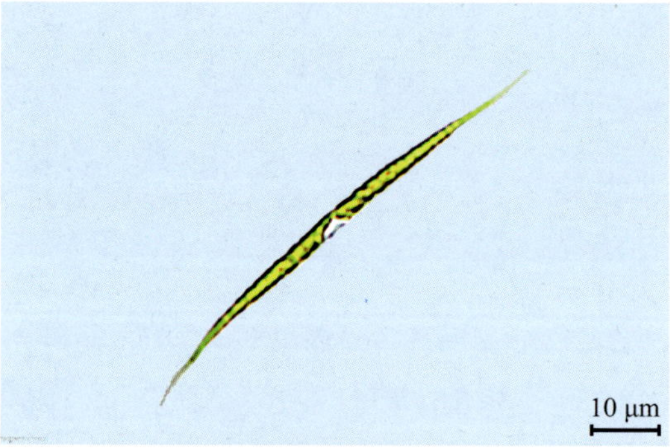

南京市运粮河-9月

形态特征：植物体为单细胞；细胞长 40～80 μm，有时能达 210 μm，细胞宽 2.5～3.5 μm；针形，直或仅一端微弯或两端微弯，从中部到两端渐尖细，末端尖锐；色素体充满整个细胞。

生态分布：常见于池塘及浅水湖泊、水库。

卷曲纤维藻

Ankistrodesmus convolutus Corda，1839；胡鸿钧等：中国淡水藻类，302 页，图版 64：7，1980.

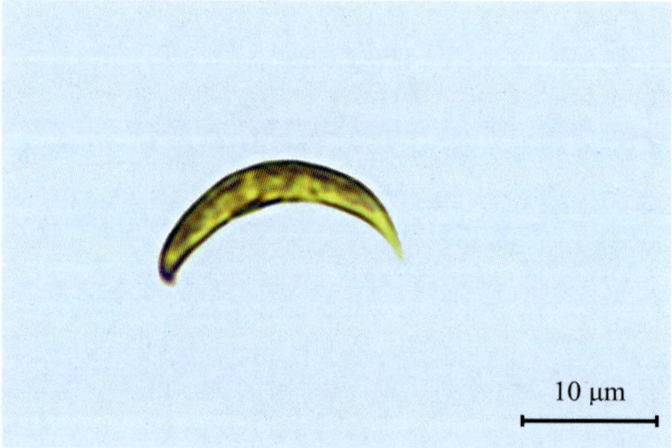

常州市滆湖-12月

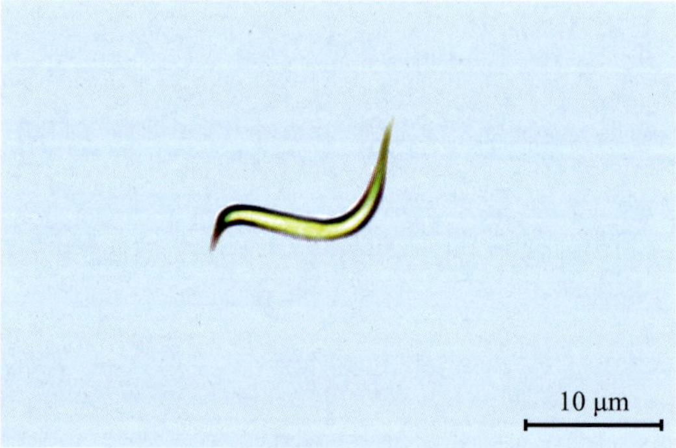

太湖-11月

南京市运粮河-12月

形态特征：植物体为单细胞，或 2～4 个细胞成群；细胞长 11～35 μm，宽 3.5～5 μm；细胞短而粗，形状不一，常弯曲呈月形、弓形或“S”形，自中部向两端逐渐狭窄，不延长呈针形，末端略钝圆或尖锐，色素体片状，1 个，具 1 个蛋白核。

生态分布：为偶然性浮游种类，多生长于浅水水体中。

纤维藻属

Ankistrodesmus sp.

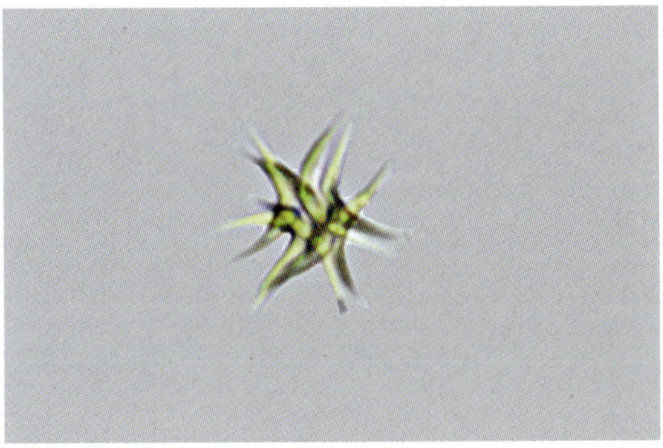

洪泽湖-1 月

扬州市高邮湖-2 月

形态特征：细胞纤维形，直或“S”形、“C”形弯曲。单细胞或绞合成束。具 1 个侧生的色素体，蛋白核 1 个或无。

生态分布：广泛分布。

小球藻属 *Chlorella* Beijerinck 1890

植物体为单细胞，单个或多个细胞聚集成群，群体中的细胞大小很不一致，浮游；细胞呈球形或椭圆形；细胞壁薄或厚，色素体片状、周生或杯状，1 个，具 1 个蛋白核或无。

小球藻

Chlorella vulgaris Beijerinck, 1890; Komárek & Fott, in Hüber-Pestallozii, Phytopl. Süssw. Syst. Biol, 16 (7, 1): 594, pl. 168: 2, 1983.

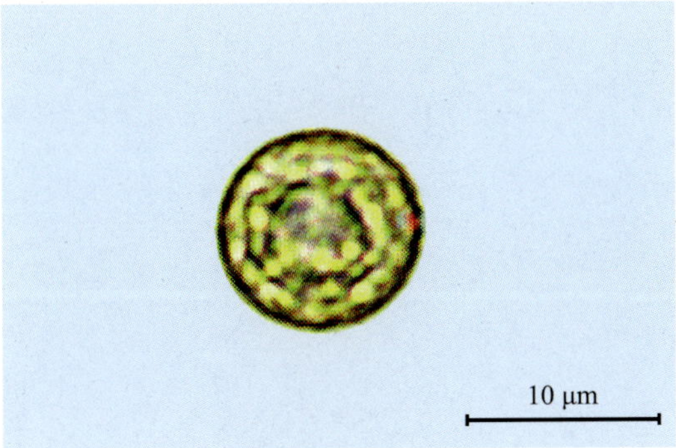

南京市运粮河-3 月

形态特征:植物体为单细胞或有时数个细胞聚集在一起;细胞直径 5~10 μm;细胞球形,细胞壁薄,色素体杯状,1 个,占细胞的一半或稍多,具 1 个蛋白核,有时不明显。

生态分布:生长在湖泊的浅水港湾、池塘中,为广布种。

顶棘藻属 *Chodatella* Lemmermann 1898

植物体为单细胞,浮游;细胞呈椭圆形、卵形、柱状长圆形或扁球形,细胞壁薄,细胞的两端或两端和中部具有对称排列的长刺,刺的基部具或不具结节,色素体周生,片状或盘状,1 到数个,各具 1 个蛋白核或无。

纤毛顶棘藻

Chodatella ciliata (Lag.) Lemmermann, 1898; 胡鸿钧等: 中国淡水藻类, 292 页, 图版 62: 11, 1980.

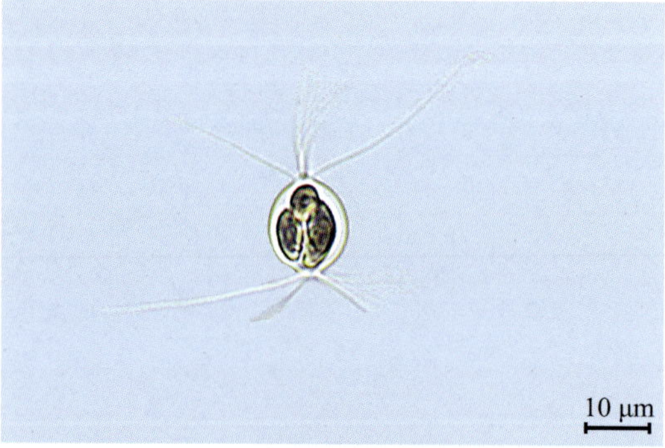

太湖-9 月

南京市琵琶湖-9 月

形态特征:植物体为单细胞;细胞长 10~21 μm,宽 6~18 μm,刺长 15~20 μm;椭圆形或卵形,两端钝圆;细胞两端各具 6~8 条纤细长刺,呈辐射状排列;色素体片状、周生,1~4 个,各具一个蛋白核。

生态分布:常分布于有机质较高的小水体中。

四刺顶棘藻

Chodatella quadriseta Lemmermann, 1898; 胡鸿钧等: 中国淡水藻类, 292 页, 图版 62: 12, 1980.

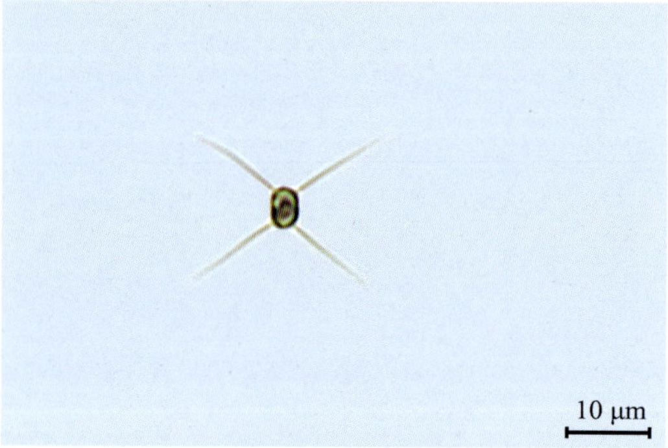

常州市滆湖-3 月

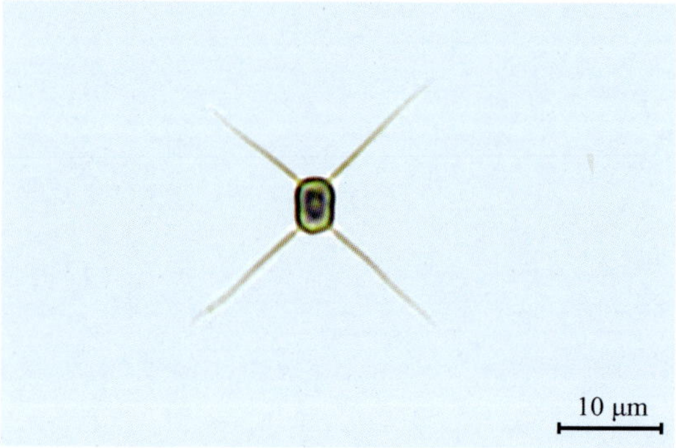

太湖-1 月

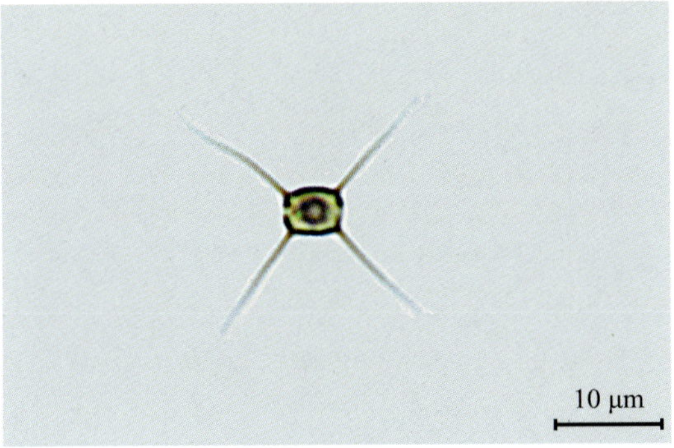

长江南京段-2月

形态特征：植物体单细胞；细胞长6～10 μm，宽4～6 μm，刺长15～20 μm；柱状长圆形、卵圆形，细胞两端各具2条从左、右两侧斜向伸出的长刺；色素体片状、周生，2个，无蛋白核。

生态分布：常见于有机质的池塘中。

十字顶棘藻

Chodatella wratislaviensis（Schroed.）Ley，1948；胡鸿钧等：中国淡水藻类，292页，图版62：13，1980.

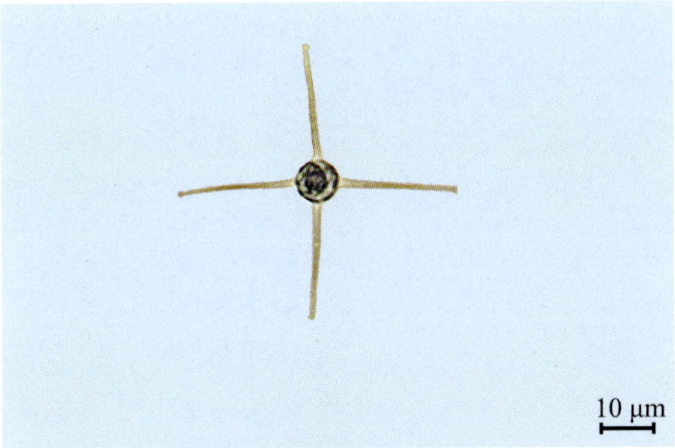

南京市内秦淮河-9月

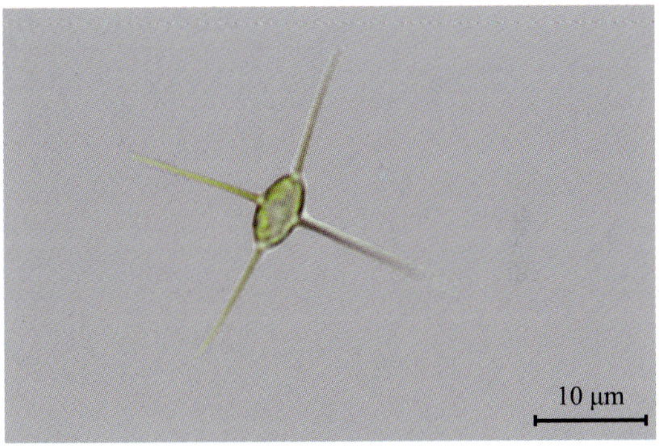

南京市运粮河-9月

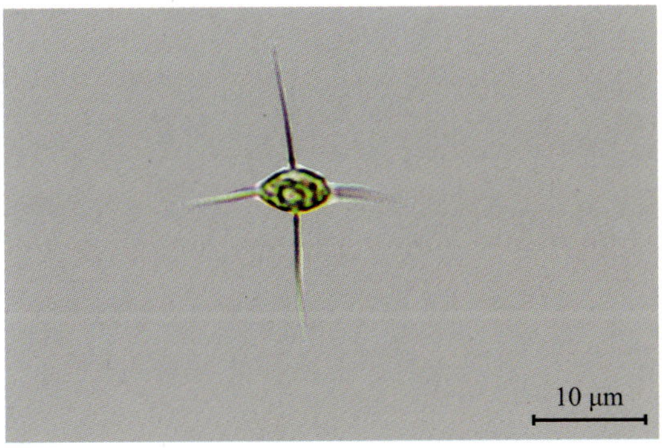

南京市运粮河-9月

南京市运粮河-9月

形态特征：植物体为单细胞，细胞长 3～10 μm，宽 4～8 μm，刺长 8～27 μm；椭圆形或卵圆形，两端广圆；4 根刺排列在同一平面上，呈十字形，两端各 1 根，中间部分左右各 1 根；略弯或刺直，基部结节或加厚；色素体片状，1 个，具 1 个蛋白核。

生态分布：常生长在有机质含量较高的小型水体中。

拟新月藻属 *Closteriopsis* Lemmermann 1899

单细胞，浮游；细胞长纺锤形、针形，两端渐尖并微弯，色素体周生，带状，1 个，几乎达细胞两端，具几个或多个蛋白核，排成 1 列。

拟新月藻

Closteriopsis longissima (Lemm.) Lemmermann, 1899; Komárek & Fott, in Hüber-Pestalozzi: Phytopl. Süssw. Syst. Biol., 16 (7, 1): 626, pl. 175: 3, 1983.

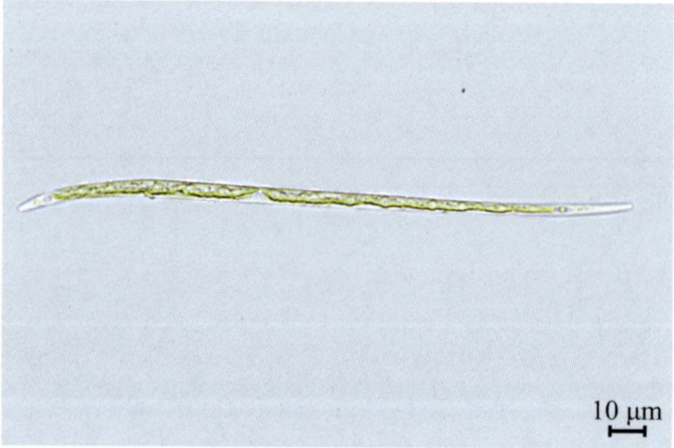

扬州市高邮湖-5 月

形态特征：植物体为单细胞，浮游；细胞呈针形、长纺锤形，两端渐尖并微弯；色素体带状、周生，1 个，几乎达细胞两端，具几个或多个蛋白核，排成 1 列。细胞长 140～160 μm，宽 2.5～4.5 μm。

生态分布：生长于湖泊、池塘中，为广布种。

蹄形藻属 *Kirchneriella* Schmidle 1893

植物体为群体，常 4 个或 8 个为 1 组，多数包被在胶质的群体胶被中，浮游；细胞呈新月形、半月形、镰形、蹄形或圆柱形，两端钝圆或尖细；色素体片状、周生，1 个，除细胞凹侧中部外充满整个细胞，具 1 个蛋白核。

蹄形藻

Kirchneriella lunaris (Kirch.) Moebius, 1894；胡鸿钧等：中国淡水藻类，297 页，图版 63：14，1980.

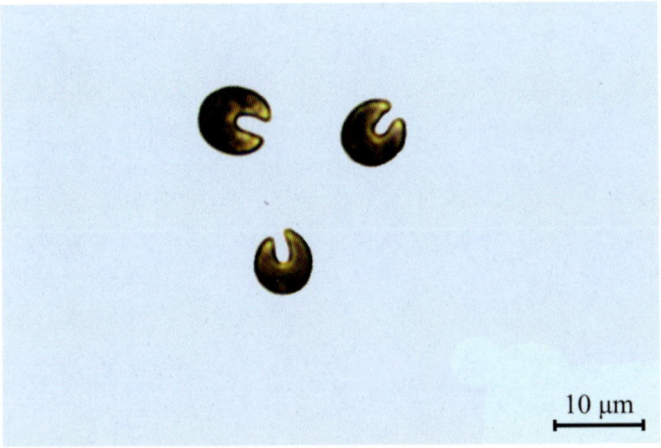

长江南京段-1月(鲁哥氏液固定)

洪泽湖-3月

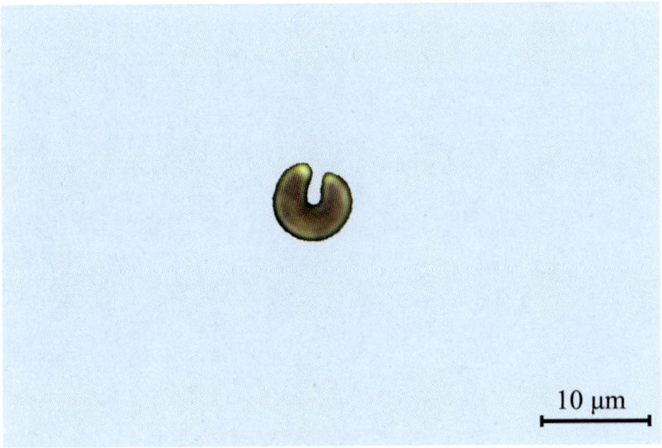

长江无锡段-9月

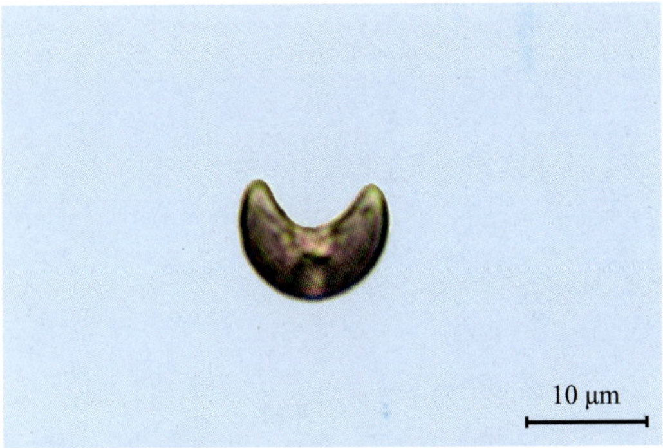

阳澄湖-10月(鲁哥氏液固定)

形态特征：植物体细胞蹄形，两端渐尖细，顶端锥形。群体直径为 80～250 μm，细胞长 6～13 μm，宽 3～8 μm。色素体片状、周生，1 个，充满整个细胞，具 1 个蛋白核。群体由 4 个或 8 个细胞为一组不规则地排列在球形群体的胶被中，群体细胞多以外缘凸出部分朝向共同的中心。

生态分布：生长于有机质丰富的酸性湖泊、池塘、沼泽中，国内外广泛分布。

单针藻属 *Monoraphidium* Komárková-Legnerová 1969

植物体多为单细胞，无共同胶被；多浮游；细胞为或长或短的纺锤形，直或者明显或轻微弯曲，呈近圆环状、弓状、"S"形或螺旋形等，两端多渐尖细，或较宽圆；周生、色素体片状，多充满整个细胞，罕在中部留有 1 个小空隙；不具或罕具 1 个蛋白核。

弓形单针藻

Monoraphidium arcuatum （Korshikov） Hindák，1970；毕列爵和胡征宇，2004，p. 64，pl. XVIII，Figs. 8-9.

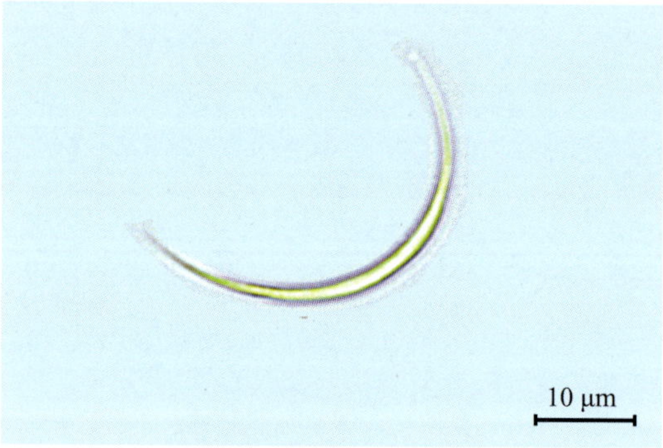

无锡市横山水库-2月

形态特征：植物体为单细胞，浮游；细胞长25～60 μm，宽2～5 μm；细胞长纺锤形，常弯曲成圆弓形；两侧边大部分近平行，两端渐狭，顶端各具1刺；色素体1个，周生、片状，充满整个细胞；无蛋白核。

生态分布：广泛分布于湖泊、池塘、河流中。

科马克单针藻

Monoraphidium komarkovae Nygaard，1979；毕列爵和胡征宇，2004，p. 64，pl. XVIII，Fig. 7.

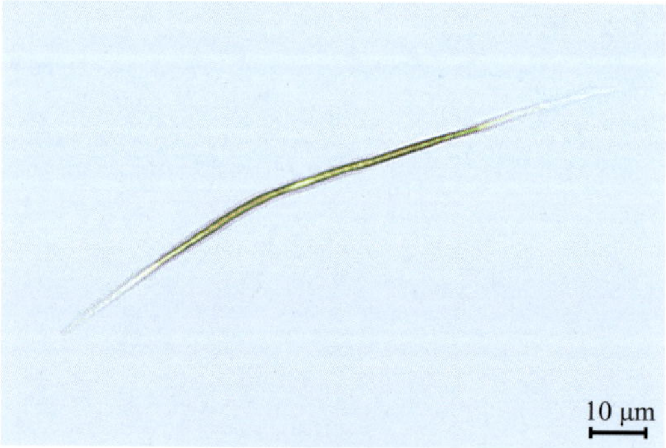

南京市运粮河-4月

形态特征：植物体为单细胞，浮游；细胞长55～180 μm，宽2～4 μm；细胞为极细长的纺锤形，中部圆柱状，近于直或直，有时略弯曲；两端渐尖细，延伸较长，并常有弯曲；色素体1个，周生、片状，不具蛋白核。

生态分布：此种常浮游于各种污染水体中。

格里佛单针藻

Monoraphidium griffithii (Berkeley) Komárková，1969；毕列爵和胡征宇，2004，p. 64. XVIII，Figs. 5-6.

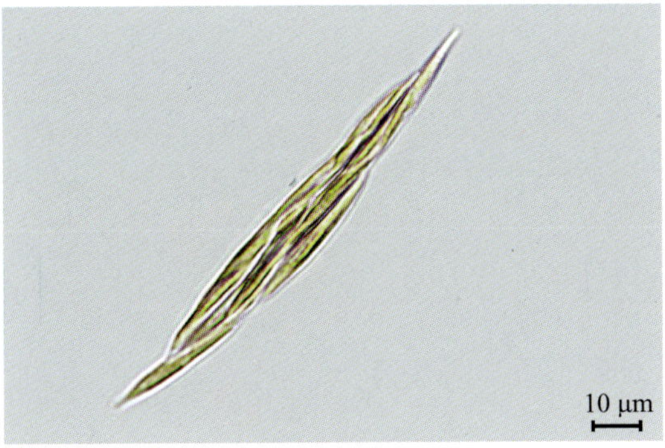

阳澄湖-10月

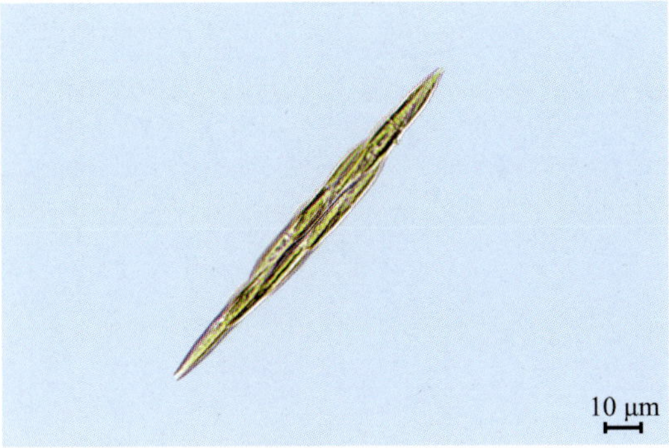

洪泽湖-10月

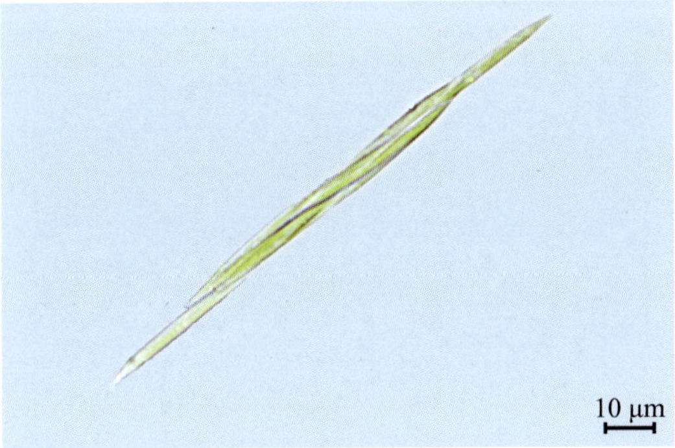

南京市运粮河-2月

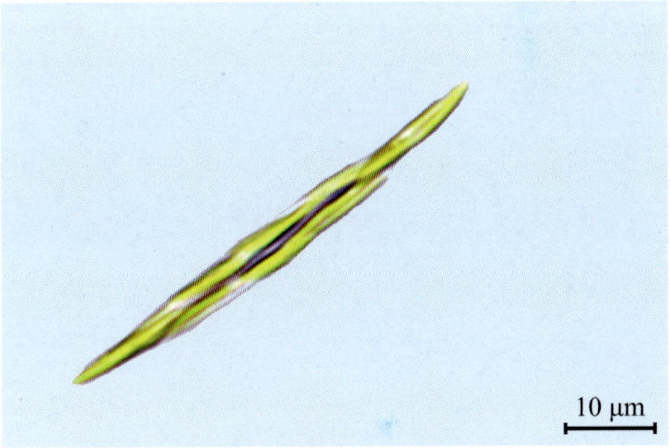

南京市运粮河-10月

南京市运粮河-10月

形态特征：植物体为单细胞，浮游；细胞长 45～75 μm，宽 2～4 μm；细胞狭长纺锤形，直或轻微弯曲，两端直而渐尖；色素体 1 个，周位、片状；无蛋白核；生殖时产生 2 个、4 个、8 个甚至 16 个似亲孢子。

生态分布:多生活于各种富营养化的水体中。

月牙藻属 *Selenastrum* Reinsch 1866

植物体常由4个、8个或16个细胞为一群,数个群彼此联合成多达128个细胞以上的群体,无群体胶被,罕为单细胞,浮游;细胞呈镰形、新月形,两端尖,同一母细胞产生的个体彼此以背部凸起的一侧相靠排列;色素体片状、周生,1个,除细胞凹侧的小部分外,充满整个细胞;具1个蛋白核或无。

月牙藻

Selenastrum bibraianum Reinsch, 1867;胡鸿钧等:中国淡水藻类,298页,图版63:15,1980.

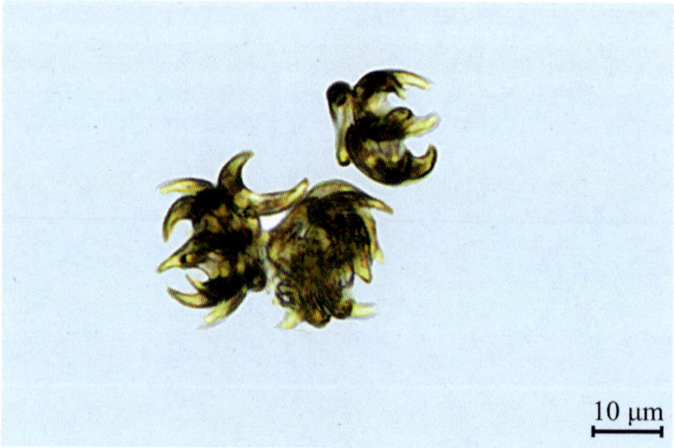

长江南京段-1月

形态特征:细胞呈镰形、新月形,两端同向弯曲,自中部向两端逐渐尖细,较宽短。色素体1个。具1个蛋白核。细胞长20～38 μm,宽5～8 μm,两顶端直线距离为5～25 μm。

生态分布:常见于有机质丰富的小水体中。

四角藻属 *Tetraëdron* Kützing 1845

植物体为单细胞,浮游;细胞呈角锥形或扁平,具3个、4个或5个角,不分叉或角分叉,角延长成突起或无,角或突起顶端的细胞壁常凸出为刺;色素体周生,盘状或多角片状,1个到多个,各具1个蛋白核或无。

二叉四角藻

Tetraëdron bifurcatum (Wille) Lagerheim, 1893;胡鸿钧等:中国淡水藻类,296页,图版63:4-5,1980.

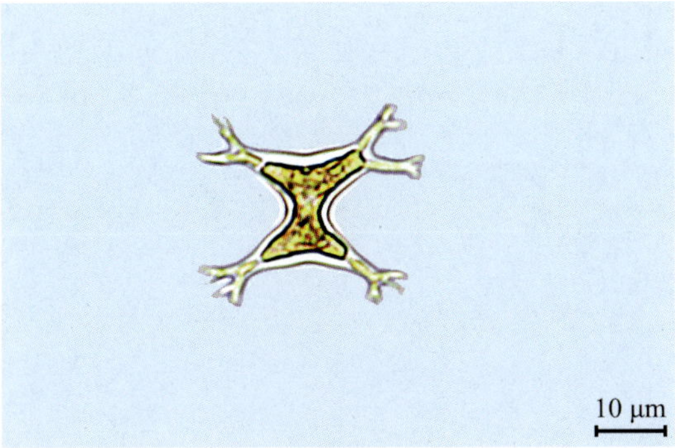

长江南京段-4月

形态特征：植物体为单细胞，细胞宽 45.5～60 μm，刺状突起长 10～13 μm。扁平，正面观四边约等长的四角形，缘边凹入，具 4 个角，角延长成较长的角状突起，顶端具 2 条叉状的粗短刺，侧面观纺锤形。

生态分布：常生长在湖泊、水库、池塘中，国内普遍分布。

整齐四角藻

Tetraëdron regulare Kützing，1845；胡鸿钧等：中国淡水藻类，296 页，图版 63：4-5，1980.

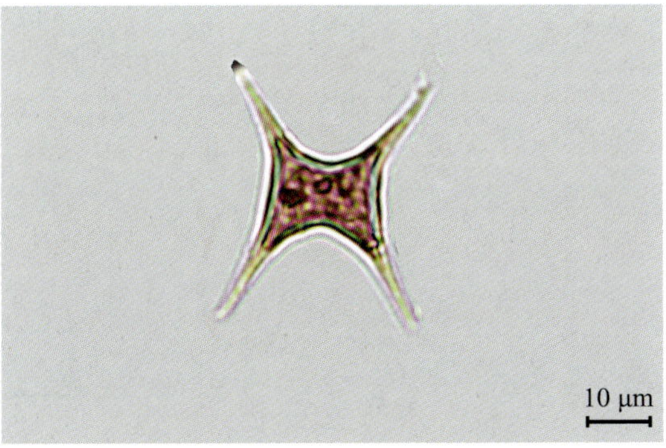

长江镇江段-11月（鲁哥氏液固定）

形态特征：植物体为单细胞，细胞宽 14～45 μm；刺长 2～9 μm；三角锥形，侧缘略凹入或平直或略凸出，具 4 个角，角顶具 1 条粗短刺。

生态分布：常生长在池塘、湖泊中，为广布种。

三角四角藻

Tetraëdron trigonum（Näg.）Hansgirg，1888；胡鸿钧等：中国淡水藻类，295 页，图版 62：22，1980.

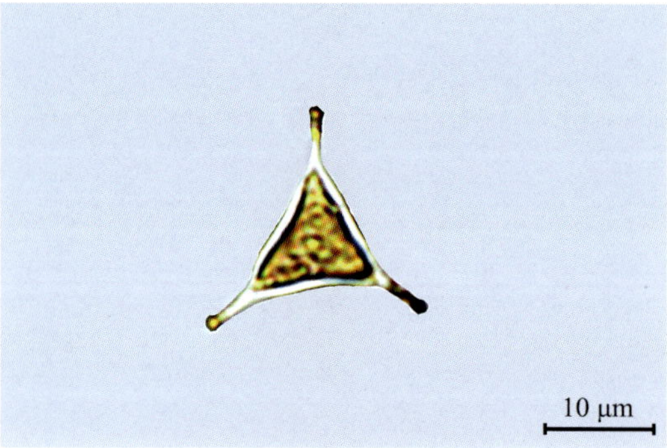

京杭大运河扬州江都段-9 月

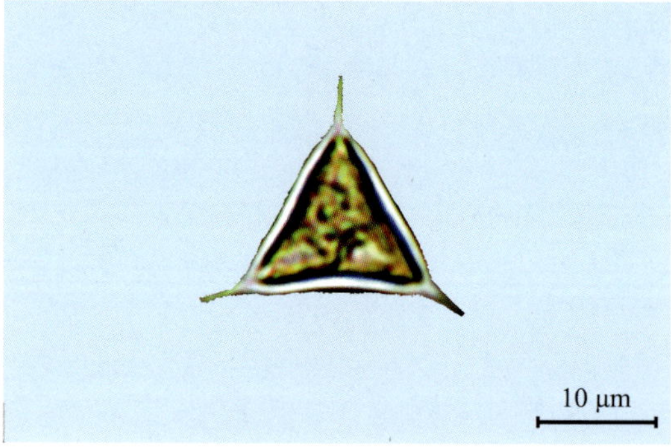

无锡市横山水库-10 月

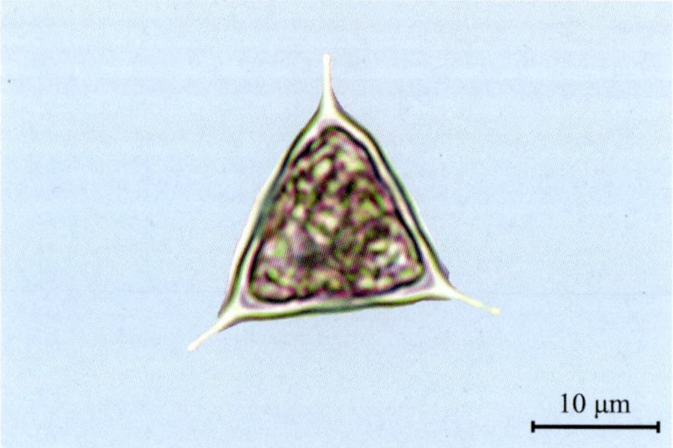

南京市石臼湖-10 月(鲁哥氏液固定)

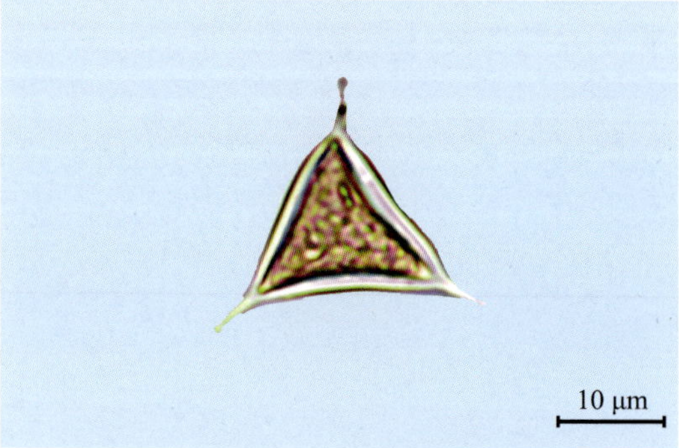

南京市琵琶湖-10 月(鲁哥氏液固定)

形态特征:植物体为单细胞,扁平;细胞不含刺宽 11～30 μm,厚 3～9 μm;刺长 2～10 μm;三角形,侧面观为椭圆形,细胞侧缘略凹入、近平直或略凸出,角顶具 1 条直或略弯的粗刺。

生态分布:生长于池塘、湖泊,国内外广泛分布。

具尾四角藻

Tetraëdron caudatum (Corda) Hansgirg, 1888; 胡鸿钧等: 中国淡水藻类, 295-296 页, 图版 63: 1, 1980.

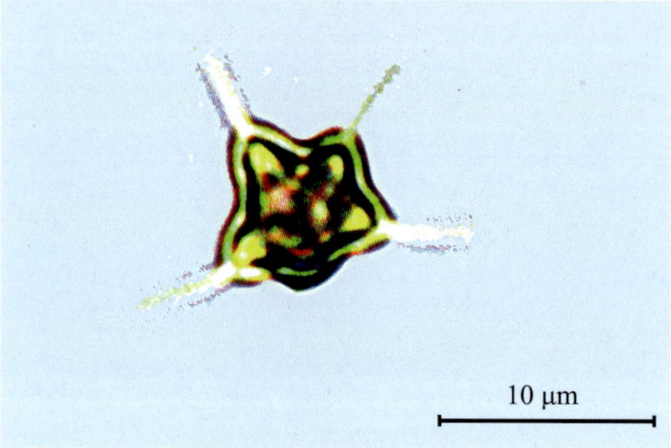

无锡市横山水库-3 月

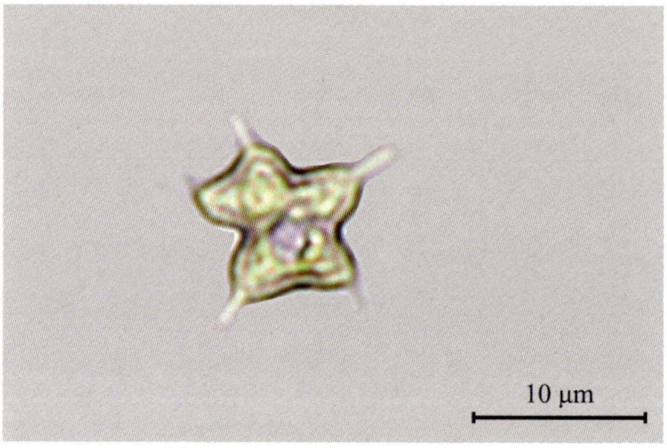

南京市运粮河-10 月

形态特征：植物体为单细胞，扁平；细胞宽 6～22 μm，刺长 1～4 μm；正面观为五边形，缘边均凹入，其中一边中央具深缺刻，角钝圆，其顶端具 1 条较细的刺，自角顶水平伸出。

生态分布：生长于湖泊、沼泽、池塘中，国内外广泛分布。

细小四角藻

Tetraëdron pusillum（Wallich）West & West，1897；魏印心，武汉植物学研究，3（3）：252，Fig. 2：11，1986.

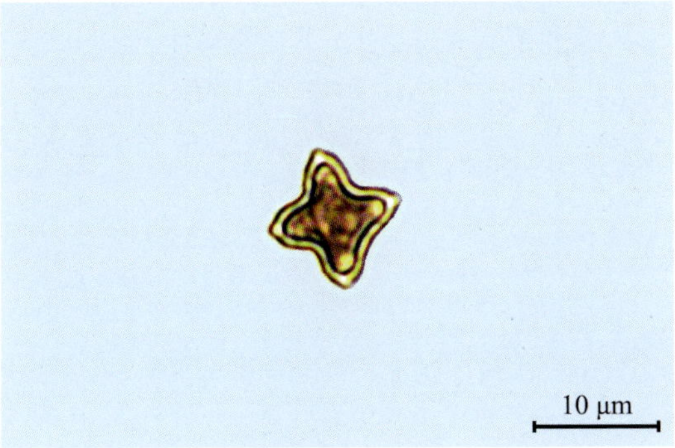

阳澄湖-12 月

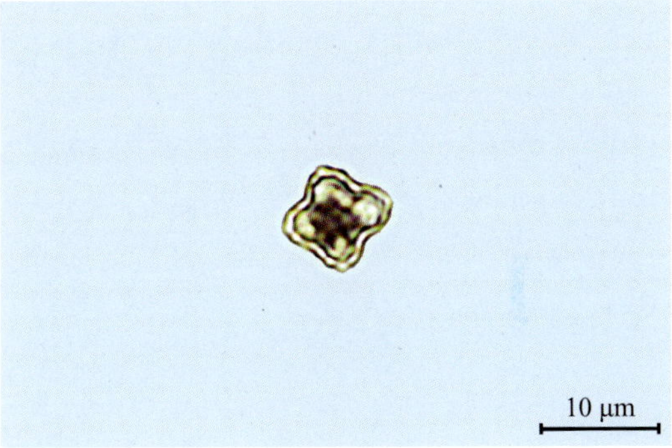

太湖-9 月

形态特征：植物体为单细胞，扁平，正面观为四角形，侧缘凹入，具 4 个角，角延长成较长的角状突起，其顶端具 2 个粗短刺，侧面观长椭圆形。细胞长 28～33 μm，宽 25～27 μm。

生态分布：常生长在池塘、湖泊、水库中，为广布种。

三叶四角藻

Tetraëdron trilobulatum（Reinsch）Hansgirg，1889；胡鸿钧等：中国淡水藻类，296 页，图版 62：21，1980.

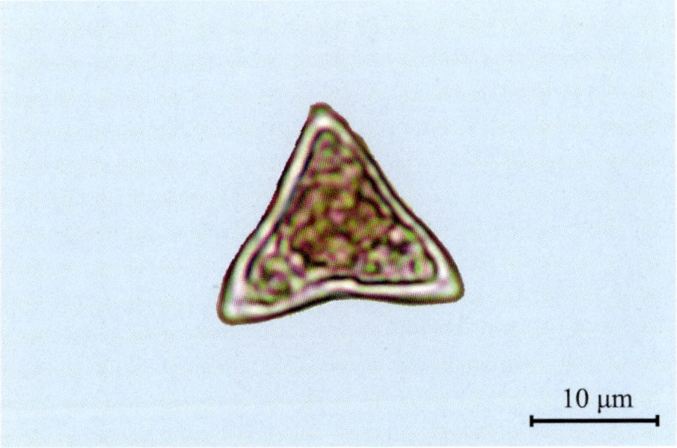

南京市内秦淮河-10 月（鲁哥氏液固定）

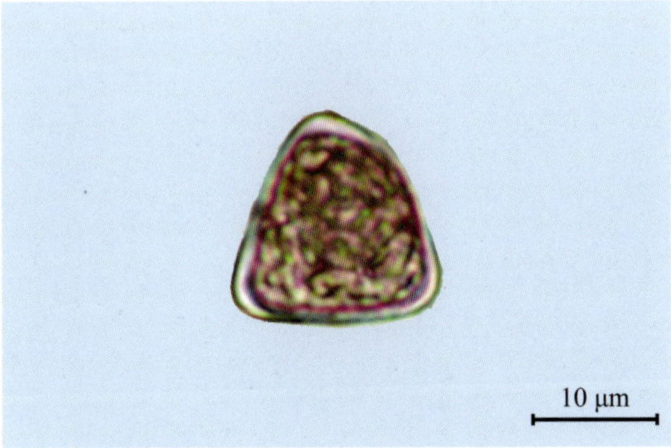

南京市运粮河-10 月（鲁哥氏液固定）

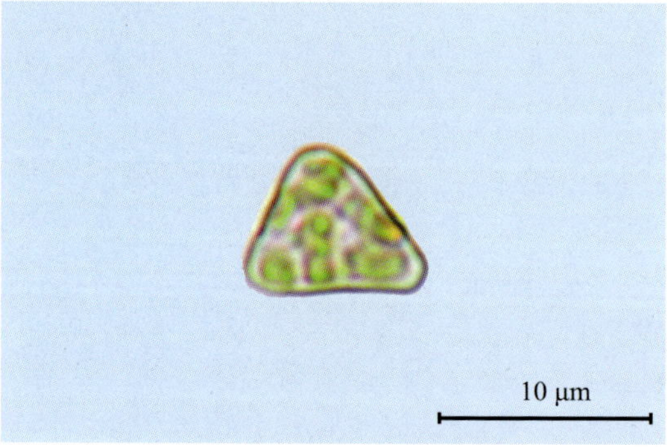

南京市运粮河-9月

形态特征：植物体为单细胞，扁平；细胞宽 12～25 μm，厚 5～9 μm；三角形，侧缘凹入，角宽，末端钝圆，细胞壁平滑。

生态分布：常生长在池塘、湖泊中，为广布种。

小形四角藻

Tetraëdron gracile (Reinsch) Hansgirg，1889；胡鸿钧等：中国淡水藻类，296 页，图版 63：9，1980.

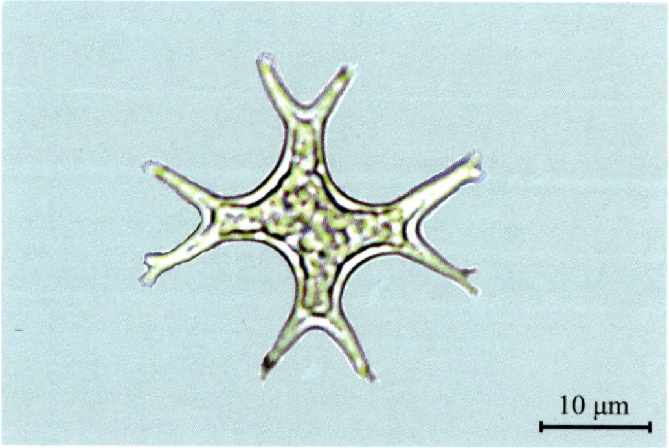

洪泽湖-9月

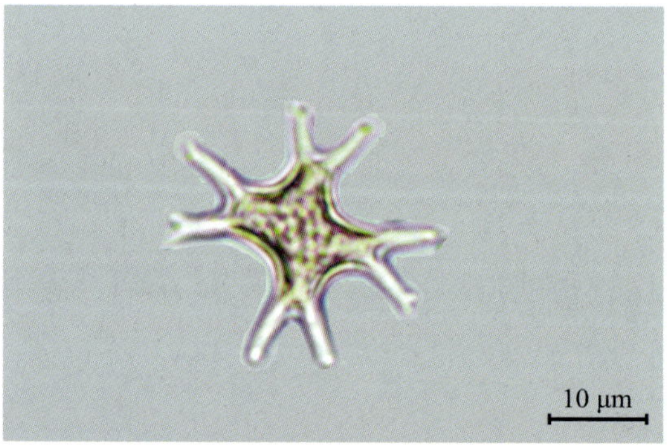

南京市内秦淮河-10月

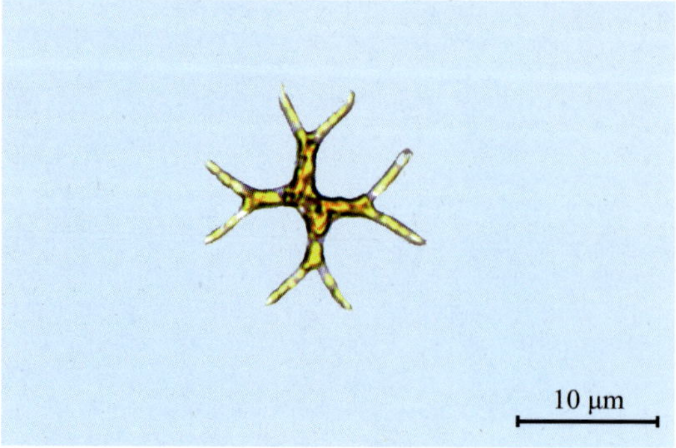

阳澄湖-11月

形态特征：植物体为单细胞，扁平，正面观四角形，细胞缘边及两角中间均深凹入，具

4 个角，角延长成长突起，并二次分叉，第二次分叉的末端具 2～4 个短刺。细胞含刺宽 30～60 μm，不含刺宽 9～30 μm，厚 4 μm。

生态分布：生长在池塘、浅水湖泊中，国内外广泛分布。

四棘藻属 *Treubaria* Bernard 1908

植物体为单细胞，浮游；细胞呈三角锥形、不规则的多角锥形、扁平三角形或四角形，角广圆，角间的细胞壁略凹入，各角的细胞壁凸出为粗长刺；色素体呈杯状，1 个；具 1 个蛋白核，老细胞的色素体常为多个，块状，充满整个细胞，每个色素体具 1 个蛋白核。

粗刺四棘藻

Treubaria crassispina G. M. Smith，1926；胡鸿钧等：中国淡水藻类，303 页，图版 65：1，1980.

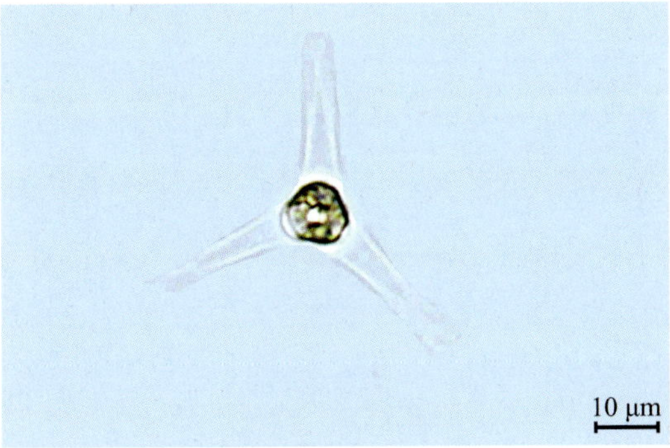

长江南京段-8 月

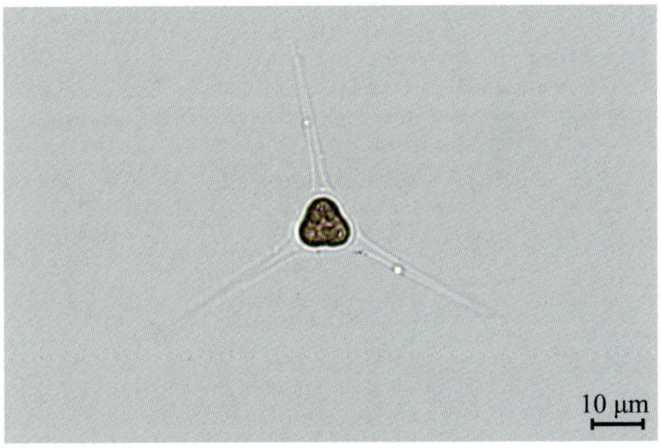

无锡市横山水库-10 月

形态特征：植物体为单细胞，大，呈三角锥形至近三角锥形，具近圆柱形的长粗刺，顶端急尖。细胞不包括刺宽 12～15 μm，刺长 30～60 μm，刺基部宽 4～6 μm。

生态分布：常生长于富营养型的池塘、湖泊中。

卵囊藻科(Oocystaceae)

植物体常为无一定细胞数目的群体，2 个、4 个、8 个、16 个或更多个细胞包被在共同的胶被或残存的母细胞壁内，或为单细胞；细胞呈肾形、纺锤形、圆柱形、椭圆形、卵形、近球形或球形，细胞壁平滑、具花纹或刺，色素体周生，少数轴生，片状、盘状或杯状，1 个或多个，每个色素体具 1 或 2 个蛋白核或无。

肾形藻属 *Nephrocytium* Nägeli 1849

植物体常为由 2 个、4 个、8 个、16 个细胞组成的群体，群体细胞包被在母细胞壁胶化的胶被中，常呈螺旋状排列，浮游；细胞呈肾形、卵形、新月形、半球形、长椭圆形或柱状长圆形等，弯曲或略弯曲，色素体片状、周生，1 个，随细胞的成长而分散充满整个细胞，具 1 个蛋白核，常具多数淀粉颗粒。

肾形藻

Nephrocytium agardhianum Nägeli, 1849; 胡鸿钧等：中国淡水藻类，309 页，图版 65：18，1980.

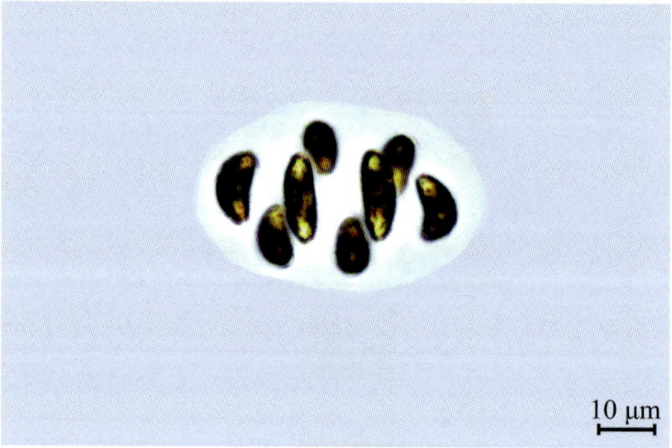

太湖-5 月

形态特征：植物体常为由 2 个、4 个、8 个细胞组成的群体，细胞长 6～28 μm，宽 2～12 μm；细胞呈肾形，一侧略凹入，另一侧略凸出，两端钝圆，色素体片状，1 个，随细胞的成长而分散充满整个细胞，具 1 个蛋白核。

生态分布：生活在各种水体中，多浮游，也有的附着在水生高等植物上。

卵囊藻属 *Oocystis* Nägeli 1855

植物体为单细胞或群体，群体常由 2 个、4 个、8 个、16 个细胞组成，包被在部分胶化膨大的母细胞壁中；细胞呈柱状长圆形、长圆形、纺锤形、卵形、椭圆形等，细胞壁平滑，或在细胞两端具短圆锥状增厚，细胞壁扩大和胶化时，圆锥状增厚不胶化，色素体周生、片状、多角形块状、不规则盘状，1 个或多个，每个色素体具 1 个蛋白核或无。

单生卵囊藻

Oocystis solitaria Wittrock, 1879; Kormárek & Fott. in Hüber-Pestalozii, Phytopl. Süssw. Syst. Biol., 16 (7, 1): 518, pl. 152: 3, 1983.

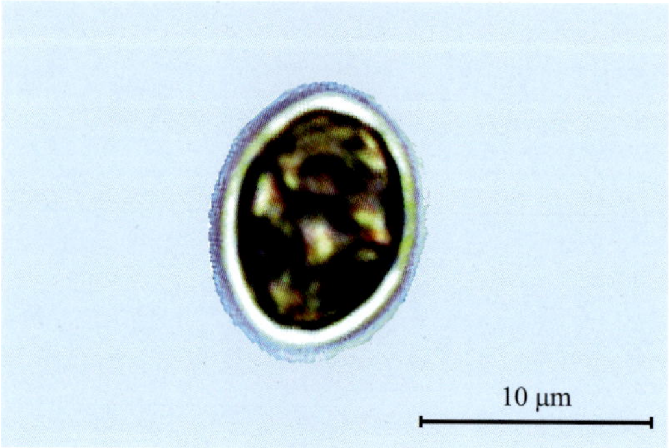

洪泽湖-4 月

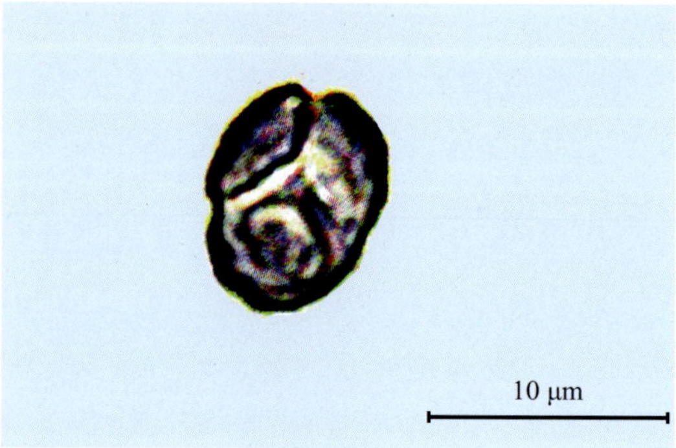

阳澄湖-4 月

形态特征：植物体群体由 2 个、4 个、8 个细胞包被在部分胶化膨大的母细胞壁内组成，或单细胞，浮游；细胞长 7～35 μm，宽 3～20 μm；扩大的母细胞壁长可达 58 μm，宽 40 μm；细胞椭圆形、罕为卵形，两端钝圆，细胞壁厚，细胞两端具明显的短圆锥状增厚。色素体呈多角形块状、不规则盘状，多个，常为 12～25 个，各具 1 个蛋白核。

生态分布：生长于湖泊、池塘、水坑中，常与丝状藻类混生。国内外广泛分布。

波吉卵囊藻

Oocystis borgei Snow，1903；Kormárek & Fott. in Hüber-Pestaloz-zii Phytopl. Süssw. Syst. Biol.，16（7,1）：511，pl. 150：1，1983.

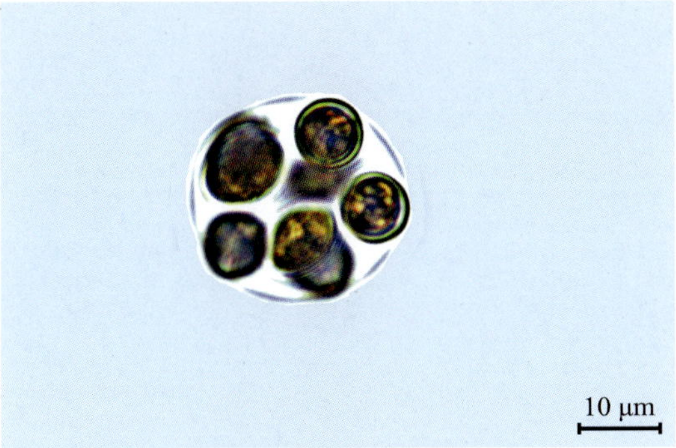

南京市运粮河- 6 月

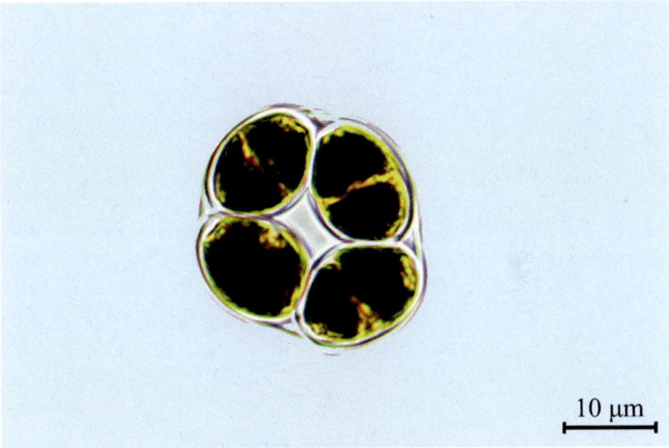

常州市滆湖- 1 月

形态特征：植物体为群体，椭圆形，由 2 个、4 个、8 个细胞包被在部分胶化膨大的母细胞壁内组成，或为单细胞，浮游；细胞长 10～30 μm，宽 9～15 μm；细胞椭圆形或略呈卵形，两端广圆，色素体片状；幼时常为 1 个，成熟后具 2～4 个，各具 1 个蛋白核。

生态分布：生长在有机质含量高的小水体和浅水湖泊中。

卵囊藻属

Oocystis sp.

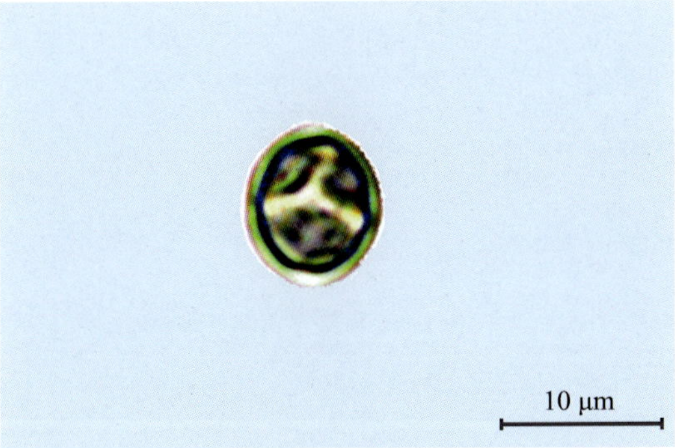

苏州市金鸡湖- 8 月

形态特征：植物体为单细胞或群体，群体常由 2 个、4 个、8 个、16 个细胞组成，包被在部分胶化膨大的母细胞壁中；细胞呈柱状长圆形、长圆形、纺锤形、卵形、椭圆形等，细胞壁平滑，或在细胞两端具短圆锥状增厚，细胞壁扩大和胶化时，圆锥状增厚不胶化，色素体周生，片状、多角形块状、不规则盘状，1 个或多个，每个色素体具 1 个蛋白核或无。

生态分布：淡水种，在有机质丰富的小水体和浅水湖泊中常见，浮游种类。

并联藻属 *Quadrigula* Printz 1915

群体，由 2 个、4 个、8 个或更多个细胞聚集在一个共同的透明胶被内，细胞常 4 个为一组，其长轴与群体长轴互相平行排列，细胞上下互相错开或两端平齐，浮游；细胞呈长椭圆形、近圆柱形、新月形或纺锤形，直或略弯曲，细胞长度为宽度的 5～20 倍，两端略尖细，色素体片状、周生，1 个，位于细胞的一侧或充满整个细胞，具 1 个或 2 个蛋白核或无。

并联藻属

Quadrigula sp.

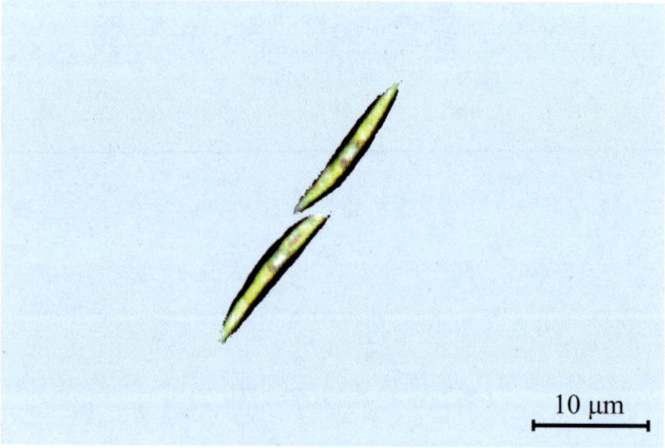

洪泽湖 - 1 月

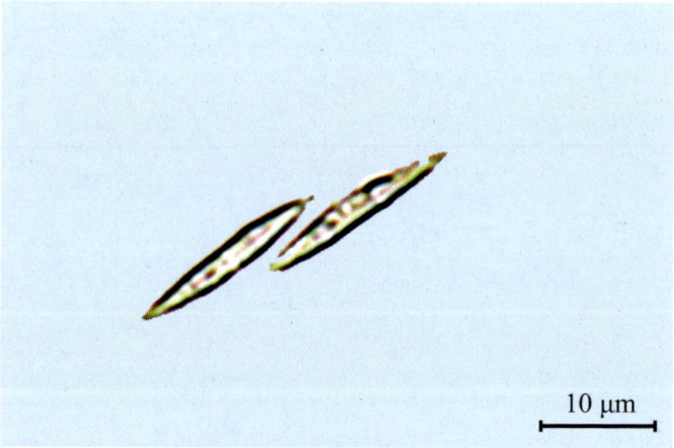

南京市运粮河 - 9 月

形态特征：植物体为群体，由 2 个、4 个、8 个或更多个细胞聚集在一个共同的透明胶被内，细胞常 4 个为一组，其长轴与群体长轴互相平行排列，细胞互相错开或上下两端平齐，浮游；细胞呈长椭圆形、近圆柱形、新月形或纺锤形，直或略弯曲，细胞长度为宽度的 5～20 倍，两端略尖细，色素体片状、周生，1 个，位于细胞的一侧或充满整个细胞，具 1 个或 2 个蛋白核或无。

生态分布：生长于池塘、浅水湖泊中。

网球藻科（Dictyosphaeraceae）

植物体为原始定形群体，由 2 个、4 个、8 个细胞为一组，彼此分离，以母细胞壁分裂为 4 片所形成的胶质丝或胶质膜相连接，包被在透明的群体胶被内，浮游；细胞呈腊肠形、长圆柱形、肾形、卵形、椭圆形、球形等，色素体片状、杯状，周生，1 个，蛋白核 1 个。

网球藻属 *Dictyosphaerium* Nägeli 1849

植物体为原始定形群体，由 2 个、4 个、8 个细胞组成，常为 4 个，有时 2 个为一组，彼此分离的、以母细胞壁分裂所形成的二分叉或四分叉胶质膜相连接，包被在透明的群体胶被内，浮游；细胞呈球形、卵形、椭圆形或肾形，色素体周生、杯状，1 个，具 1 个蛋白核。

网球藻

Dictyosphaerium ehrenbergianum Nägeli，1849；Kormárek & Fott，in Hüber Pestaloszi：Phytopl，Süssw. Syst. Biol.，16(7，1)：356，pl. 107：3，1983.

南京市运粮河-8 月

形态特征：植物体为原始定形群体，由 2 个、4 个、8 个细胞组成，常为 4 个，有时 2 个为一组，彼此分离的、以母细胞壁分裂所形成的二分叉或四分叉胶质膜相连接，包被在透明的群体胶被内，浮游；细胞呈球形、卵形、椭圆形或肾形，色素体周生、杯状，1 个，具 1 个蛋白核。细胞长 4～10 μm，宽 3～7 μm。

生态分布：生活在各种静水水体中的浮游藻类。

美丽网球藻

Dictyosphaerium pulchellum Wood，1872；Kormárek & Fott. in Hüber-Pestalozzi：Phytopl. Süssw. Syst. Biol.，16 (7，1)：354，pl. 105：2，1983.

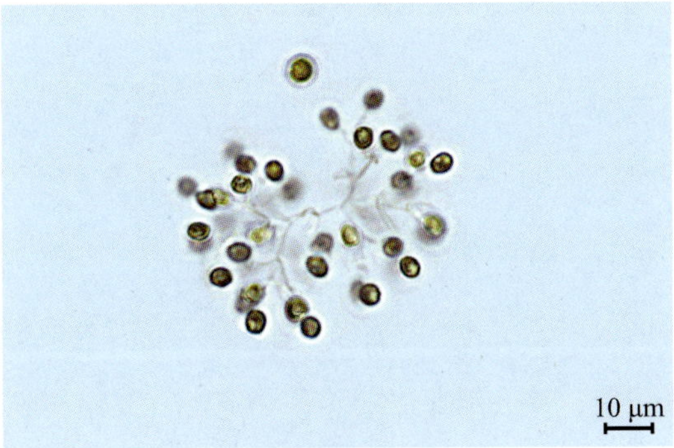

长江南京段-8 月

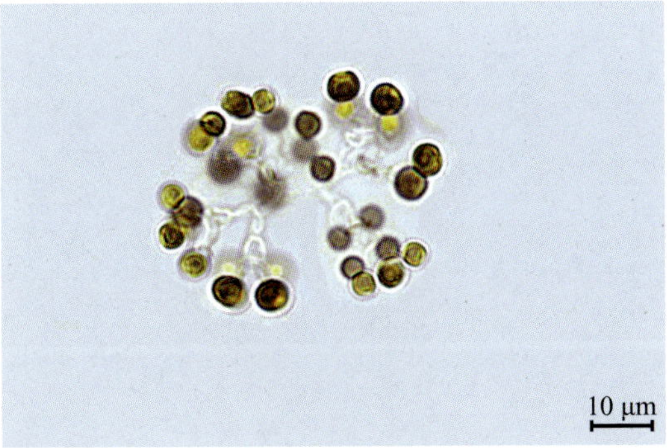

长江南京段-12 月

形态特征：植物体为原始定形群体；广椭圆形或球形，多为 8 个、16 个或 32 个细胞包被在共同的透明胶被中；细胞直径为 3～10 μm；细胞球形；色素体杯状，1 个；具 1 个蛋白核。

生态分布：生长在湖泊、池塘、沼泽中，为广布种。

水网藻科(Hydrodictyaceae)

植物体为真性定形群体，囊状，大型，由几十个到数百个细胞以其两端的细胞壁彼此连接形成；细胞呈圆柱形至宽卵形；色素体片状、周生，具 1 个蛋白核、1 个细胞核，长成后色素体为网状，具多个蛋白核、多个细胞核。

水网藻属 *Hydrodictyon* Roth 1800

植物体为真性定形群体，囊状，大型，由圆柱形到宽卵形的细胞彼此以其两端的细胞壁连接组成囊状的网，网眼多为五边形到六边形。幼时色素体片状，具 1 个蛋白核，1 个细胞核，长成后色素体为网状，具多个蛋白核，多个细胞核。

水网藻

Hydrodictyon reticulatum (Linn.) Lagerheim，1883；胡鸿钧等：中国淡水藻类，314 页，图版 70：8，1980.

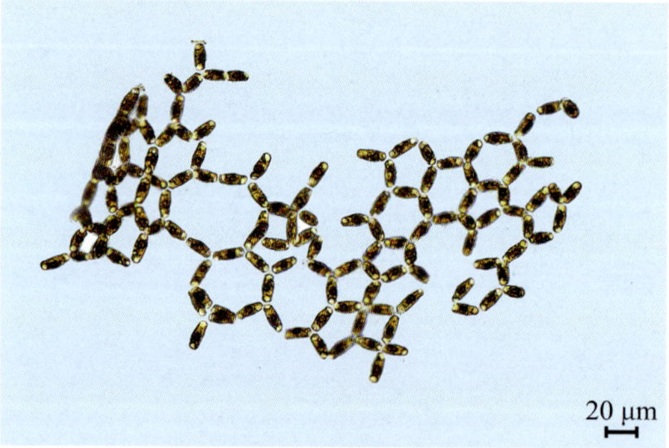

南京市运粮河- 3 月

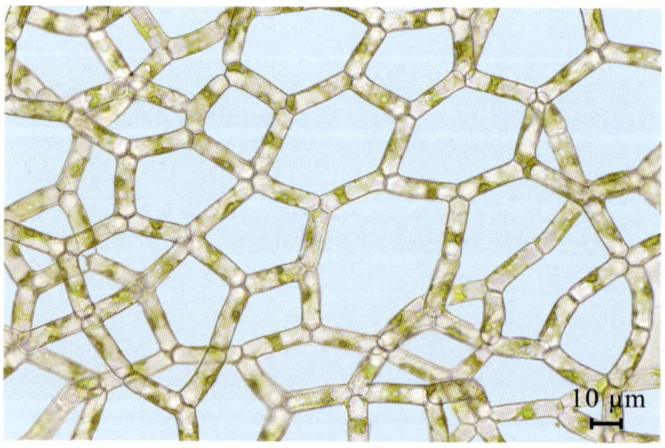

南京市运粮河- 10 月

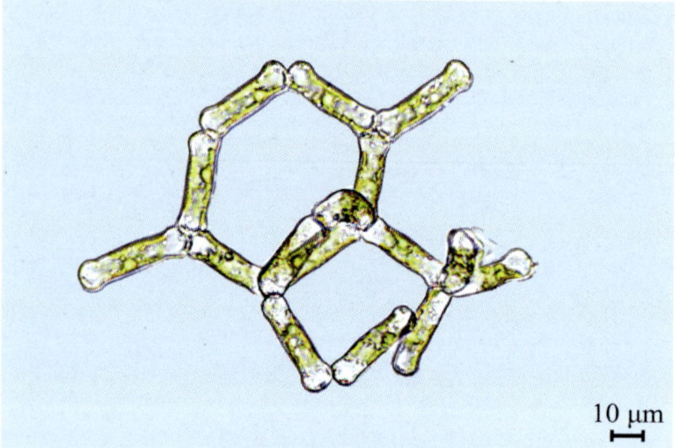

常州市长荡湖- 5 月

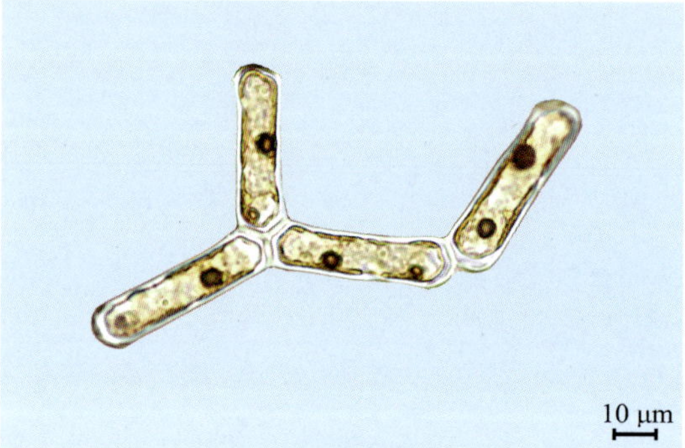

南京市运粮河- 3 月

形态特征： 植物体常由数百至数千个圆柱状细胞两端相连接，形成长可达 2 m，整体为封闭囊状的网状真集合体；细胞直径可达 250 μm，长可达 1.5 cm；幼时色素体片状，仅具 1 个蛋白核和 1 个细胞核，成熟细胞色素体网状，具多个均匀分布的细胞核和蛋白核。

生态分布： 生长范围很广，常生长在小水洼、沟渠、池塘、湖湾、稻田等各种静止水体中，硬水中更为常见。在有机质高的鱼池中繁殖很快，数量多时，对鱼苗造成危害。

盘星藻科（Pediastraceae）

植物体为真性定形群体，由 2 个、4 个、8 个、16 个、32 个、64 个、128 个细胞的细胞壁，彼此连接形成一层细胞厚的星状、扁平盘状群体；细胞呈三角形、多角形、梯形等，细胞壁平滑或具颗粒、细网纹，色素体片状、周生、圆盘状，1 个，具 1 个蛋白核，随细胞成长而扩散，具 1 个或多个蛋白核，成熟细胞具 1 个、2 个、4 个或 8 个细胞核。

盘星藻属 *Pediastrum* Meyen 1829

植物体为真性定形群体，由 2 个、4 个、8 个、16 个、32 个、64 个、128 个细胞，排列成为一层细胞厚的扁平星状、盘状群体，群体无穿孔或具穿孔，浮游；群体缘边细胞常具 1 个、2 个、4 个突起，有时突起上具长的胶质毛丛，群体缘边内的细胞多角形，细胞壁平滑、具颗粒、细网纹，幼细胞的色素体周生、圆盘状，1 个，具 1 个蛋白核，随细胞的成长色素体分散，具 1 个到多个蛋白核，成熟细胞具 1 个、2 个、4 个或 8 个细胞核。

单角盘星藻原变种

Pediastrum simplex Meyen, 1829; 胡鸿钧等：中国淡水藻类，315 页，图版 67：7，1980.

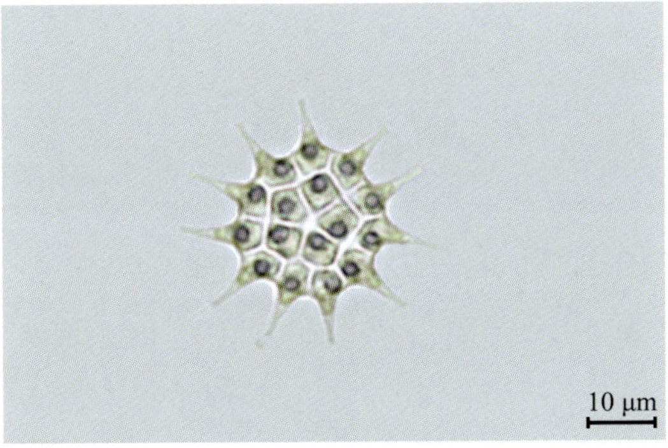

南京市内秦淮河-6 月

形态特征： 植物体为真性定形群体，由 8 个、16 个、32 个或 64 个细胞组成，群体细胞间无穿孔；细胞（不包括角状突起）长 12～18 μm，宽 12～18 μm；群体缘边细胞常为五边形，其外壁具 1 个圆锥形的角状突起，突起两侧凹入，群体内层细胞呈五边形或六边形，细胞壁常具颗粒。

生态分布：生长于湖泊、水库、池塘中。嘉陵江流域（重庆段）、辽河流域、山东半岛流域（崂山水库）、丹江口水库、苏州各湖泊、珠江流域（广州段）、汀江流域、闽东南诸河流域、福建闽江流域。

单角盘星藻具孔变种

Pediastrum simplex var. *duodenarium* (Bail.) Rabenhorst，1868；胡鸿钧等：中国淡水藻类，315 页，图版 67：10，1980.

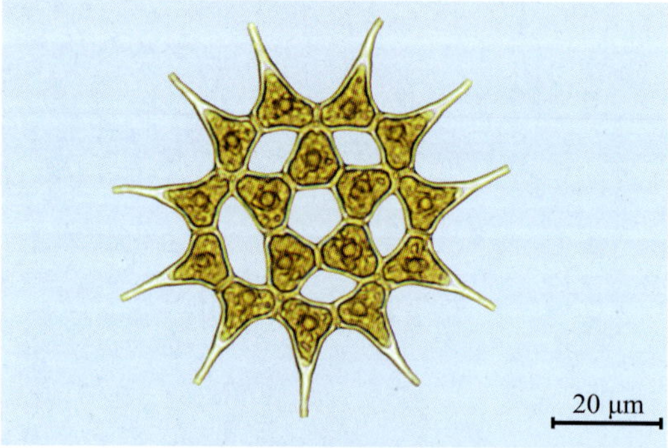

南京市运粮河- 7 月

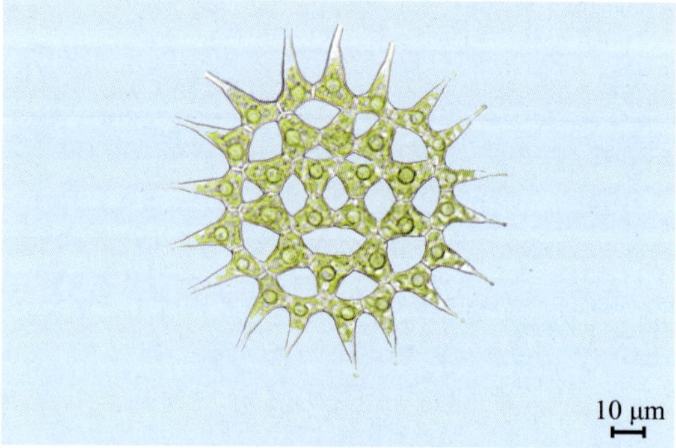

南京市运粮河- 6 月

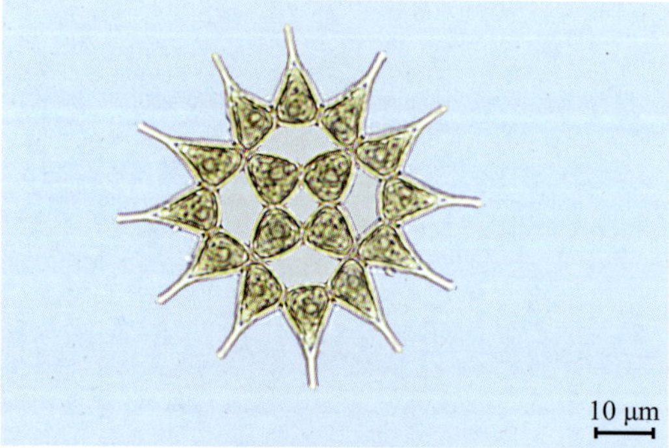

南京市运粮河- 3 月

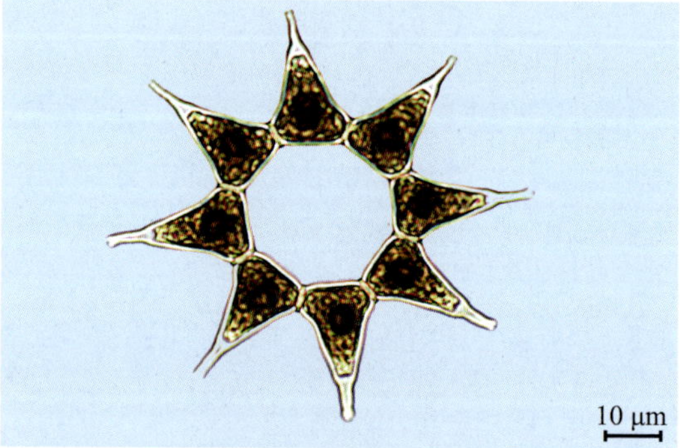

无锡市横山水库- 3 月

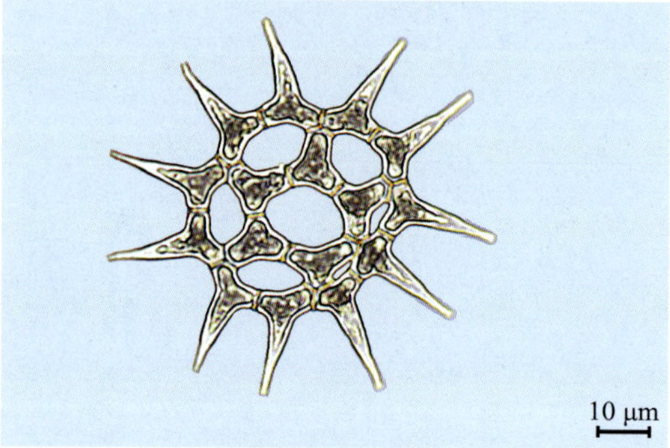

南京市玄武湖- 8 月

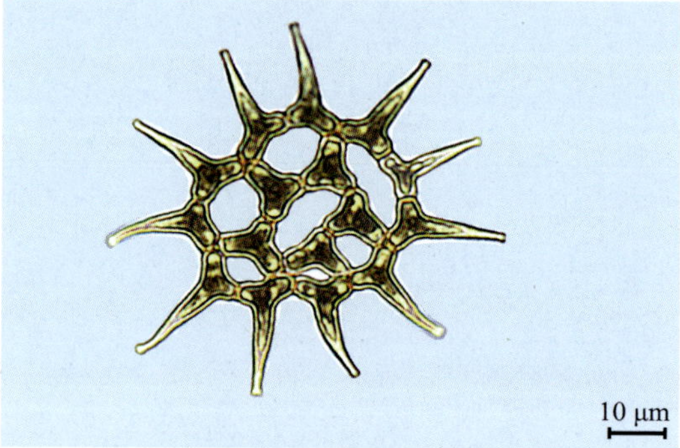

南京市内秦淮河- 10 月

形态特征：植物体为真性定形群体，由 16 个、32 个或 64 个细胞组成，群体细胞间具穿孔；细胞长 27～28 μm，宽 11～15 μm；群体缘边细胞常为五边形，其外壁具 1 个圆锥形的角状突起，突起两侧凹入；此变种与原变种的不同为真性定形群体细胞间具穿孔；群体缘边细胞内的细胞为三角形，细胞壁常具颗粒。

生态分布：生长于湖泊、水库、池塘中。

单角盘星藻粒刺变种

Pediastrum simplex var. *echinulatum* 王业耀等：中国流域常见水生生物图集，387 页.

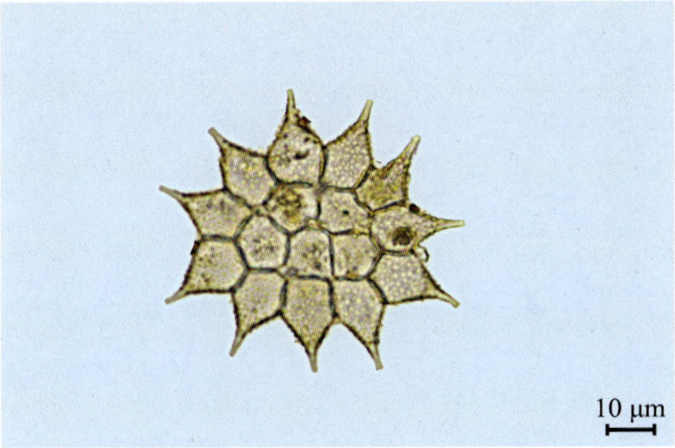

宿迁市骆马湖-12 月（鲁哥氏液固定）

形态特征：本变种以细胞壁密被颗粒状小刺而不同。细胞长 15～30 μm，宽 6～15 μm。

生态分布：生长于稻田、池塘、水坑、湖泊中。珠江流域（广州段）、苏州各湖泊、山东半岛流域（崂山水库）。

短棘盘星藻

Pediastrum boryanum（Trup.）Meneghini，1840；Kormárek and Fott. in Hüber-Pestalozzi，Phytopl. Süssw. Syst. Biol.，16(7，1)：296，pl. 87：1，1983.

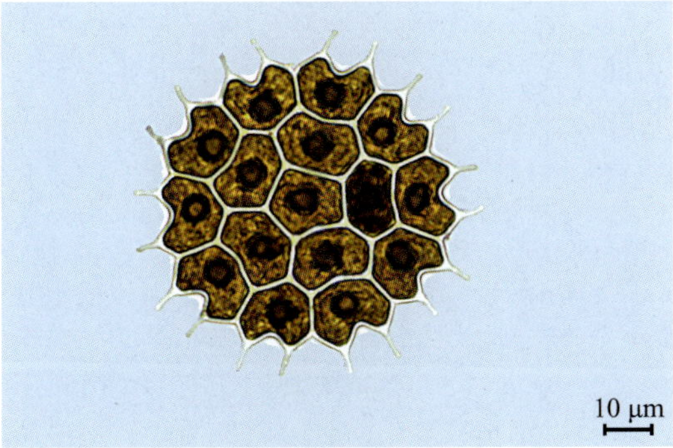

长江南京段-9 月

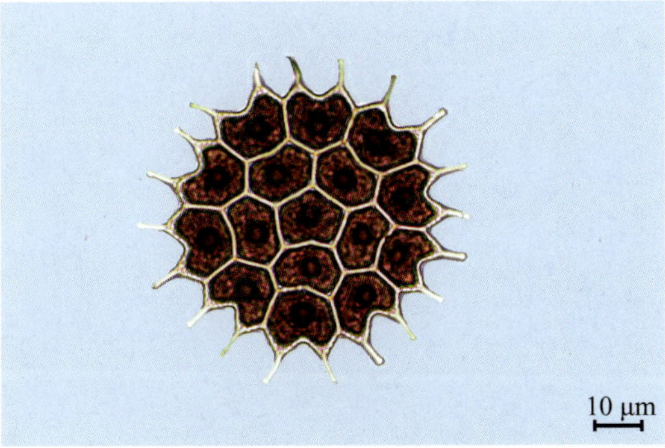

长江南京段-8 月（鲁哥氏液固定）

形态特征：植物体为真性定形群体，由 4 个、8 个、16 个、32 个或 64 个细胞组成，群体无穿孔；细胞长 15～21 μm，宽 10～14 μm；群体细胞五边形或六边形，缘边细胞外壁具 2 个钝的角状突起，以细胞侧壁和基部与邻近细胞连接，细胞壁具颗粒。

生态分布：生长于池塘、湖泊中，国内外广泛分布。

二角盘星藻

Pediastrum duplex Meyen，1829；胡鸿钧等：中国淡水藻类，315 页，图版 67：11，1980.

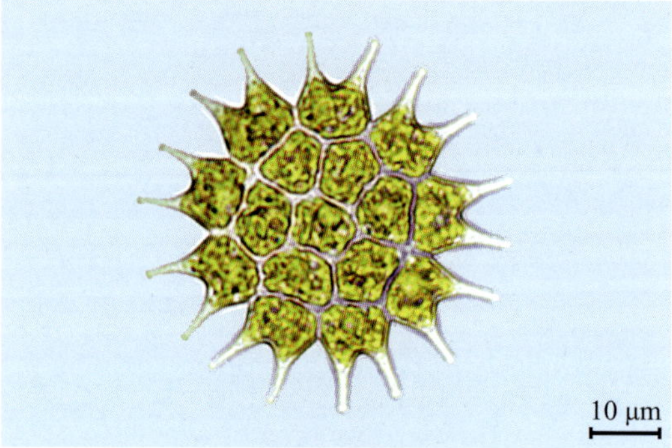

常州市长荡湖－3 月

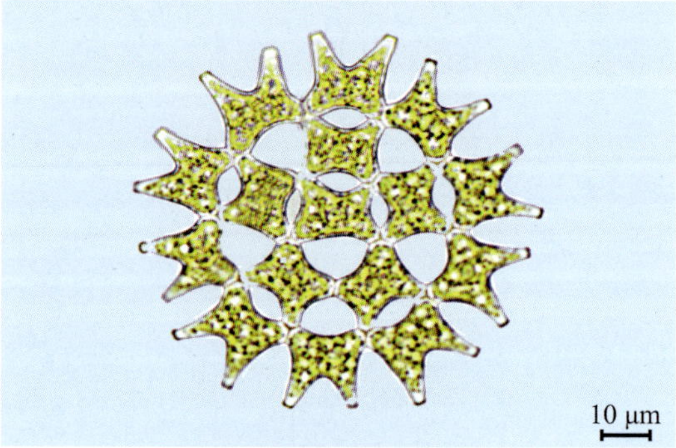

常州市长荡湖－4 月

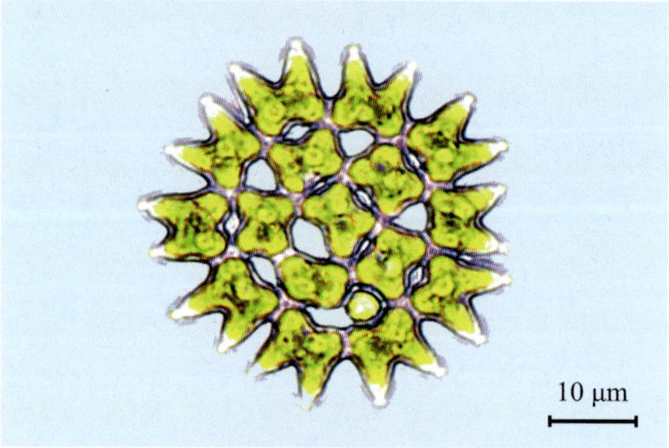

南京市运粮河－6 月

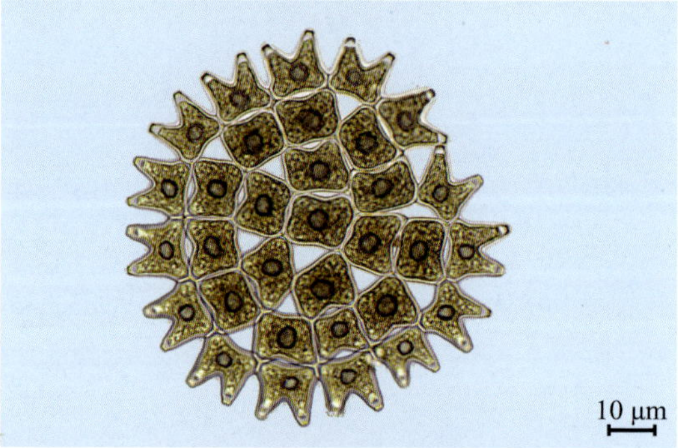

洪泽湖－12 月

形态特征：植物体为集结体，由 8 个、16 个、32 个或 64 个细胞组成，具小的透镜状穿孔；16 个细胞的集结体直径为 65～85 μm；外层细胞长 10～20 μm（其中角突长 4～6.5 μm），宽 10～18 μm；内层细胞长 10～14 μm，宽 10～20 μm；外层细胞近四方形或多边形，具 2 个顶端钝圆或平截的角突，细胞间以其基部相连接；内层细胞近四方形或多边形，细胞壁光滑，各边均内凹。

生态分布：生长于湖泊、水库、池塘中。

二角盘星藻纤细变种

Pediastrum duplex var. *gracillimum* West & West，1895；胡鸿钧等：中国淡水藻类，315 页，图版 67：1，1980.

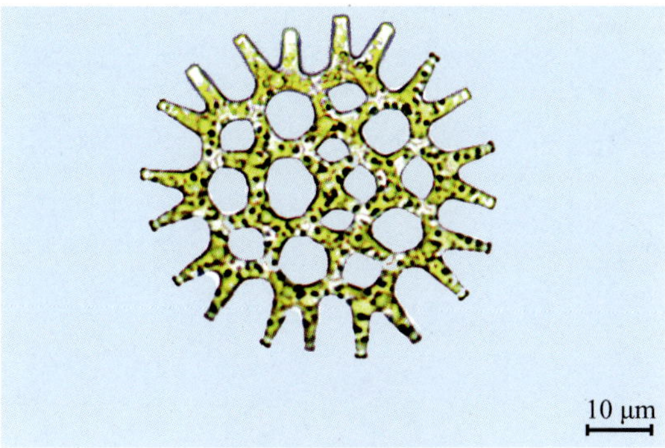

常州市长荡湖-3 月

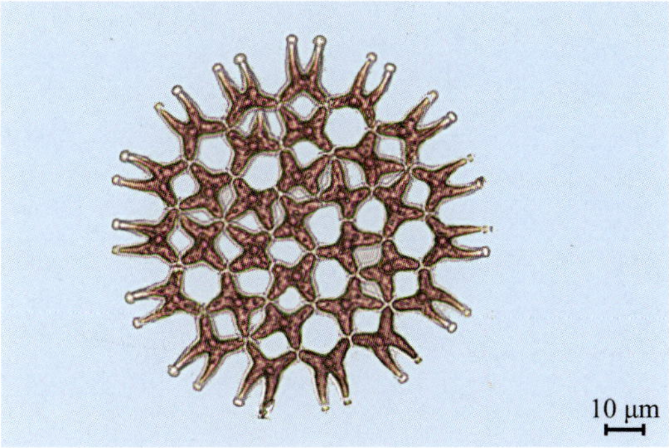

南京市运粮河-11 月(鲁哥氏液固定)

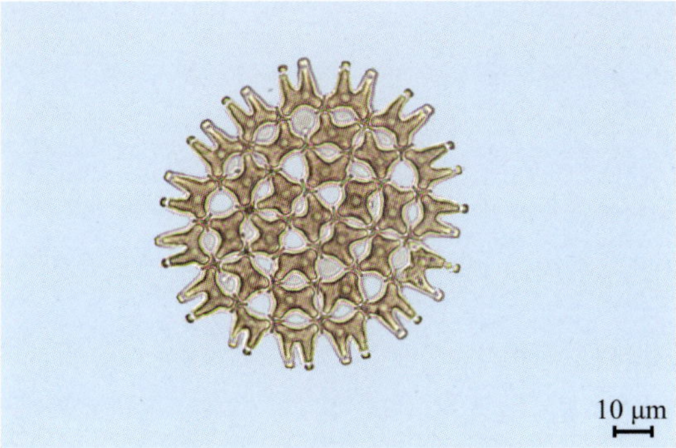

洪泽湖-11 月(鲁哥氏液固定)

形态特征：本变种细胞狭长，细胞宽度和角突的宽度约相等，内外层细胞同形。细胞长 12～32 μm，宽 10～22 μm。

生态分布：生长于湖泊、水库、池塘等，国内外广泛分布。

二角盘星藻网状变种

Pediastrum duplex var. *reticulatum* Lagerheim，1882；刘国祥和胡征宇，2012，p. 14，pl. Ⅶ，Fig. 7.

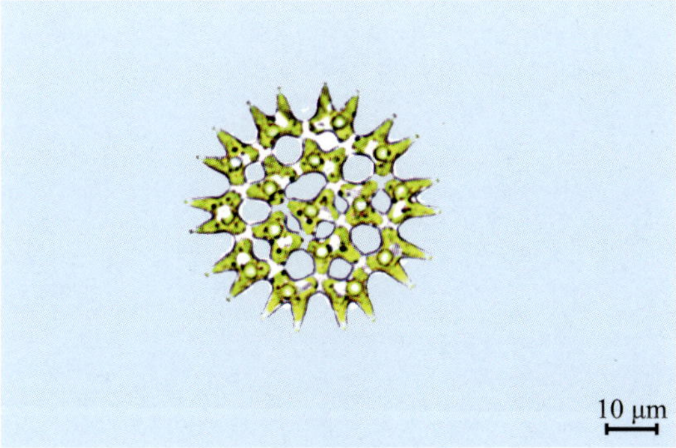

南京市运粮河-2 月

形态特征：本变种具大型穿孔，外层细胞具两个长而近平行的角突，角突中部膨大，尖端变细，顶端平截面。

生态分布：生长于湖泊、河流等中。

四角盘星藻

Pediastrum tetras (Ehr.) Ralfs，1844；胡鸿钧等：中国淡水藻类，317 页，图版 67：3，1980.

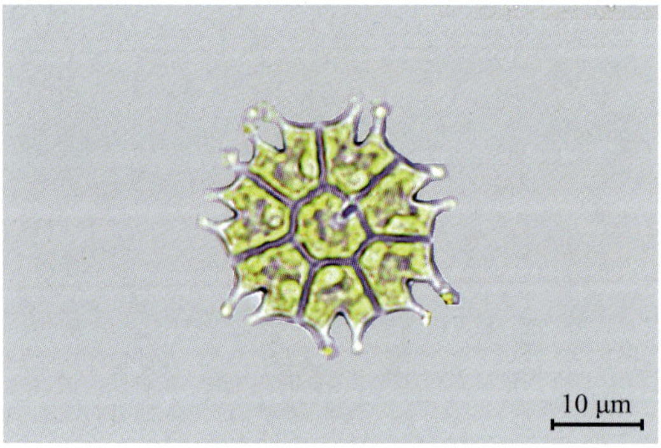

南京市运粮河-9 月

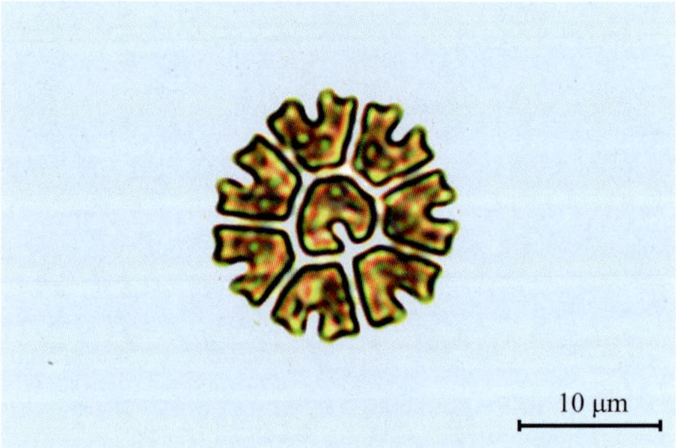

南京市内秦淮河-4 月(鲁哥氏液固定)

形态特征：植物体为真性定形群体，由 4 个、8 个、16 个、32 个细胞（常为 8 个）组成，群体细胞间无穿孔；细胞长 8～16 μm，宽 8～16 μm；群体缘边细胞的外壁具一线形至楔形的深缺刻而分成 2 个裂片，裂片外侧浅或深凹入，群体内层细胞呈五边形或六边形，具一深的线形缺刻，细胞壁平滑。

生态分布：生长于湖泊、水库、池塘中。

栅藻科(Scenedesmaceae)

植物体为真性定形群体，由 2 个、4 个、8 个、16 个、32 个、64 个、128 个细胞（常为 8 个）组成，群体细胞彼此以其细胞壁或以细胞壁上的突起连接，形成一定形状的群体，细胞排列在一个平面上呈四角状或栅状排列，或细胞不排列在一个平面上，呈组列或辐射状或形成多孔的、中空的球体至多角形体；细胞呈截顶的角锥形、圆锥形、长圆形、纺锤形、四角形、三角形、球形等；细胞壁平滑，具颗粒、刺、齿或隆起线；色素体片状、周生，杯状，1 个，有的长成后扩散，几乎充满整个细胞；具 1～2 个蛋白核。

集星藻属 *Actinastrum* Lagerheim 1882

植物体为真性定形群体，无群体胶被，群体细胞以一端在群体中心彼此连接，以细胞长轴从群体中心向外呈放射状排列，浮游；细胞呈长圆柱形、长纺锤形，两端逐渐尖细或略狭窄，或一端平截、另一端逐渐尖细或略狭窄；色素体长片状、周生，1 个；具 1 个蛋白核。

集星藻

Actinastrum hantzschii Lagerheim，Öfv. Kongl. Sv. Vet. -Akad. Förhandl.，39(2)：70，pl. Ⅲ，Figs. 25-26，1882.

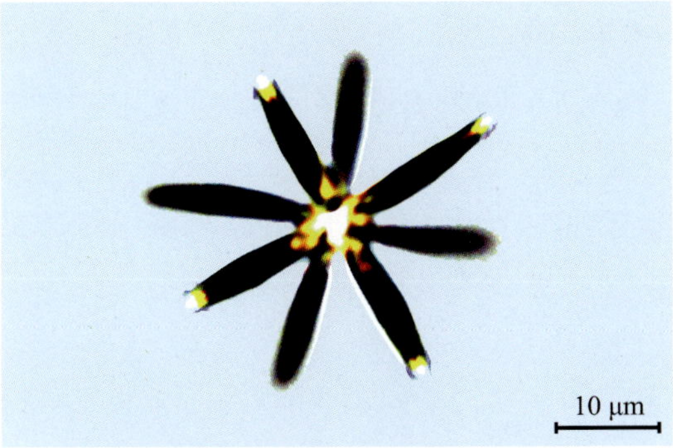

南京市运粮河-9月(鲁哥氏液固定)

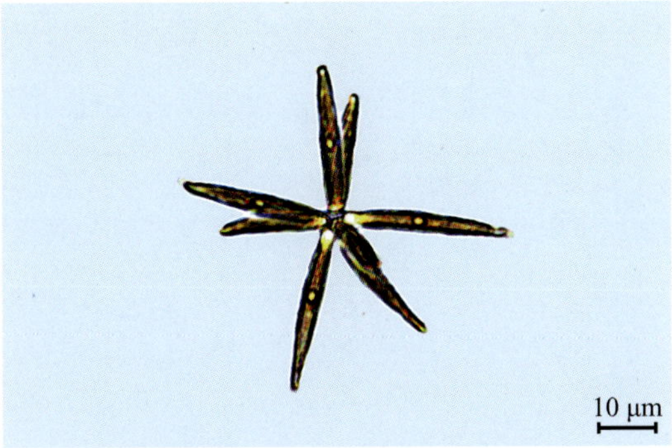

宿迁市骆马湖-8月(鲁哥氏液固定)

形态特征：植物体为真性定形群体，由4个、8个、16个细胞组成，群体细胞以一端在群体中心彼此连接，以细胞长轴从群体中心向外呈放射状排列；细胞长12～22 μm，宽3～6 μm；细胞呈纺锤形、长圆柱状，两端略狭和呈截圆形，色素体长片状、周生，1个；具1个蛋白核。

生态分布：生长在湖泊、池塘中。

四链藻属 *Tetradesmus* Smith 1913

植物体为真性集结体，由4个细胞组成，顶面观呈十字排列，细胞依其纵轴平行排列成两行，以内侧壁的大部分或仅中部与集结体中心相连接。细胞呈柱状长圆形、新月形或纺锤形，细胞外侧游离面平直、凸出或凹入。色素体周生、片状，具1个蛋白核。

威斯康星四链藻

Tetradesmus wisconsinensis Smith, 1913; 刘国祥和胡征宇, 2012, p. 33, pl. XIX, Fig. 3.

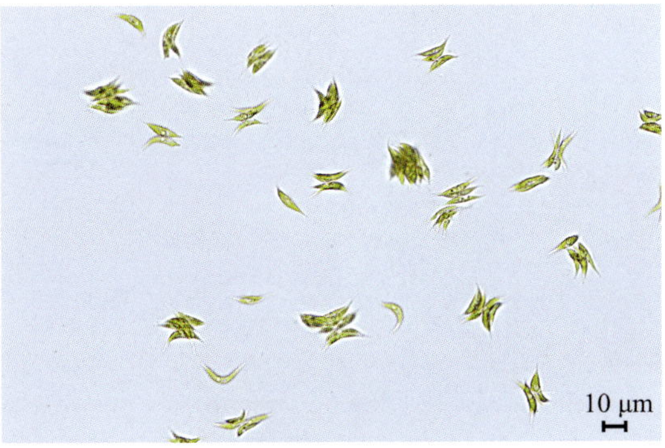

南京市运粮河-3月

形态特征：植物体细胞呈纺锤形、弓形或弯曲新月形，罕有直的。细胞长20～25 μm，宽4～6 μm。

生态分布：暂无。

空星藻属 *Coelastrum* Nägeli 1849

植物体为真性定形群体，由 4 个、8 个、16 个、32 个、64 个、128 个细胞组成多孔且中空的球形至多角形体，群体细胞以细胞壁或细胞壁上的突起连接；细胞呈球形、圆锥形、截顶的角锥形、近六角形；细胞壁平滑、具管状突起或部分增厚；色素体周生，幼时杯状，具 1 个蛋白核，成熟后扩散，几乎充满整个细胞。

空星藻

Coelastrum sphaericum Nägeli, 1849；胡鸿钧等：中国淡水藻类，328 页，图版 70：7，1980.

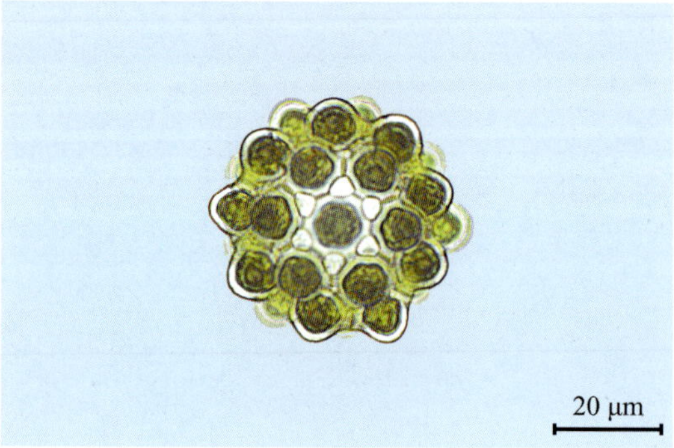

洪泽湖-1 月

形态特征：植物体为真性定形群体，由 4 个、8 个、16 个、32 个、64 个细胞组成，相邻细胞间以其基部侧壁互相连接，群体中心的空隙等于或略小于细胞的宽度；细胞包括鞘宽 10～18 μm，不包括鞘宽 8～13 μm；细胞圆锥形，以狭窄的圆锥端向外，无明显的细胞壁凸起。

生态分布：生长于各种静水水体。

小空星藻

Coelastrum microporum Nägeli, in Braun, Alg. unicell., p. 70, 1855；胡鸿钧等：中国淡水藻类，328 页，图版 70：6，1980.

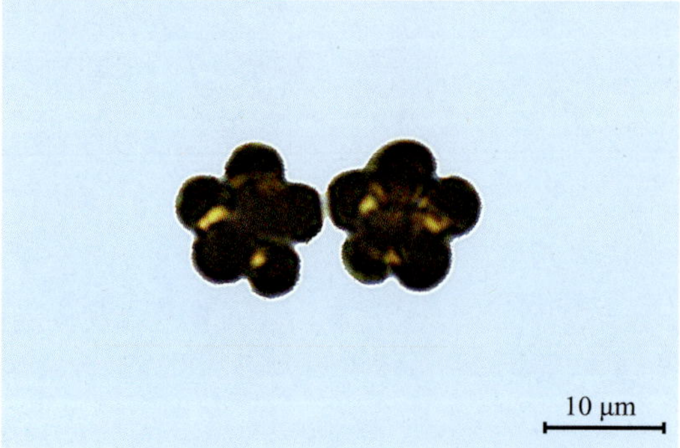

南京市运粮河-9 月(鲁哥氏液固定)

形态特征：植物体为真性定形群体，卵形至球形，由 8 个、16 个、32 个、64 个细胞组成，相邻细胞间以细胞基部互相连接，细胞间隙呈三角形和小于细胞直径；细胞包括鞘宽 10～18 μm，不包括鞘宽 8～13 μm；群体细胞球形，有时为卵形，细胞外具一层薄的胶鞘。

生态分布：生长于各种静水水体。

网状空星藻

Coelastrum reticulatum（Dang.）Senn，1899；胡鸿钧等：中国淡水藻类，328 页，图版 70：5，1980.

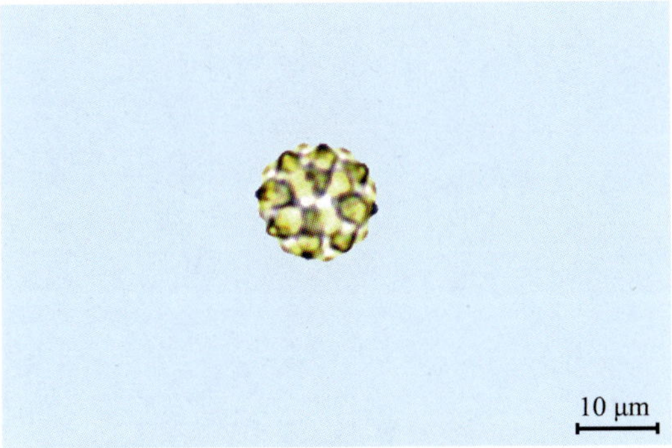

宿迁市骆马湖-10 月（鲁哥氏液固定）

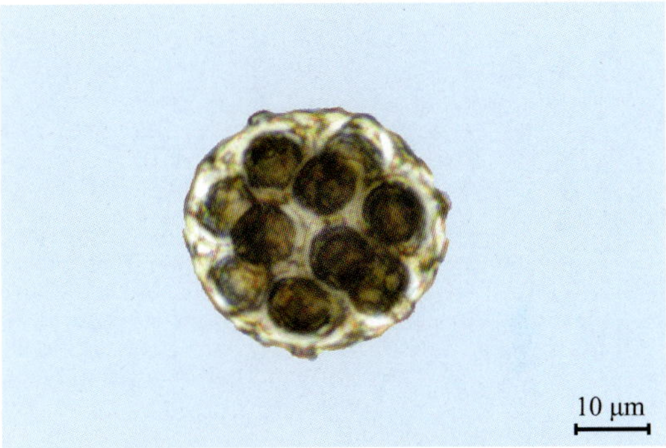

南京市运粮河-2 月（鲁哥氏液固定）

形态特征：植物体为真性定形群体，球形，由 8 个、16 个、32 个、64 个细胞组成，相邻细胞间以 5～9 个细胞壁的长突起互相连接，细胞间隙大，常为不规则的复合群体；细胞包括鞘直径为 5～24 μm，不包括鞘宽 4～23 μm；细胞球形，具一层薄的胶鞘，并具 6～9 条细长的细胞壁突起。

生态分布：生长于池塘、水库、湖泊中，国内外广泛分布。

星状空星藻

Coelastrum astroideum Notaris. 1867；刘国祥和胡征，2012，p. 22，pl. Ⅻ，Figs. 2-5.

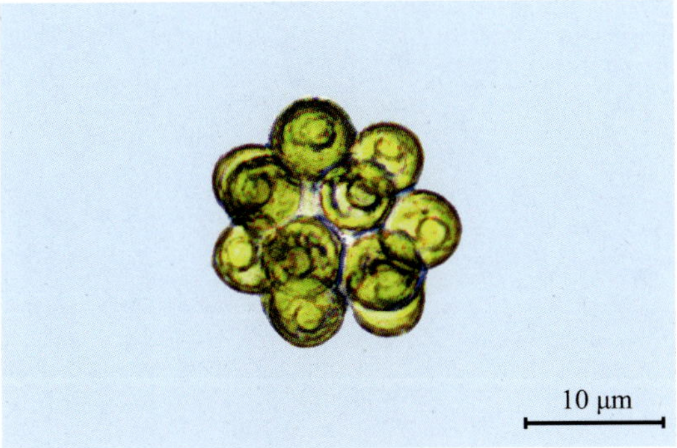

南京市运粮河-2 月

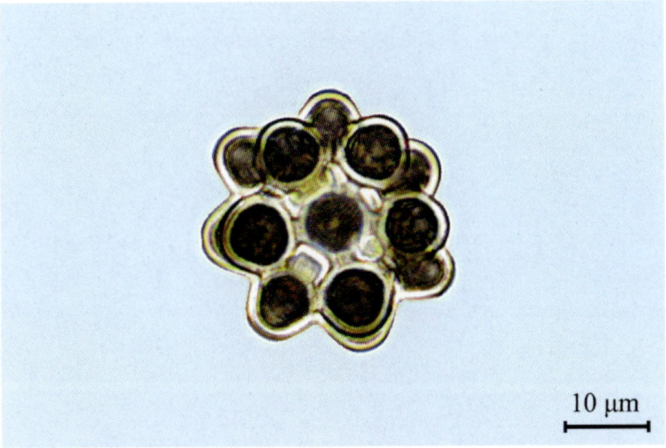

南京市运粮河-2 月（鲁哥氏液固定）

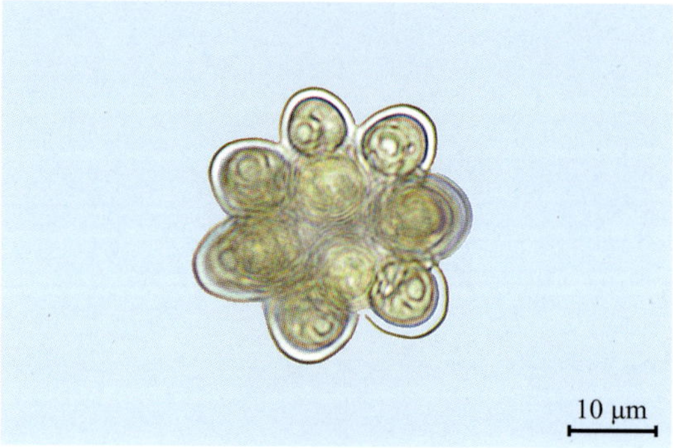

南京市玄武湖-7月

形态特征：植物体为集结体，球形，由8、16、32或64个细胞组成，中空，中部空隙大，顶面观四边形或五边形，细胞呈卵形至三角形，侧面观基部钝圆，细胞壁平滑，常在游离一侧的顶端增厚；相邻细胞以基部相互连接，但无明显的连接带，色素体单一，周生、片状，具1个蛋白核。细胞基部直径3～10 μm，长5～15 μm。

生态分布：生长于湖泊、水库、池塘中，国内外广泛分布。

十字藻属 *Crucigenia* Morren 1830

植物体为真性定形群体，由4个细胞组成，呈长方形、方形、卵形或椭圆形，群体中央常具或大或小的方形空隙，常具不明显的群体胶被，子群体常由胶被粘连在一个平面上，形成板状的复合真性定形群体；细胞呈三角形、椭圆形、半圆形或梯形；色素体片状、周生，1个；具1个蛋白核。

顶锥十字藻

Crucigenia apiculata （Lemm.） Schmidle，1901；胡鸿钧等：中国淡水藻类，324页，图版67：14-15，1980.

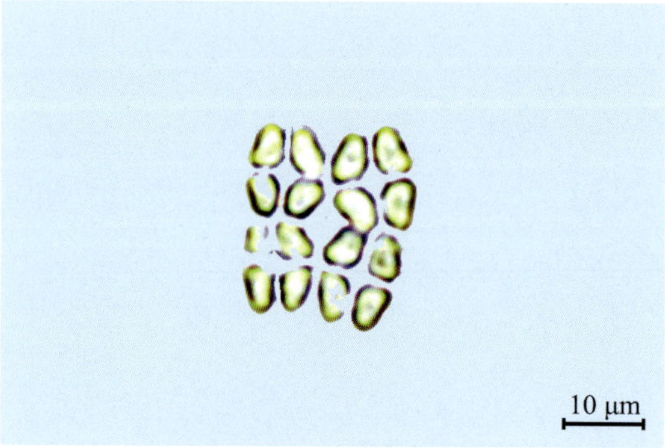

常州市滆湖-5月

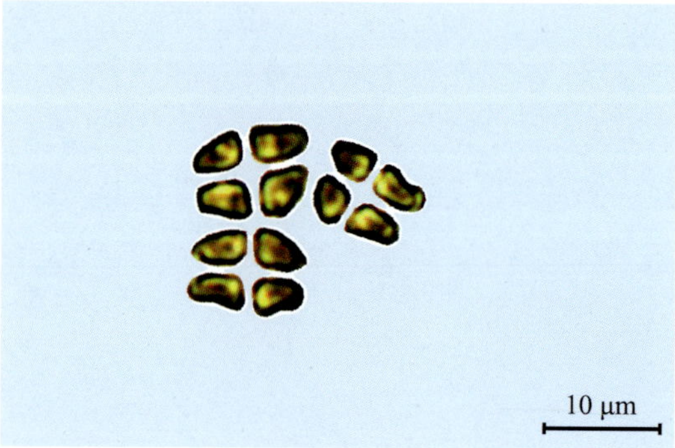

太湖-1月

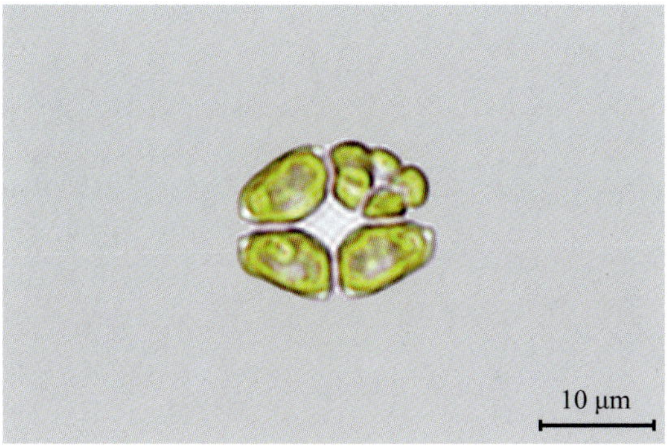

南京市运粮河-10月

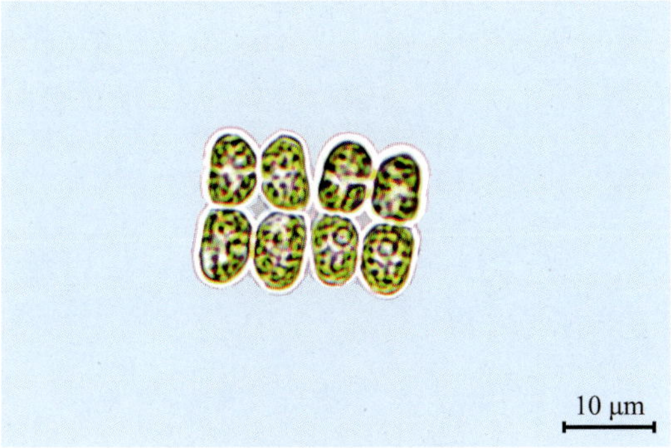

南京市运粮河-9月

形态特征：植物体为真性定形群体，由4个细胞组成，排成卵形或椭圆形，其中心具方形的空隙；细胞长5～10 μm，宽3～7 μm；细胞卵形，外壁游离面的两端各具一锥形突起。

生态分布：生长于湖泊、池塘、沟渠中，普遍分布。

华美十字藻

Crucigenia lauterbornii Schmidle，1901；胡鸿钧等：中国淡水藻类，324页，图版67：16，1980.

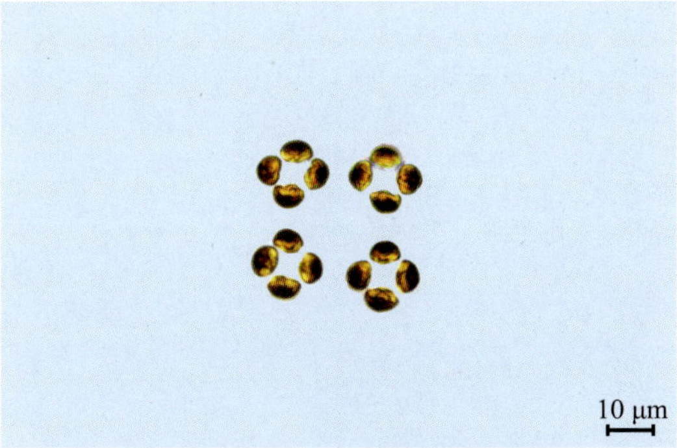

宿迁市骆马湖-11月（鲁哥氏液固定）

形态特征：植物体为真性定形群体，由4个细胞组成，仅以顶端部分细胞壁连接形成近圆形的群体，其中心具方形的空隙，子群体常由母细胞壁或胶被包被形成16个细胞的复合群体；细胞长8～15 μm，宽5～9 μm；细胞群体；细胞近半球形，色素体位于细胞外侧凸出面，片状，具1个蛋白核。

生态分布：生长于湖泊、池塘、沟渠中。

四角十字藻

Crucigenia quadrata Morren，1830；胡鸿钧等：中国淡水藻类，324页，图版67：13，1980.

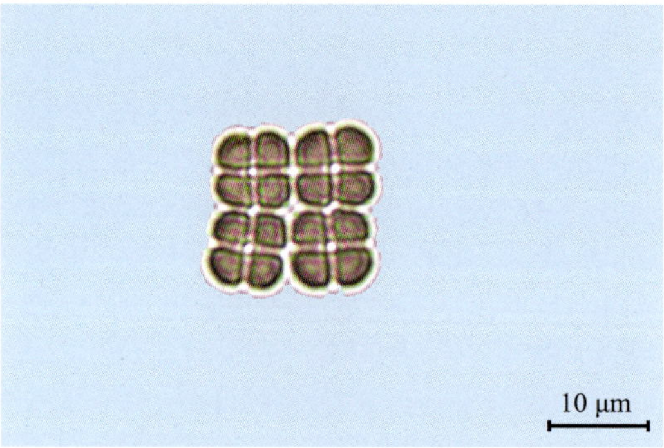

洪泽湖-11月(鲁哥氏液固定)

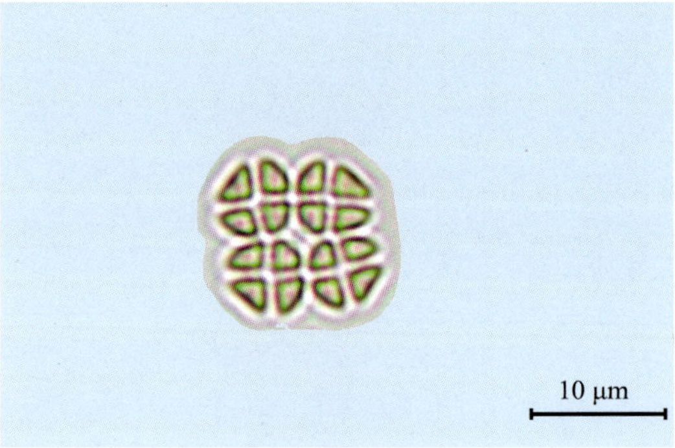

南京市运粮河-10月

洪泽湖-5月

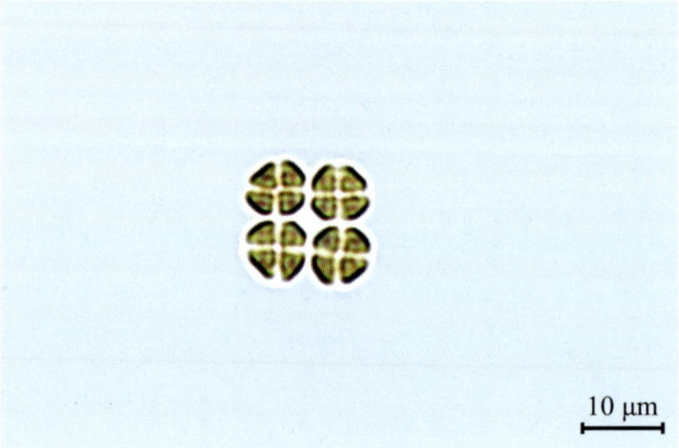

常州市长荡湖-2月

形态特征：植物体为真性定形群体，由4个细胞组成，十字形排成板状、圆形，群体中心的细胞空隙很小；细胞长2～6 μm，宽1.5～6 μm；细胞三角形，细胞外壁游离面显著凸出；群体细胞以其余的两平直的侧壁互相连接，细胞壁有时具结状突起；色素体多数，达4个，盘状，有或无蛋白核。

生态分布：湖泊、池塘、沟渠。

四足十字藻

Crucigenia tetrapedia (Krichn.) West & West, 1902；胡鸿钧等：中国淡水藻类，324页，图版67：12，1980.

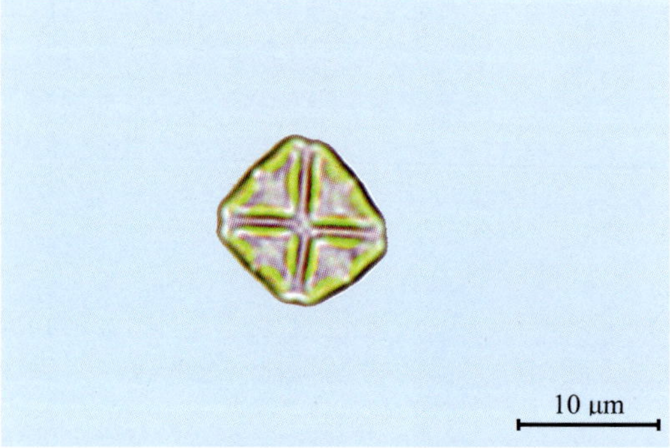

南京市运粮河-9月

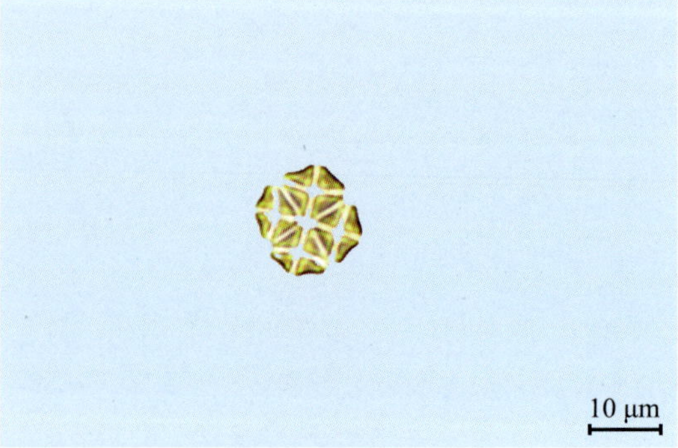

南京市运粮河-11月

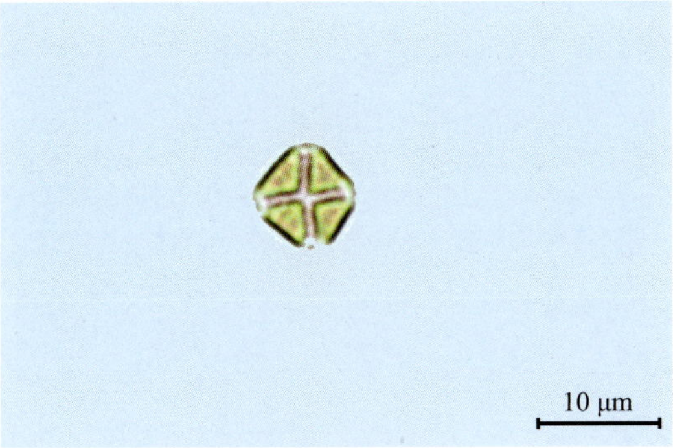

南京市琵琶湖-3月

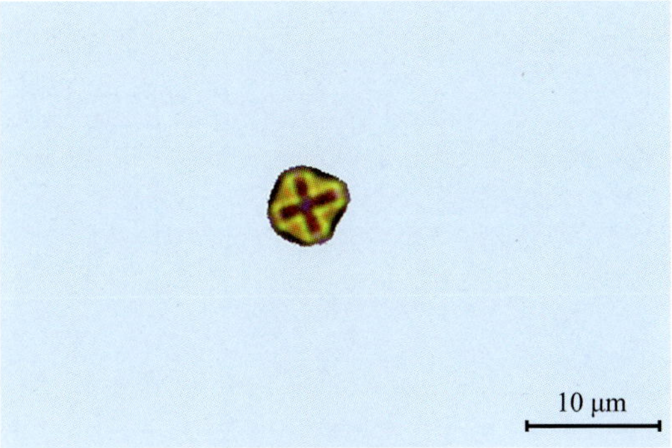

洪泽湖-12月

形态特征：植物体为真性定形群体，由4个细胞组成，排成四方形，子群体常为胶被粘连在一个平面上，形成具16个细胞的板状复合群体；细胞三角形，细胞外壁游离面平直，角尖圆；细胞长3.5～9 μm，宽5～12 μm；色素体片状；具1个蛋白核。

生态分布：湖泊、池塘、沟渠。

铜钱形十字藻

Crucigenia fenestrata Schmidle, Allg. Bot. Zeitschr., 6: 234, 1901; Wei, Jour. Wuhan Bot. Research, 3 (3): 250, Fig. 2: 8, 1985.

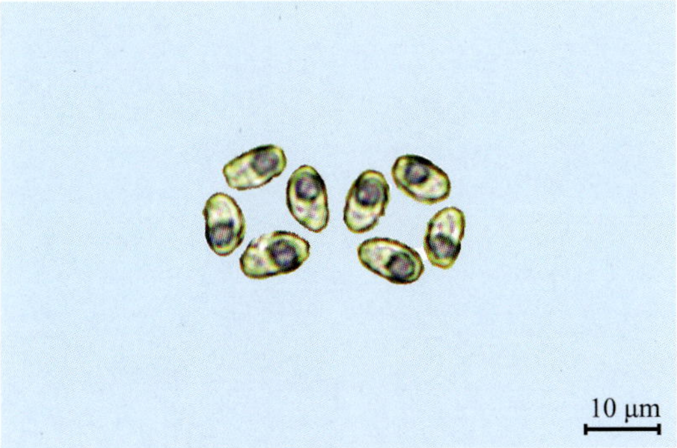

宿迁市河蟹养殖池塘-9月

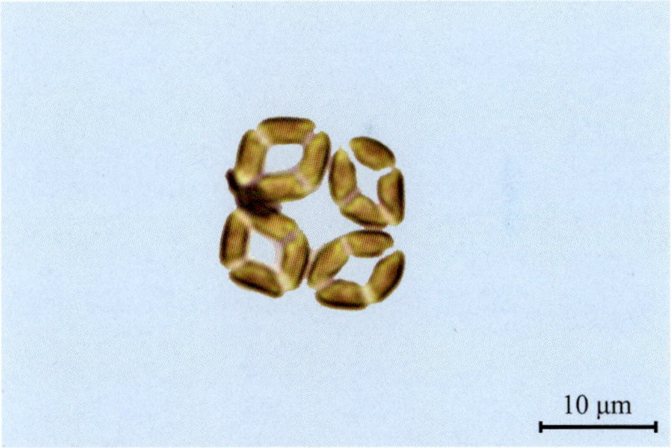

宿迁市河蟹养殖池塘-11月(鲁哥氏液固定)

形态特征：植物体为真性定形群体，由4个细胞组成，排成方圆形，其中心具一个大的空隙；群体长和宽均为10～14 μm；细胞长7～9 μm，宽3.5～4.5 μm；细胞呈近梯形或椭圆形，外壁游离面略凸出。

生态分布：生长于湖泊、池塘中。

栅藻属 *Scenedesmus* Meyen 1929

植物体为真性定形群体，细胞通常由4个、8个组成，有时由2个、16个或32个组成，极少出现单细胞个体。

双尾栅藻

Scenedesmus bicaudatus 王业耀等：中国流域常见水生生物图集，398 页.

南京市运粮河-5 月

南京市运粮河-2 月

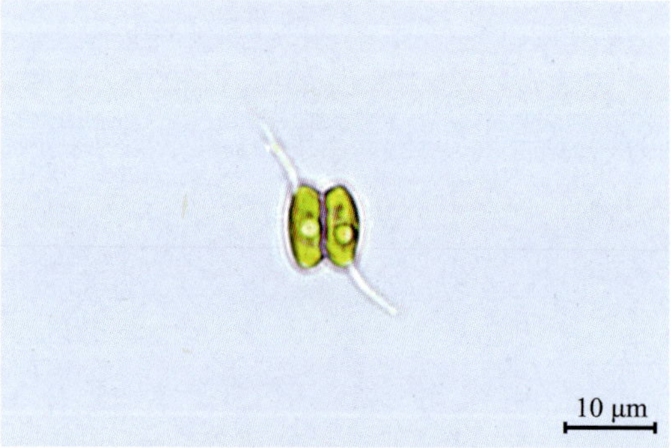

洪泽湖-6 月

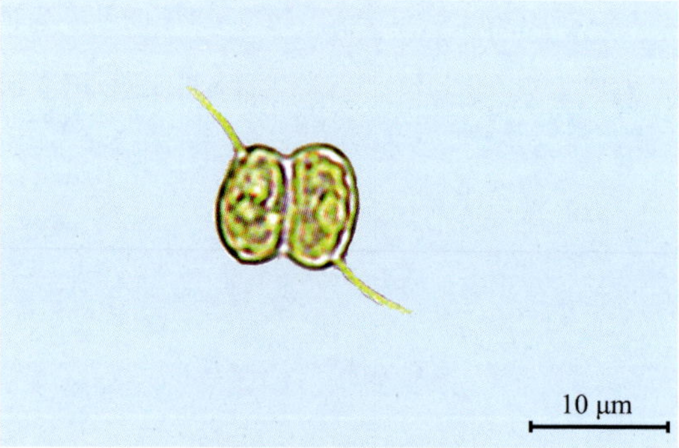

南京市运粮河-9 月

形态特征：植物体为群体，外侧细胞在相反方向的顶端各具一刺，而群体外侧细胞另顶端与群体另一外侧细胞相反位置的一顶端均无刺。4 个细胞的群体宽 12～22.5 μm，细胞长 8～17 μm，宽 3～6 μm。

生态分布：生长在各种小水体中，国内外普遍分布。

双对栅藻

Scenedesmus bijuga（Turp.）Lagerheim，1893；胡鸿钧等：中国淡水藻类，319 页，图版 68：1，1980.

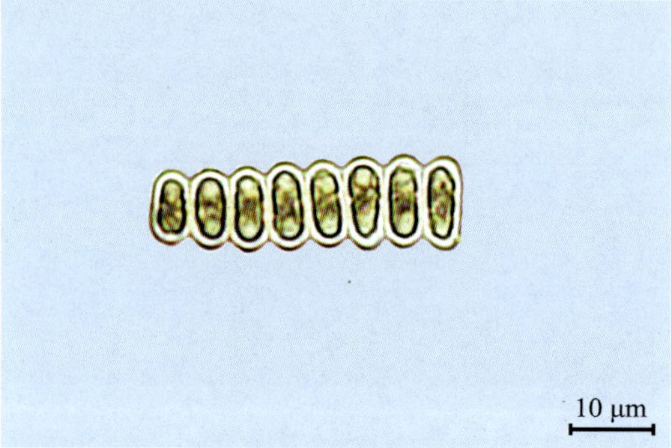

宿迁市骆马湖-8 月

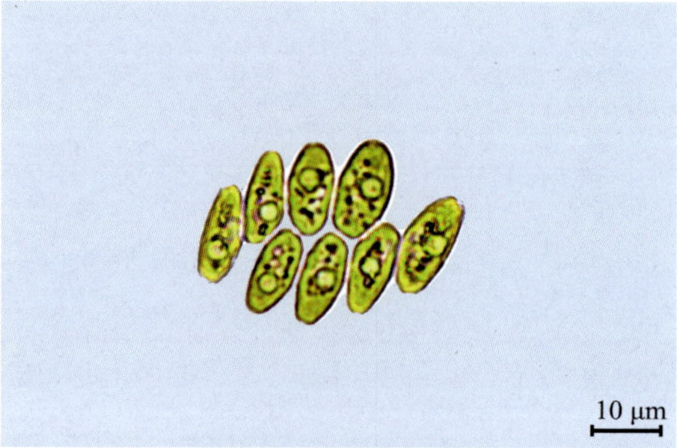

南京市运粮河-10 月

形态特征：植物体真性定形群体扁平，由 2 个、4 个、8 个细胞组成，群体细胞直线排列成一行，平齐或偶尔也有交错排列的；4 个细胞的群体宽 16～25 μm，细胞长 7～18 μm，宽 4～6 μm；细胞呈长椭圆形或卵形，两端宽圆，细胞壁平滑。

生态分布：生长在各种静水水体中，国内外广泛分布。

齿牙栅藻

Scenedesmus denticulatus Lagerheim，1882；胡鸿钧等：中国淡水藻类，320 页，图版 68：10-11，1980.

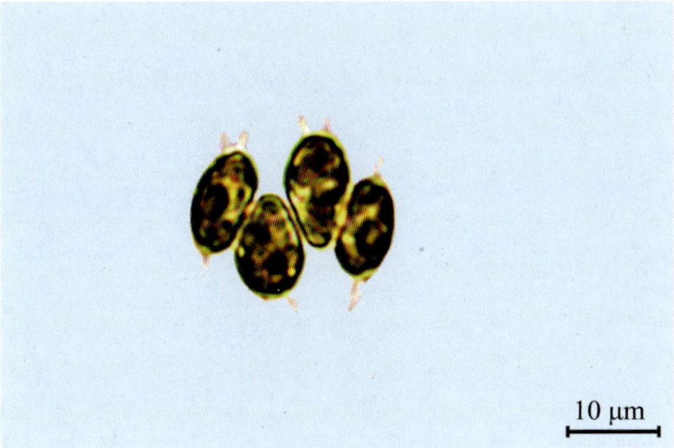

南京市八里河-9 月

洪泽湖-6 月

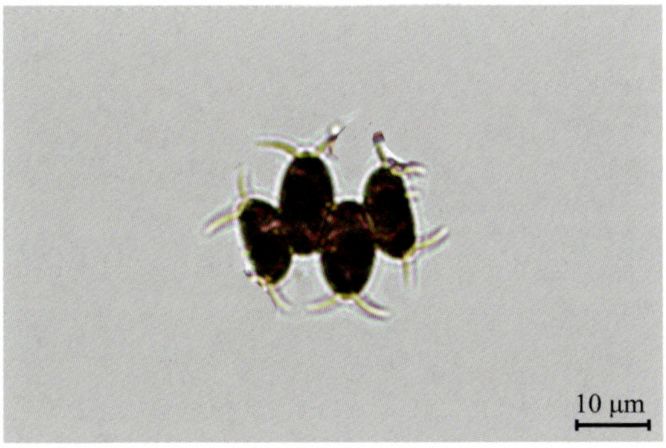

镇江市句容河-11 月(鲁哥氏液固定)

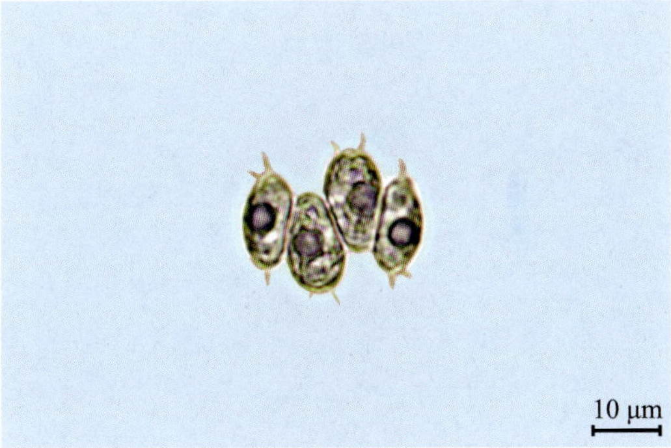

南京市运粮河-9 月

形态特征：植物体为真性定形群体，扁平，常由 4 个细胞组成，群体细胞直线排成一行，平齐或互相交错排列；4 个细胞的群体宽 20～28 μm，细胞长 9.5～16 μm，宽 5～7 μm。细胞呈椭圆形、卵形，群体细胞的上下两端或一端具 1～2 个齿状突起。

生态分布：生长在各种静水小水体中，国内外广泛分布。

二形栅藻

Scenedesmus dimorphus（Turp.）Kützing，1834；胡鸿钧等：中国淡水藻类，320 页，图版 68：6-7，1980.

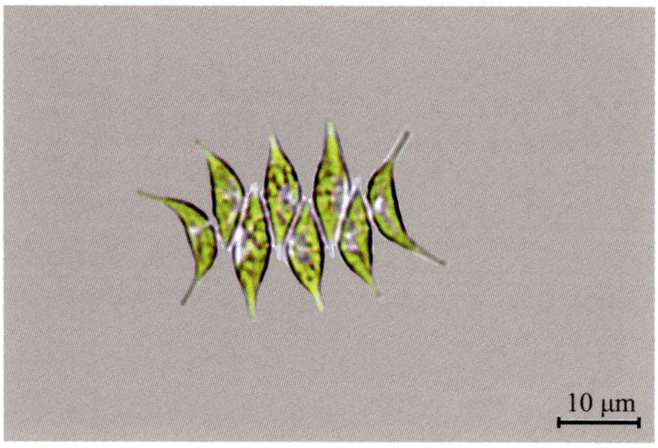

南京市运粮河-9月

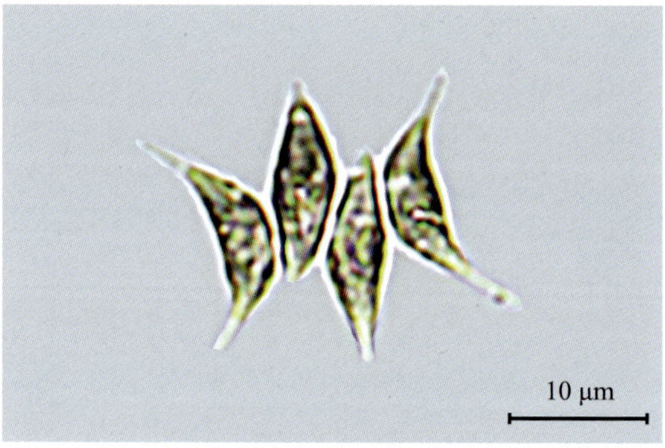

南京市内秦淮河-6月

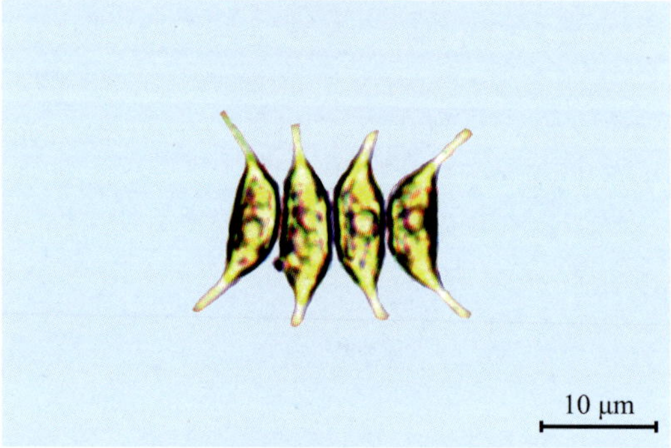

南京市运粮河-9月

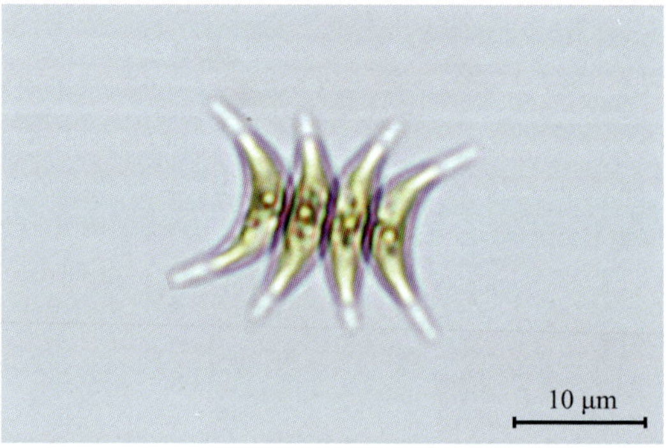

长江南京段-4月

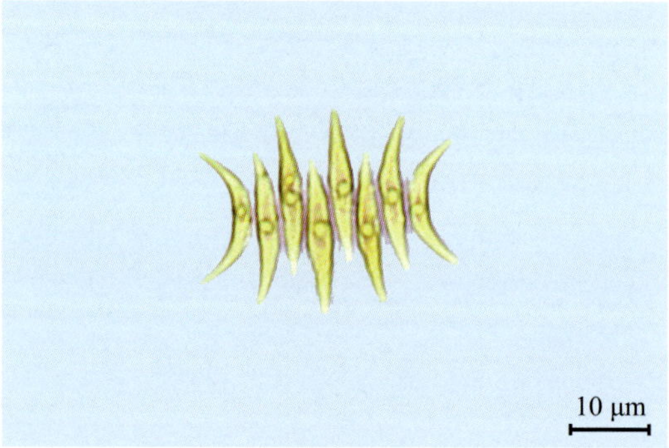

太湖-1月

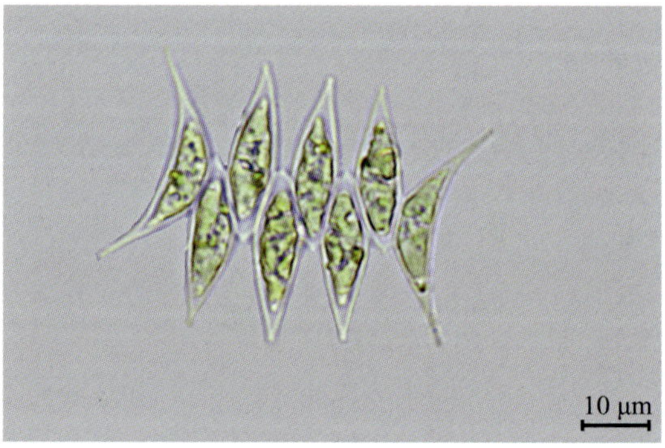

南京市运粮河-9月

形态特征:植物体为真性定形群体,扁平,由4个、8个细胞组成,常为4个细胞组成的,群体细胞直线并列排成一行或互相交错排列;4个细胞的群体宽11~20 μm,细胞长16~23 μm,宽3~5 μm;中间的细胞呈纺锤形,上下两端渐尖、直,两侧细胞绝少垂直,呈新月形或镰形,上下两端渐尖,细胞壁平滑。

生态分布:生长在各种静水小水体中,多与其他种类的栅藻混生。国内外广泛分布。

颗粒栅藻

Scenedesmus granulatus West & West, 1897; Wei, Jour. Wuhan Bot. Research, 3 (3): 252, Fig. 2: 18, 1985.

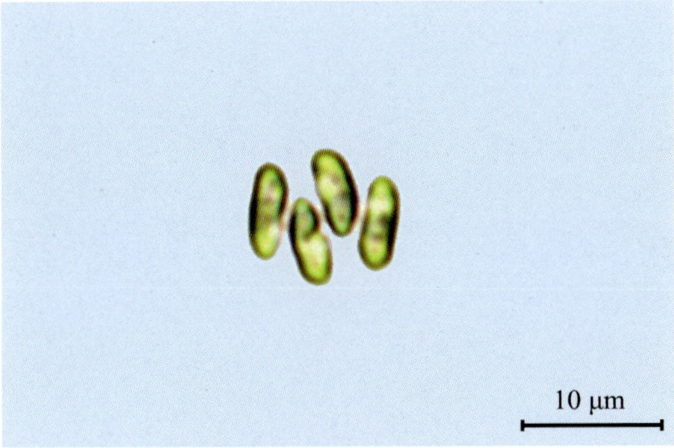

无锡市横山水库-3月

形态特征：植物体为真性定形群体，由2个、4个细胞组成，群体细胞直线并列排成一列或略交错排列；细胞长12～19 μm，宽3～8 μm；细胞呈圆柱形至长卵形，两端广圆，细胞壁具纵向排列的颗粒。

生态分布：生长在各种静水小水体中。

爪哇栅藻

Scenedesmus javaensis Chodat，1926；胡鸿钧等：中国淡水藻类，320页，图版68：9，1980.

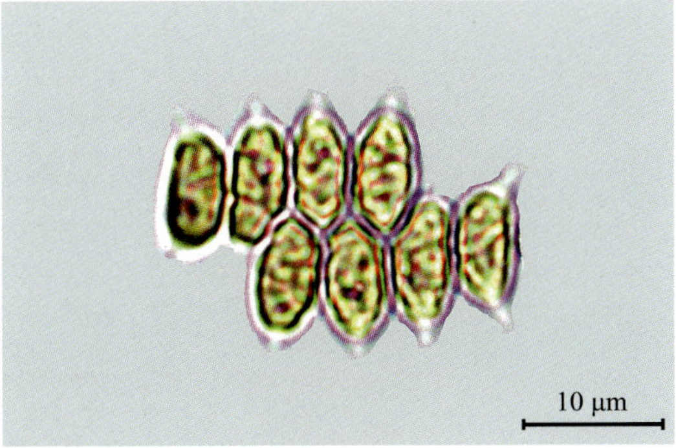

太湖-5月

形态特征：植物体为真性定形群体，屈曲状，由2个、4个、8个细胞组成，群体细胞以其尖细的顶端与邻近细胞中部的侧壁连接，形成曲尺状；4个细胞的群体宽30～40 μm，细胞长12.5～22 μm，宽3～5 μm；群体两侧部分的细胞为镰形，中间的细胞呈纺锤形或新月形，上下两端逐渐尖细，细胞壁平滑。

生态分布：生长在各种静水小水体中，国内外普遍分布。

扁盘栅藻

Scenedesmus platydiscus (G. M. Smith) Chodat，1926；胡鸿钧等：中国淡水藻类，319页，图版68：2，1980.

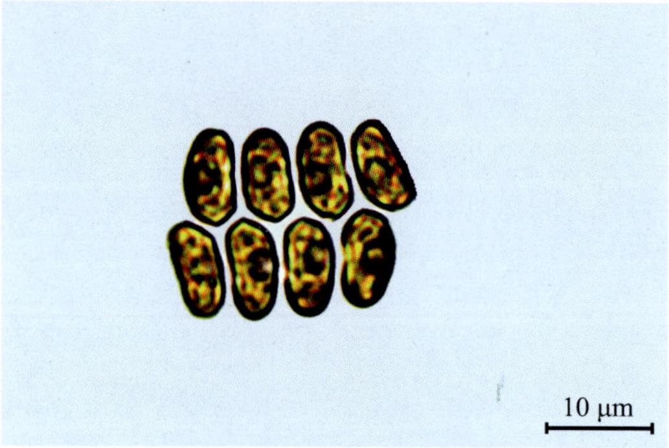

太湖-5月(鲁哥氏液固定)

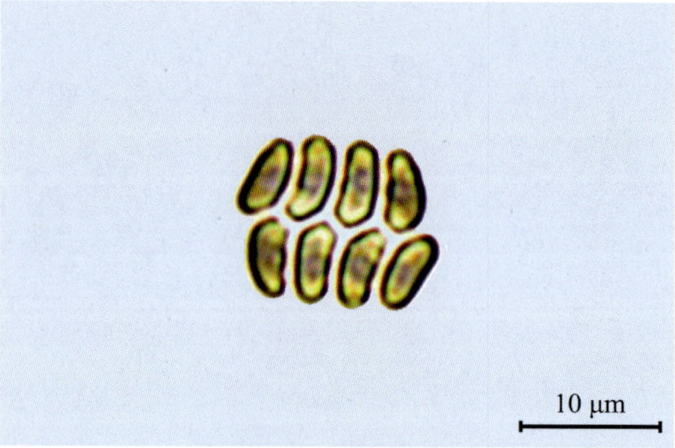

南京市七桥瓮-10月

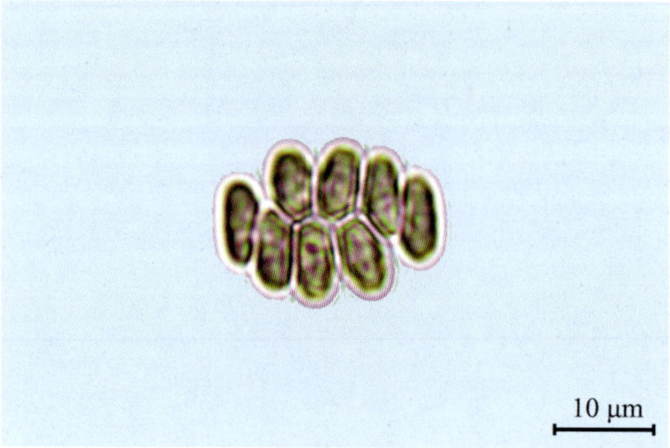

太湖-10月

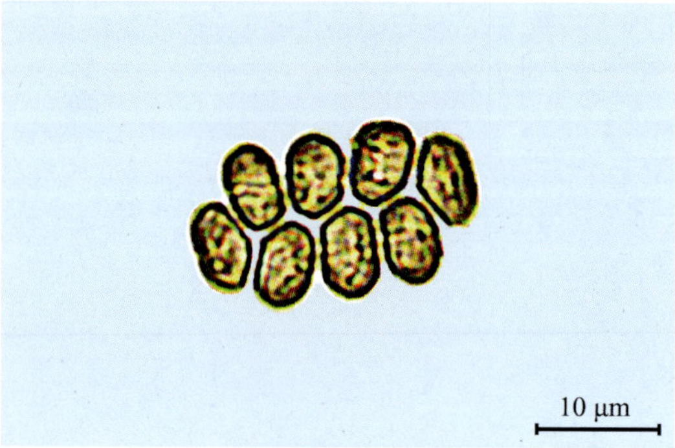

阳澄湖-10月

形态特征：植物体为真性定形群体，扁平，常由8个细胞组成，排列成上下2列，上下2列细胞交互相嵌组合，有时形成极小的空隙，也有4个、16个细胞组成的；8个细胞的群体宽17～30 μm，细胞长8～20 μm，宽3.5～10 μm；细胞呈柱状长圆形、长椭圆形，细胞壁平滑。

生态分布：生长在各种水坑、池塘、浅水湖泊中，常与其他的栅藻种类混生。

四尾栅藻

Scenedesmus quadricauda (Trup.) Brébisson, 1835；胡鸿钧等：中国淡水藻类，321页，图版68：17，1980.

连云港市石梁河水库-9月

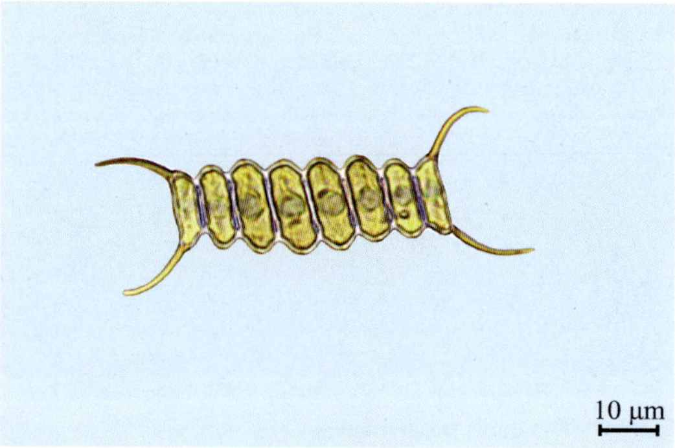

阳澄湖-9月

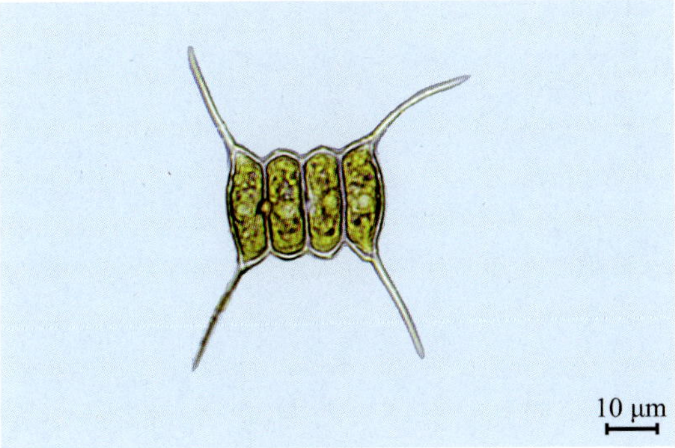

阳澄湖-12 月

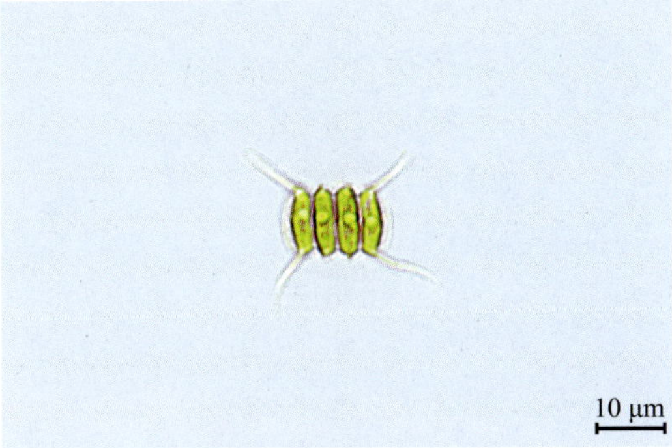

南京市运粮河-6 月

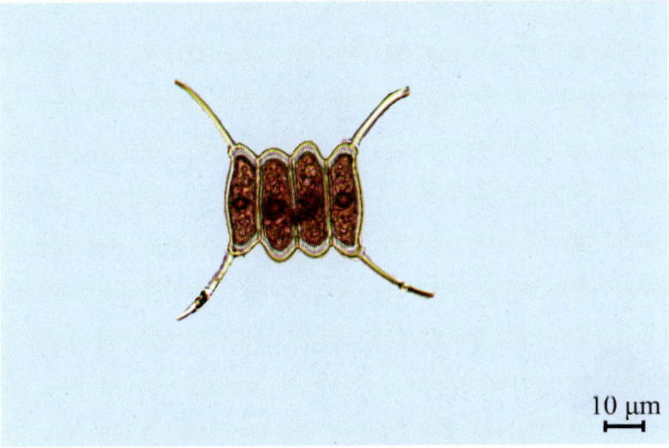

洪泽湖-7 月(鲁哥氏液固定)

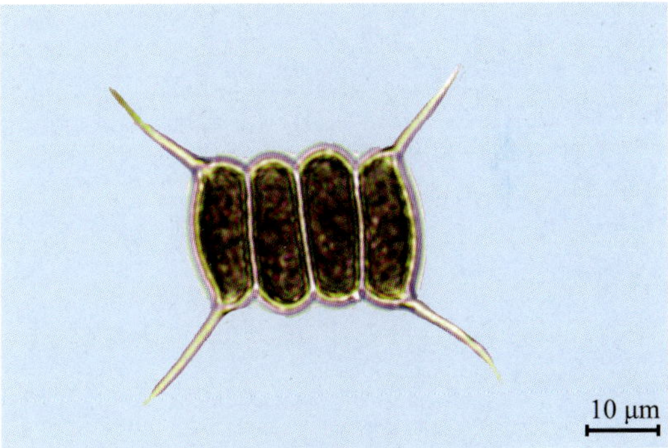

宿迁市高邮湖-10 月

形态特征：植物体为真性定形群体，扁平，由 2 个、4 个、8 个、16 个细胞组成，常为 4 个、8 个细胞组成的，群体细胞并列直线排成一列；4 个细胞的群体宽 14～24 μm，细胞长 8～16 μm，宽 3.5～6 μm；细胞呈卵形、圆柱形、长圆形，细胞上下两端广圆，群体外侧细胞的上下两端各具一向外斜向的直或略弯曲的刺，细胞壁平滑。

生态分布：生长在各种水体中，国内外广泛分布。

多刺栅藻

Scenedesmus spinosus Chodat，1913；李尧英等：西藏藻类，281 页，图版 28：图 12，1992.

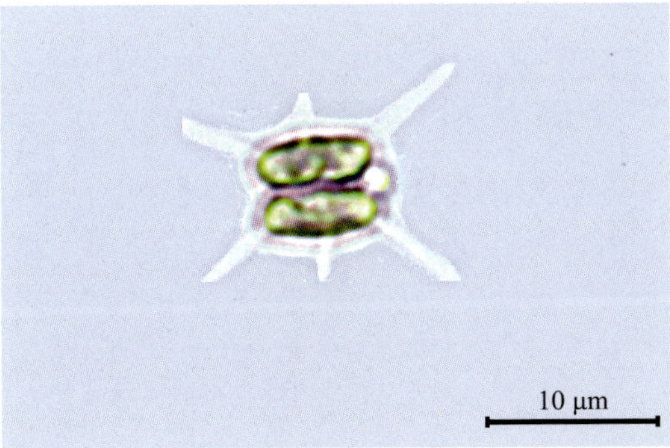

太湖-5 月

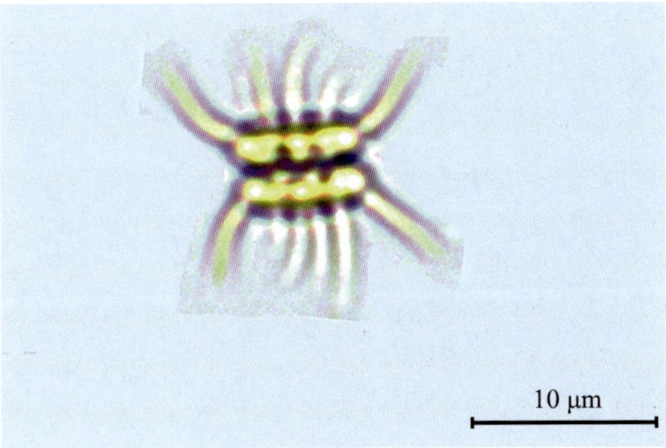

南京市运粮河-5 月

形态特征：植物体为真性定形群体，常由 4 个细胞组成，群体细胞并列直线排成 1 列，罕见交错排列的；4 个细胞的群体宽 14～24 μm，细胞长 8～16 μm，宽 3.5～6 μm；细胞呈椭圆形或长椭圆形，群体外侧细胞壁中部常具 1～3 条较短的刺，两中间细胞上下两端无刺或具很短的棘刺。

生态分布：生长在各种小水体中，国内外普遍分布。

四星藻属 *Tetrastrum* Chodat 1895

植物体为真性定形群体，由 4 个细胞组成十字形或四方形，并排列在一个平面上，中心具或不具一小间隙，各个细胞间以其细胞壁紧密相连，罕见形成复合的真性定形群体；细胞呈近三角锥形、三角形、卵形或球形，其外侧游离面略凹入或凸出，细胞壁具颗粒或具 1～7 条或长或短的刺，色素体片状、周生、盘状，1～4 个，具蛋白核或有时无；生长在湖泊、池塘中，浮游。

平滑四星藻

Tetrastrum glabrum (Roll) Ablstron & Tiffany, 1934; 施之新等：西南地区藻类资源考察专集，328 页，图版Ⅱ：3，1994.

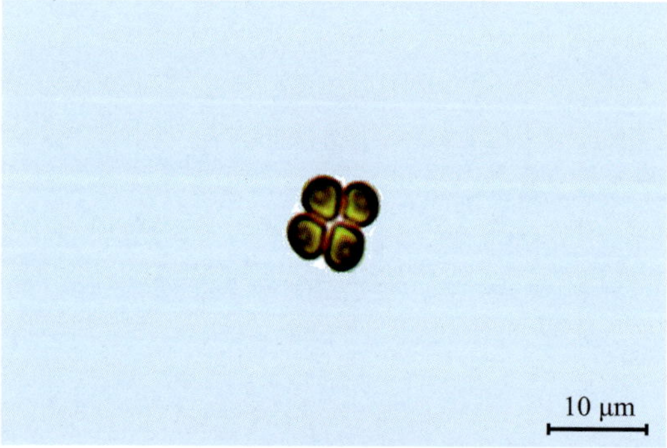

常州市长荡湖-4 月

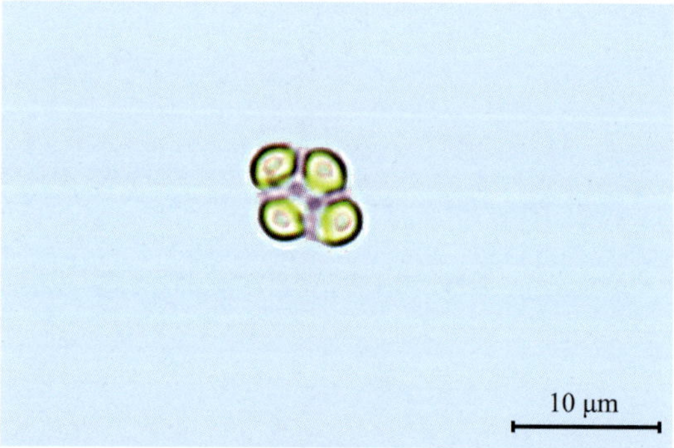

太湖-2 月

形态特征：植物体为真性定形群体，由 4 个细胞组成，群体细胞通常呈十字形排列；细胞长 4～5 μm，宽 4～5 μm；在群体中央具或不具小孔，具水化的群体胶被，有时群体间由胶质丝相连形成复合群体；细胞具角的卵形或球形，外侧游离面圆形，细胞壁平滑，色素体片状，1 个，具 1 个蛋白核。

生态分布：生长在池塘、湖泊中，浮游。

异刺四星藻

Tetrastrum heterocanthum (Nordst.), Chodat, 1895; 胡鸿钧等：中国淡水藻类，323-324 页，图版 69：5，1980.

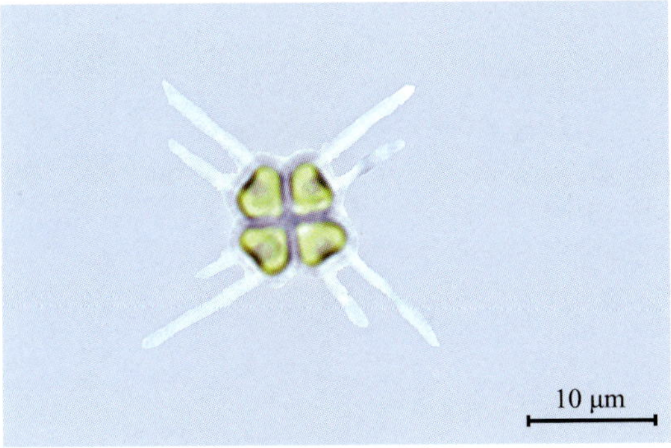

连云港市石梁河水库－10 月

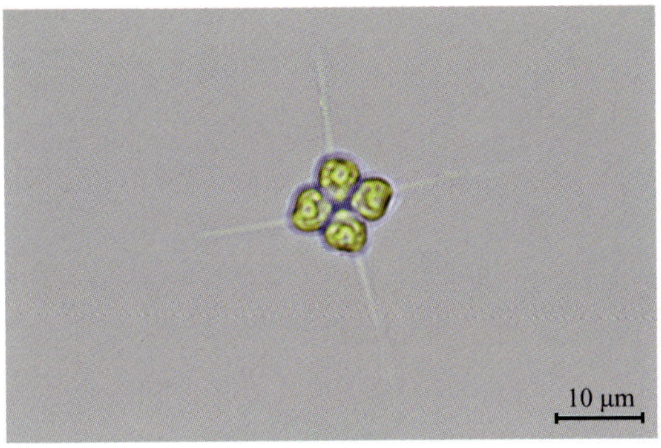

南京市运粮河－9 月

形态特征：植物体为真性定形群体，由 4 个细胞组成，呈方形排列在一个平面上，群体中央具方形小孔；细胞长 3～4 μm，宽 7～8 μm，长刺长 12～16 μm，短刺长 3～8 μm；群体细胞宽三角锥形，细胞外侧游离面略凹入，在其两角处各具 1 条长的和 1 条短的向外伸出的直刺，群体的 4 个细胞的 4 条长刺和 4 条短刺相间排列、色素体片状，1 个，具 1 个蛋白核。

生态分布：生长在小型水体中，浮游。普遍分布。

短刺四星藻

Tetrastrum staurogeniaeforme（Schroed.）Lemmermann，1900；胡鸿钧等：中国淡水藻类，324 页，图版 69：6，1980.

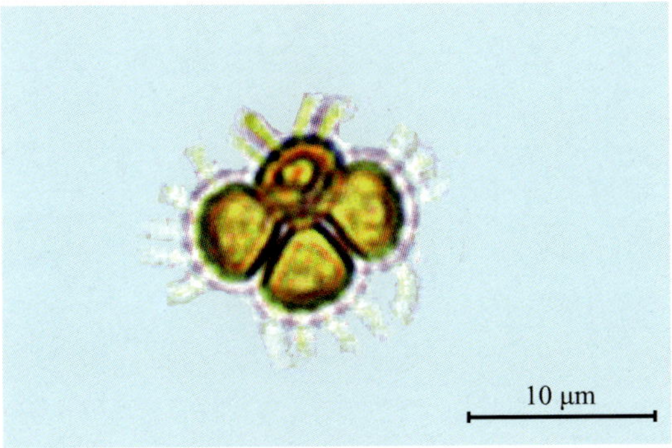

南京市运粮河－4 月

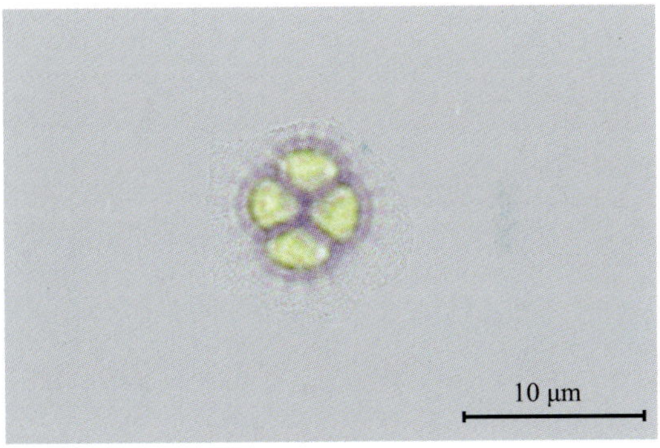

南京市运粮河－9 月

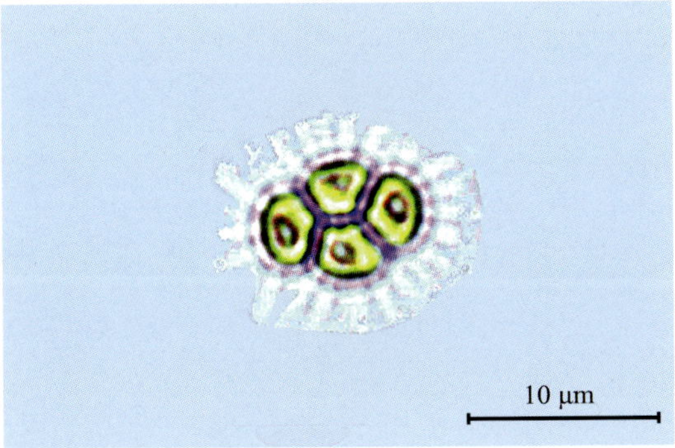

常州市长荡湖－1 月

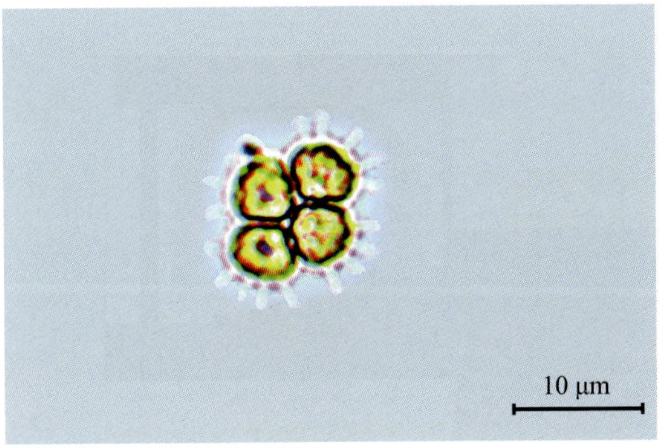

长江南京段－1 月

形态特征：植物体为真性定形群体，由4个细胞组成，呈十字形排列在一个平面上，群体中央的间隙很小；细胞长3～6 μm，宽3～6 μm，刺长3～6 μm；群体细胞呈宽三角锥形至近方形，外侧游离面略凸出，并具4～6条短刺；色素体盘状，每个细胞1～4个，有时具蛋白核。

生态分布：生长在小水体中，浮游，国内外广泛分布。

韦斯藻属 *Westella* Wildemann 1897

植物体为复合真性定形群体，各群体间以残存的母细胞壁相连，有时具胶被，群体由4个细胞，呈四方形排列在一个平面上，各个细胞间以其细胞壁紧密相连；细胞球形，细胞壁平滑，色素体杯状、周生，1个，老细胞的色素体常略分散，具1个蛋白核。

丛球韦斯藻

Westella botryoides (West) Wildeman, 1897; Jao, Acta Hydrobiol. Sinica, 4: 392-393, Fig. 2: 1-2, 1959.

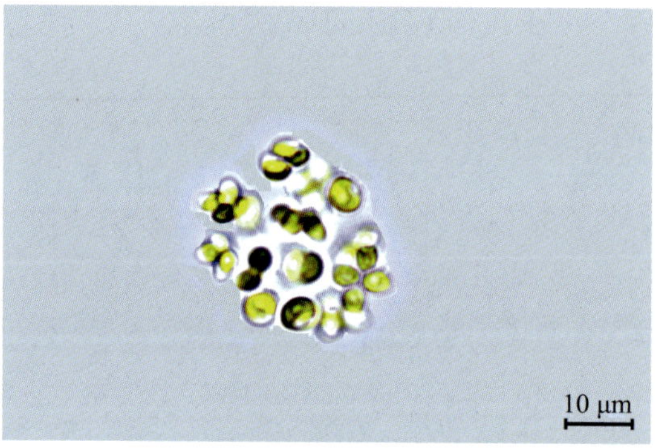

南京市运粮河-2月

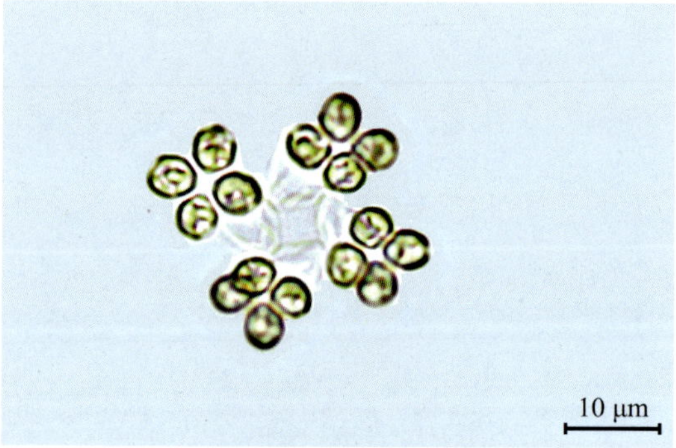

淮安市古黄河-6月

形态特征：植物体为真性定形群体，由4个细胞，呈四方形排列在一个平面上，各个细胞间以其细胞壁紧密相连，各群体间以残存的母细胞壁相连成为复合的群体；细胞直径3～9 μm；细胞球形，细胞壁平滑。

生态分布：湖泊中的真性浮游藻种类，特别是软水湖泊中数量较多。

8.1.4 丝藻目(Ulotrichales)

丝藻科(Ulotrichaceae)

植物体为由单列细胞构成的不分枝的丝状体，组成丝状体的细胞极少分化，或有基细胞或顶细胞的分化；基细胞常在幼期用以固着生长；顶细胞细尖或钝圆，丝状体常具厚度不等的胶鞘，有的不明显，有的厚而分层；细胞呈透镜形、球形、椭圆形、圆柱状等；细胞壁无色、透明，厚而薄，极少"H"片结构，横壁收缢或不收缢；色素体呈片状、带状、筒状或盘状，侧位或周生，具1个或多个蛋白核；少数无蛋白核；细胞核单个。

游丝藻属 *Planctonema* Schmidle 1903

丝状体短，浮游；由少数圆柱状细胞构成，无胶鞘，两端的细胞壁明显加厚有时形成帽状，侧壁薄；色素体侧位、片状，不充满整个细胞；无蛋白核。

游丝藻

Planctonema lauterbornii Shmidle，1903. 黎尚豪，毕列爵：中国淡水藻志，第五卷，21 页，图版Ⅵ：13-16，1998.

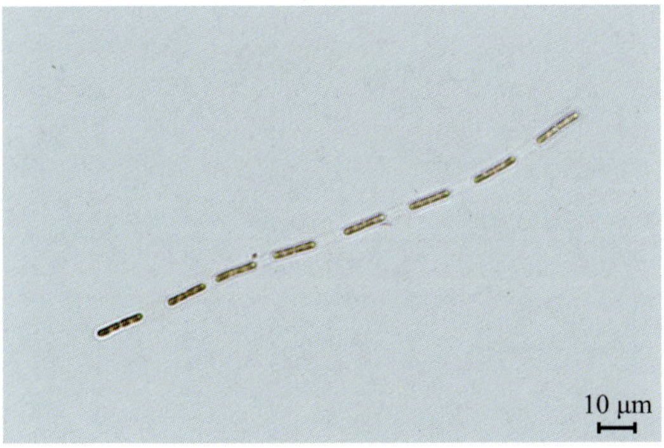

南京市内秦淮河- 11 月

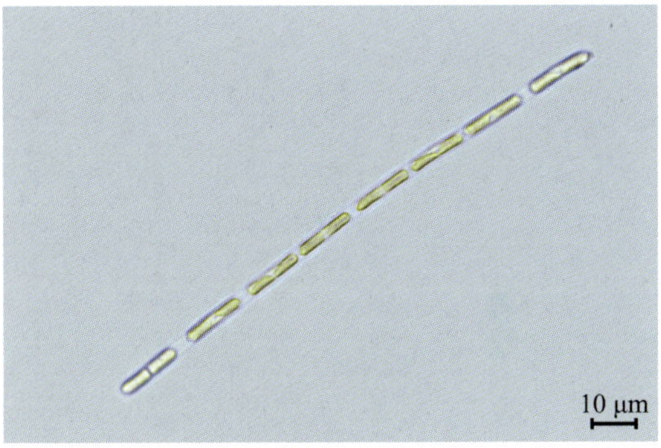

南京市运粮河- 9 月

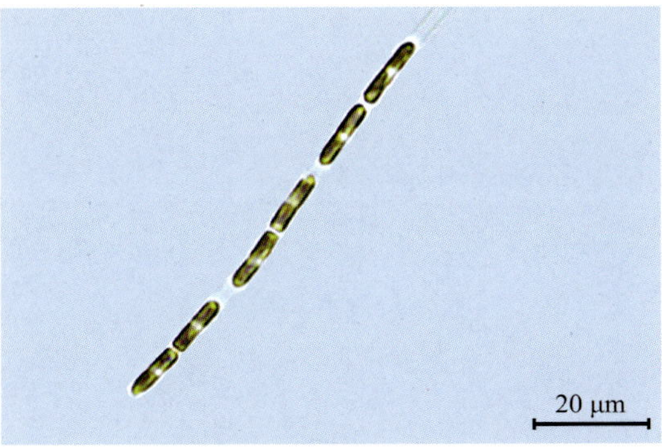

南京市八里湖- 10 月

形态特征：植物体为丝状体，短，通常由 2～4 个细胞构成，细胞圆柱状，两端宽圆，长 (5～)9～15 μm，宽 2.5～4 μm；细胞壁薄，无胶鞘；丝状体一端或两端的细胞常失去细胞质，仅留下部分细胞壁，略似“H”形；色素体侧位、片状，绕细胞壁不及一周，无蛋白核。

生态分布：湖泊。

丝藻属 *Ulothrix* Kuetzing 1836

丝状体由单列细胞构成，长度不等，幼丝体由基细胞固着在基质上，基细胞简单或略分叉呈假根状；细胞圆柱状，有时略膨大，一般长大于宽，有时有横壁收缢；细胞壁一般为薄壁，有时为厚壁或略分层；少数种类具胶鞘。色素体 1 个，周生或侧生，部分或整个围绕细胞内壁,充满或不充满整个细胞,含 1 个或更多的蛋白核。

丝藻属

Ulothrix sp.

洪泽湖-12 月

苏州市青剑湖-10 月

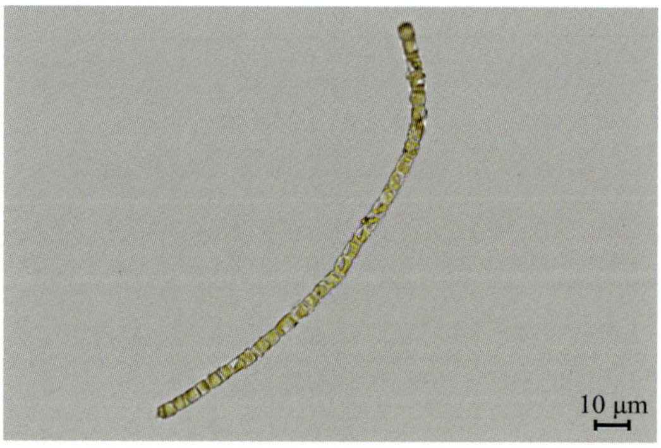

苏州市青剑湖-10 月

形态特征:植物体为丝状体,由单列细胞构成,长度不等,幼丝体由基细胞固着在基质上,基细胞简单或略分叉呈假根状;细胞圆柱状,有时略膨大,一般长大于宽,有时有横壁收缢;细胞壁一般为薄壁,有的为厚壁或略分层;少数种类具胶鞘;色素体 1 个,周生或侧生,部分或整个围绕细胞内壁,充满或不充满整个细胞,含 1 个或更多的蛋白核。

生态分布:生长于湖泊、水库、池塘中。

尾丝藻属 *Uronema* Lagerheim 1887

植物体为丝状体,由单列细胞构成,略弯曲或直;基细胞多向下渐窄,末端具有盘状或其他形状的固着器,含有或不含有色素体;顶端细胞常向前渐窄或渐尖细,不弯曲或弯曲,但不成为无色的多细胞毛;细胞圆柱状,宽与长的比值有很大变异,有时有横壁收缢,色素体 1 个,侧位、带状,有的是空心筒状,充满或不充满整个细胞,含 1～3 个或更多蛋白核。

尾丝藻

Uronema confervicolum Lagerheim，1887；李尧英等：西藏藻类，291 页，1992.

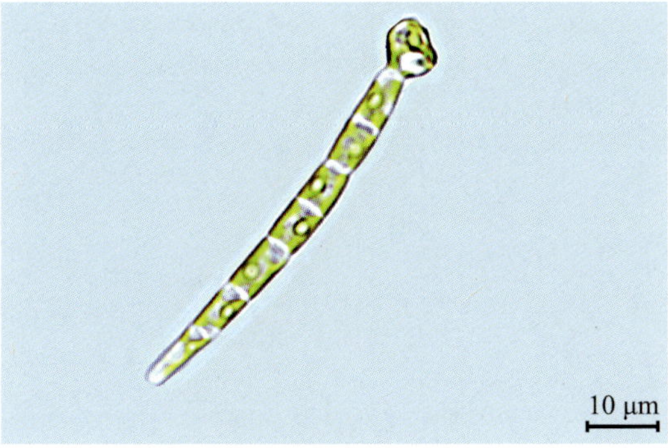

南京市运粮河-4 月

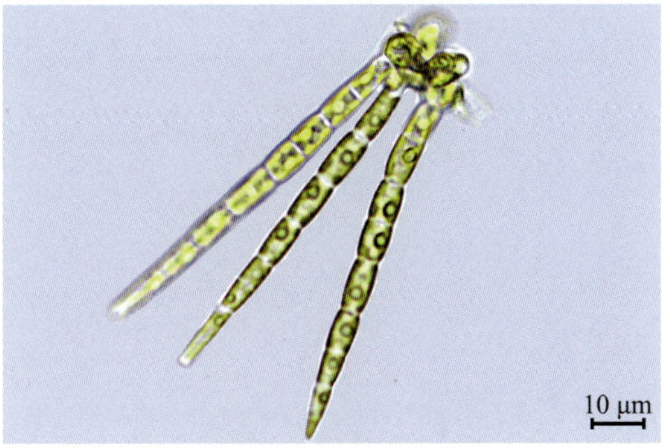

南京市运粮河-4 月

形态特征：植物体为丝状体，略弯曲或直，基细胞长圆柱形，向前略细，常有色素体，具盘状固着器；顶细胞向上渐尖，但不弯曲；细胞圆柱状，宽 4～8 μm，长为宽的 0.5～4 倍，横壁不收缢；色素体 1 个，侧位、片状，在成熟细胞中充满整个细胞，含 1～2 个蛋白核，罕见 3 个或 4 个。

生态分布：湖泊、水库、池塘。

8.1.5 胶毛藻目（Chaetophorales）

胶毛藻科（Chaetophoraceae）

植物体为分枝的丝状体，多数种类具有匍匐部分和直立部分的分化；丝状体前端常具无色多细胞的毛，每个细胞具 1 个带状、周生色素体，蛋白核 1 至数个，细胞核单个。

毛枝藻属 *Stigeoclonium* Kuetzing 1843

植物体为一列细胞组成的分枝丝状体，着生，有的具胶质，由直立部分和匍匐部分组成；主轴与分枝无明显分化，其宽度相差也不大，直立枝常形成对生或互生的分枝，分枝上的小枝常分散而不呈丛状，顶端渐细，形成多细胞的无色的毛；细胞呈腰鼓形、圆柱形，每个细胞具 1 个周生、带状色素体，具 1 个或数个蛋白核，色素体或充满整个细胞内腔，或仅占细胞内腔的一部分。

池生毛枝藻

Stigeoclonium stagnatile (Hazen) Colins，1909；黎尚豪，毕列爵：中国淡水藻志，第五卷，57 页，图版 XXIV：2-3，1998.

长江南京段-8 月

形态特征:植物体呈绒毛状,着生,有时漂浮;主轴细胞呈圆柱形,横壁不收缢,宽 8~13 μm,长为宽的 1~3 倍,有时长为宽的 3~6 倍;丝状体长、柔软,分枝对生、互生,或有时 2~3 个分枝从 1 个细胞长出,分枝间的距离较宽,小分枝有时较短,呈刺状,常弯曲,末端尖细,罕见具刚毛。

生态分布:广泛分布于各种小水体中。

毛枝藻属

Stigeoclonium sp.

洪泽湖-4 月

形态特征:植物体为一列细胞组成的分枝丝状体,着生,有的具胶质;细胞呈圆鼓形、圆柱形,每个细胞具 1 个周生、带状色素体,具 1 个或数个蛋白核,或仅占细胞内腔的一部分,色素体或充满整个细胞内腔。

生态分布:广泛分布于世界各地,多生活在淡水环境中,偶尔在咸水中也有发现。常着生于静水或缓慢流水的石块、树枝、木桩及沉水植物。

8.1.6 鞘藻目(Oedogoniales)

鞘藻科(Oedogoniaceae)

丝状体,分枝或者不分枝。以基细胞或假根状枝着生于其他物体上或漂浮于水面。细胞单核。色素体网状、周生,具1至多个蛋白核。

鞘藻属 *Oedogonium* Link 1820

植物体不分枝,营养细胞圆柱形,有些种类上端膨大,或两侧呈波状,顶端细胞的末端呈钝圆形、短尖形或变成毛样。

中型鞘藻

Oedogonium intermedium Wittr. et Nordst.,1886;饶钦止:中国鞘藻目专志,66页,图版5:5-6,1979.

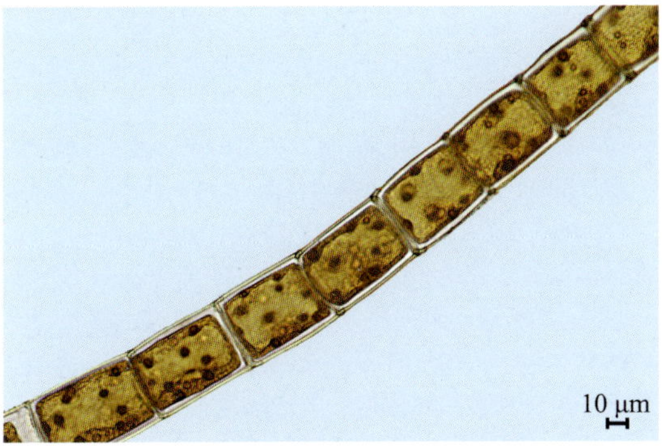

南京市琵琶湖-3月

长江南京段-3月

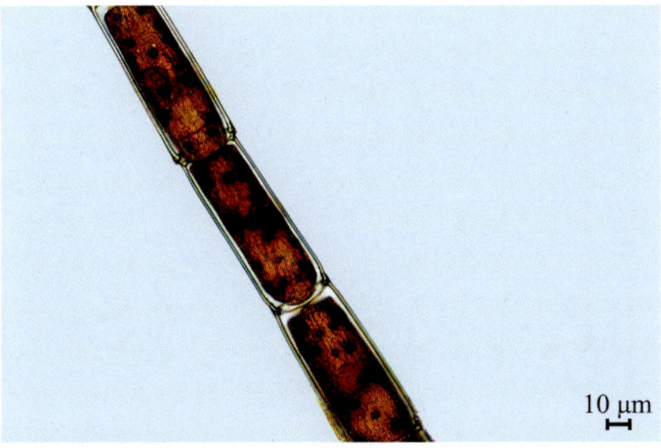

南京市玄武湖-10月(鲁哥氏液固定)

形态特征:植物体为雌雄同株,卵孢子囊单生,倒卵状球形或倒卵形,长33～48 μm,宽31～39 μm,孢壁平滑,营养细胞的长多为宽的3～4倍,长37～80 μm,宽(12～)15～18 μm,基部的细胞常较上部的狭长。基部细胞略膨大,长30～68 μm,宽14～18 μm。

生态分布:生长于稻田、池塘、沼泽地小塘中,分布较广。

8.2 双星藻纲(Zygnematophyceae)

8.2.1 双星藻目(Zygnematales)

双星藻科(Zygnemataceae)

植物体为单列不分枝的丝状体,偶尔产生假根状分枝;细胞圆柱形,细胞壁平滑,细胞横壁有平滑型、半折叠型、折叠型和束合型。色素体1个或多个,周生的为螺旋带状,轴生的为球状、盘状、板状、星芒状,每个色素体具1个、2个或多个蛋白核或无,储藏产物为淀粉,少数种类含有油滴。细胞核1个,位于细胞的中部或中部的一侧。少数种类细胞具液泡。

转板藻属 *Mougeotia* Agardh 1824

藻丝不分枝,有时产生假根;营养细胞圆柱形,其长度比宽度通常大4倍以上;细胞横壁平直;色素体轴生、板状,1个,极少数2个,具多个蛋白核,排列成一行或散生;细胞核位于色素体中间的一侧。

转板藻属

Mougeotia sp.

长江南京段-12月

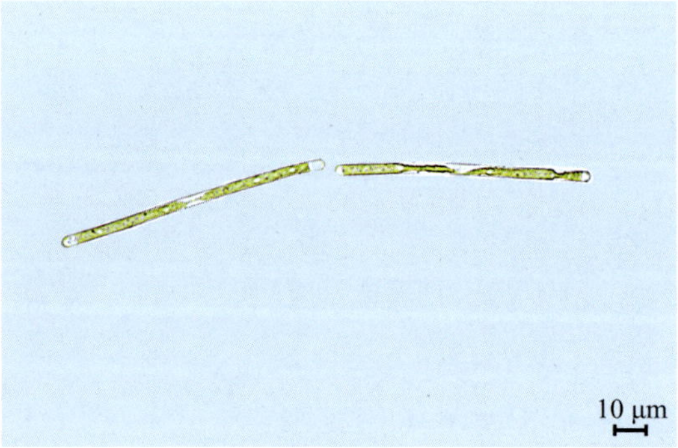

南京市运粮河-5月

形态特征:藻丝不分枝,有时产生假根;营养细胞圆柱形,其长度比宽度通常大4倍以上;细胞横壁平直;色素体轴生、板状,1个,极少数2个,具多个蛋白核,排列成一行或散生;细胞核位于色素体中间的一侧。

生态分布:世界广布。

水绵属 *Spirogyra* Link 1820

植物体为长而不分枝的丝状体，偶尔产生假根状分枝；营养细胞圆柱形，细胞横壁有平直型、折叠型、半折叠型和束合型等 4 种类型；色素体 1～16 条，带状、周生，沿细胞壁作螺旋盘绕，每条色素体具 1 列蛋白核。

水绵属

Spirogyra sp.

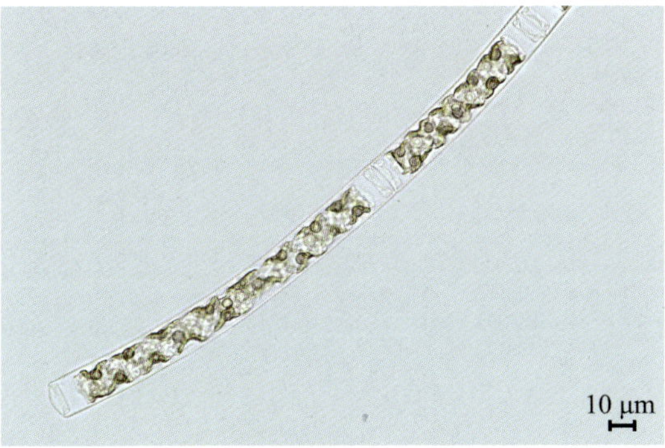

长江南京段-2 月

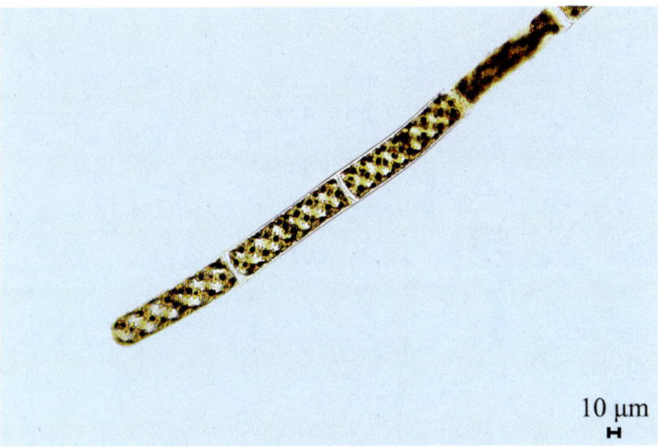

洪泽湖-4 月（鲁哥氏液固定）

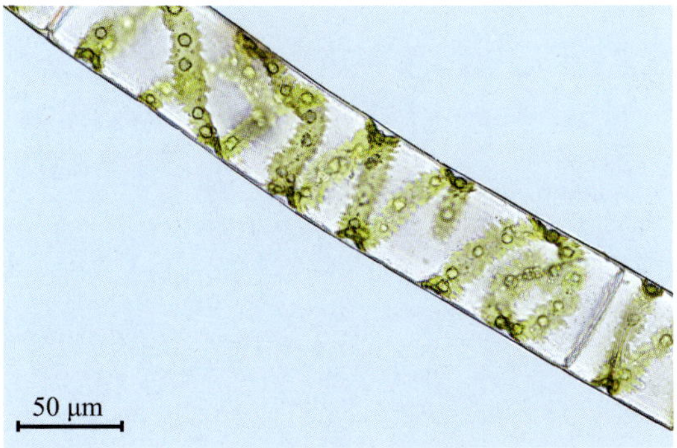

南京市运粮河-5 月

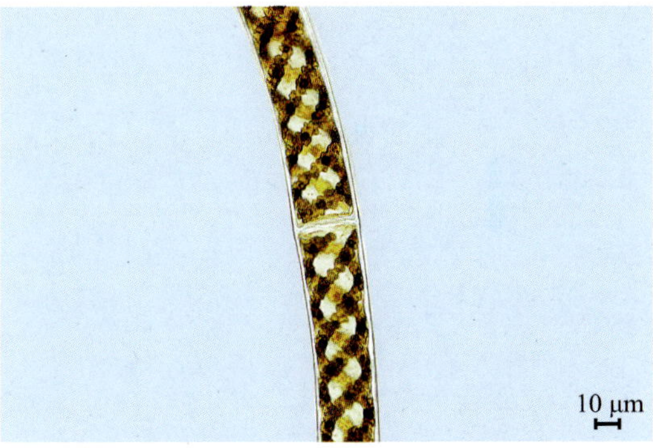

长江无锡段-10 月（鲁哥氏液固定）

常州市滆湖-6 月（鲁哥氏液固定）

长江南京段-10 月

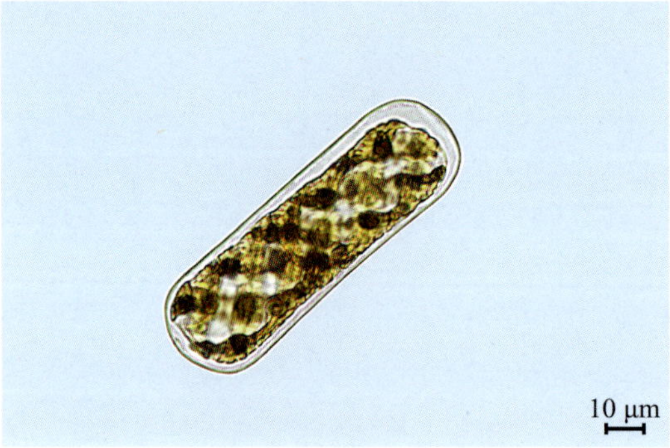

南京市固城湖–4月

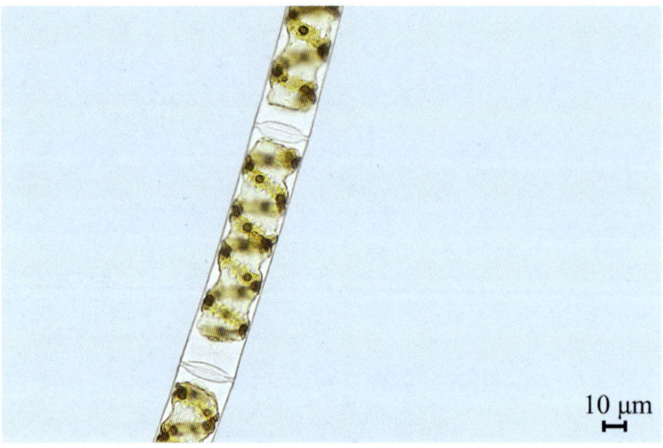

南京市运粮河–4月

形态特征：植物体为营养细胞，长 32～243 μm，宽 18～26 μm；横壁平直；色素体 1 条，旋绕 1～3 转；梯形接合，有时侧面接合；孢壁三层，中孢壁平滑，成熟后黄色。

生态分布：生长在稻田、小池塘、水沟、水坑等小水体中，国内外广泛分布。

双星藻属 *Zygnema* Agardh 1824

藻丝不分枝，有时具胶质包被；营养细胞横壁平直；色素体星网状球形，轴生于细胞中部，2 个，各具多数锥状突起，其中央具 1 个大的蛋白核；细胞核位于两色素体之间细胞的中部。

广泛分布于浅水静水水体中，极罕见生长在流水石上或极潮湿的土壤上，在温暖地区种类较多。

双星藻属

Zygnema sp.

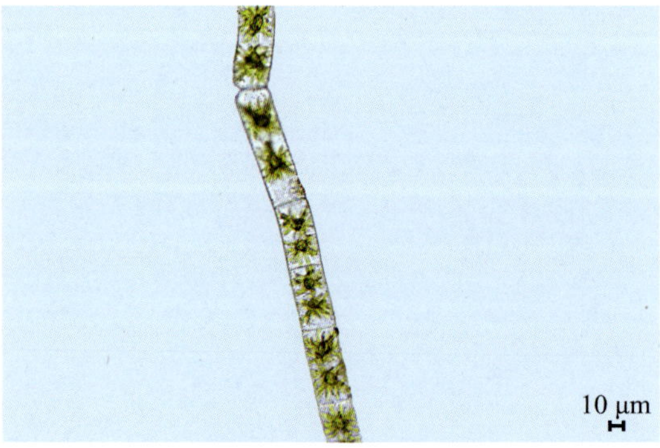

南京市月牙湖–5月

形态特征：藻丝不分枝，有时具胶质包被；营养细胞横壁平直；色素体星网状，球形，轴生于细胞中部，2 个，各具多数锥状突起，其中央具 1 个大的蛋白核；细胞核位于两色素体之间细胞的中部。

生态分布：广泛分布于浅水静水水体中，极罕见生长在流水石上或极潮湿的土壤上，在温暖地区种类较多。

8.2.2 鼓藻目（Desmidiales）

鼓藻科（Desmidiaceae）

植物体绝大多数为单细胞，少数为单列不分枝的丝状体或不定形群体。细胞一般具胶被，少数不具胶被。

细胞呈圆形、椭圆形、卵形、圆柱形、纺锤形、棒形等多种形状，明显对称；垂直面观圆形、椭圆形、三角形、多角形等；少数属的细胞中部无收缢，多数属的细胞中部略凹入或明显凹入，凹入处称为缢缝，缢缝将细胞分为两个部分，每一部分称为半细胞，两半细胞的连接区称为缢部，连接两个半细胞；细胞两端的细胞壁称为顶缘，顶缘至半细胞基部间的细胞壁称为侧缘，顶缘和侧缘间的交接处为顶部角，侧缘和缢缝间的交接处为基部角；细胞壁平滑，具点纹、圆孔纹、颗粒、瘤、结节、齿、刺和乳头状突起等纹饰，初生壁上常具铁盐沉积，使壁呈黄褐色，除缢部外，细胞的次生壁有许多小孔；每一个半细胞具 1～2 个轴生的色素体或 4 到多个周生的色素体，轴生的为螺旋脊状、片状、星状，周生的为螺旋带状、片状，每个色素体具 1 个、2 个或多个蛋白核；细胞核位于缢部的中间，少数细胞中无缢部的属，细胞核位于细胞的中部；某些种类细胞顶部具明显的液泡，内含 1 个或多个结晶的运动颗粒。

此科藻类是纯淡水种类，生长在各种水体中，一般生长在软水水体，也有些种类生长在硬水中；一般生长在偏酸性的小水体中，在水坑、池塘、静水小湖、溪流、沼泽中浮游或附着在水生维管束植物上；有的生长在较大型的湖泊、缓慢流动的河流的沿岸带，浮游或着生在各种基质上；有的种类亚气生，生长在潮湿的土表、滴水岩石表面，混生在苔藓间或稻田中；极少数种类生长在半咸水或咸水中。

新月藻属 *Closterium* Nitzsch 1817

植物体为单细胞，新月形，略弯曲或显著弯曲，少数平直，中部不凹入，腹部中间不膨大或膨大，顶部钝圆、平直圆形、喙状或逐渐尖细；横断面圆形；细胞壁平滑，具纵向的线纹、肋纹或纵向的颗粒，无色或因铁盐沉淀而呈淡褐色或褐色；每个半细胞具 1 个色素体，由 1 个或数个纵向脊片组成，蛋白核多数，纵向排成一列或不规则散生；细胞两端各具 1 个液泡，内含 1 个或多个结晶状体的运动颗粒；细胞核位于两色素体之间细胞的中部。

小新月藻

Closterium venus Kützing，1845；魏印心，中国淡水藻志，第七卷，双星藻目，中带鼓藻科，鼓藻目，鼓藻科，81 页，图版 3：11，2003.

常州市长荡湖-4月

形态特征：藻细胞小，长为宽的5～10倍，明显弯曲，外缘呈150°～160°弓形弧度，腹缘凹入，中部不膨大，向两端逐渐狭窄，顶端尖或尖圆；细胞长48～95 μm，宽5～16 μm，顶部宽1～2.5 μm；细胞壁平滑，无色或很少数呈淡黄褐色；色素体具1条纵脊，中轴具1或2个蛋白核，末端液泡具1或2个、有时数个运动颗粒。

生态分布：国内外广泛分布。

针状新月藻

Closterium aciculare T. West 1860；魏印心，2003，p. 49，pl. VI，Fig. 1.

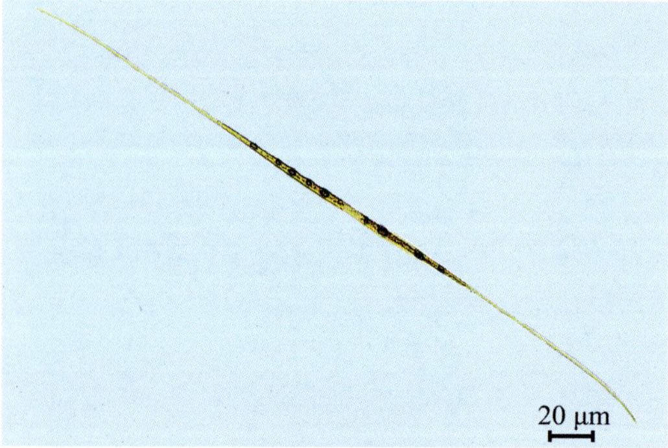

常州市滆湖-1月

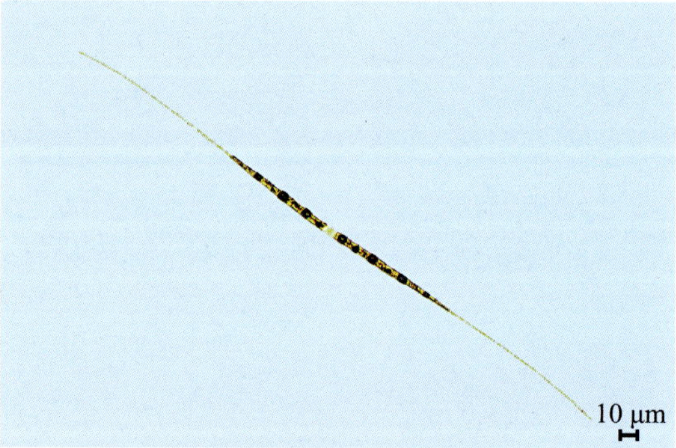

南京市运粮河-1月

形态特征：藻细胞极细长，长为宽的65～144倍，细胞长度的一半以上两侧近平行，逐渐向两端狭窄，并向腹侧略弯曲，顶端尖或尖圆；细胞壁无色、平滑；细胞长378～620 μm，宽5～8 μm，顶部宽1.5～2 μm；每一色素体具一纵列6～8个，或多达20个蛋白核，末端液泡具1～3个运动的颗粒。

生态分布：此种为浮游种类，多数在pH(6.5～8.5)较高和较大型的富营养水体中存在，有时数量较多。

纤细新月藻

Closterium gracile Brébisson, in Chevalier, Micr. et teur Usage, 1839: 272, 1839; 魏印心，中国淡水藻志，第七卷，双星藻目，中带鼓藻科，鼓藻目，鼓藻科，57页，图版11：1，2003.

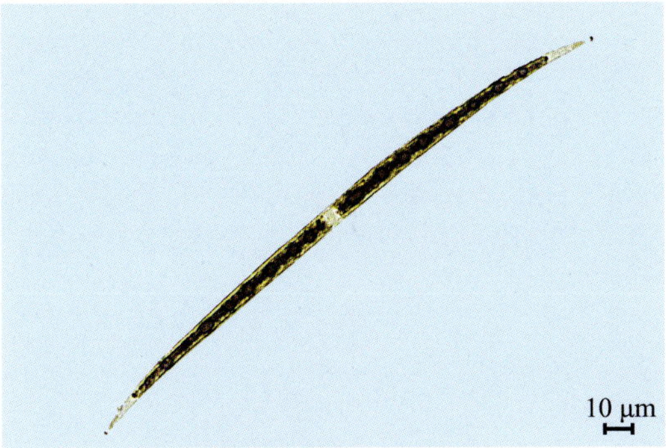

南京市运粮河-12月

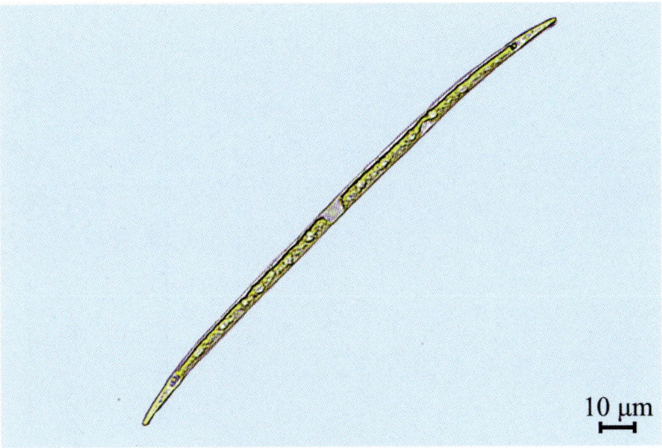

南京市运粮河-9月

南京市七桥瓮-6月

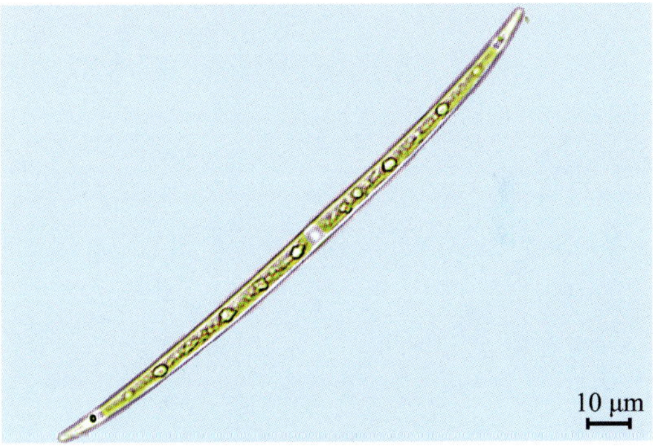

南京市运粮河-9月

形态特征：藻细胞小，细长，线形，长为宽的18～70倍，细胞长度一半以上的两侧近平行，其后逐渐向两端狭窄，背缘以25°～35°弓形弧度向腹缘弯曲，顶端钝圆；细胞壁平滑、无色至淡黄色，具中间环带，有时不明显；细胞长211～784 μm，宽6.5～18 μm，顶部宽2～4 μm；色素体中轴具一纵列4～7个蛋白核，末端液泡具1个到数个运动颗粒。

生态分布：在水藓沼泽和永久性沼泽中常大量存在。

锐新月藻

Closterium acerosum (Schrank) Ehrenberg, 1828；魏印心，中国淡水藻志，第七卷，双星藻目，中带鼓藻科，鼓藻目，鼓藻科，46-47页，图版11：5，2003.

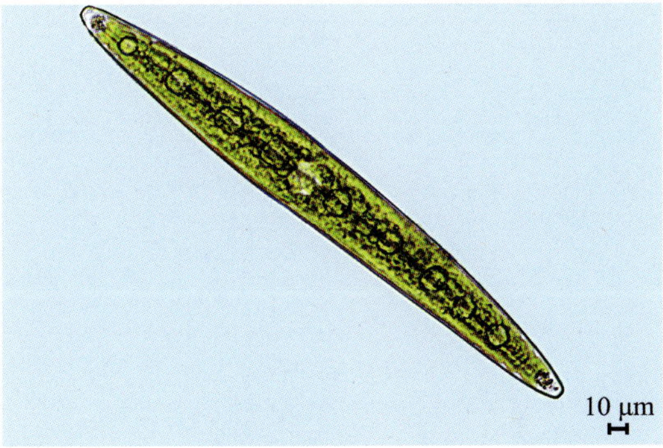

南京市玄武湖-6月

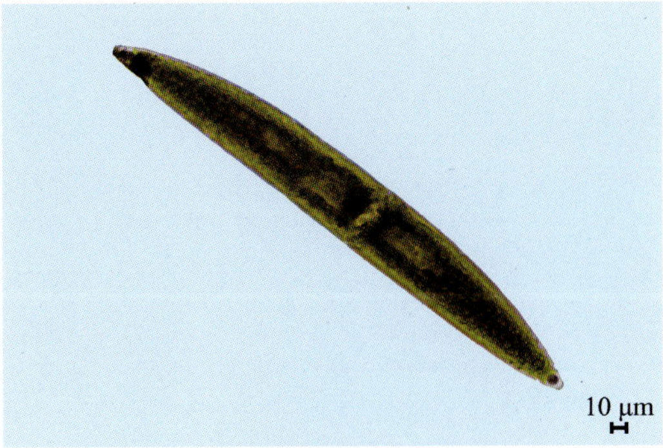

南京市运粮河-9月

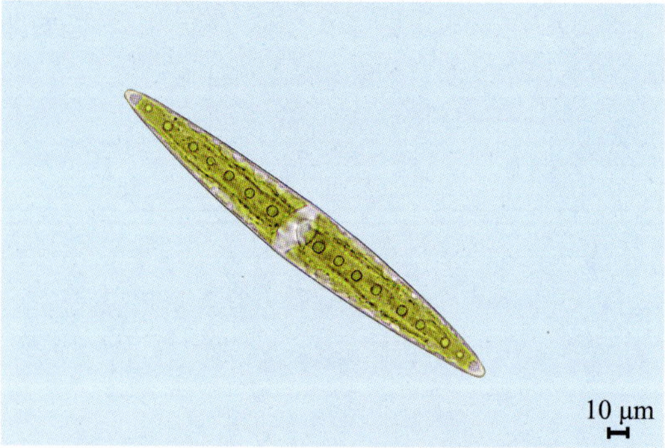

南京市运粮河-10月

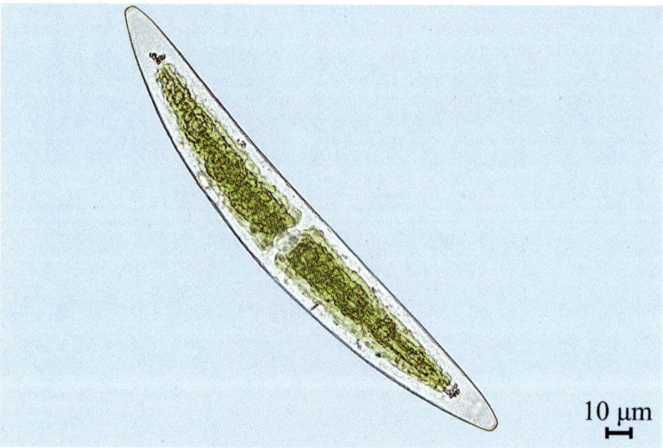

南京市运粮河-2月

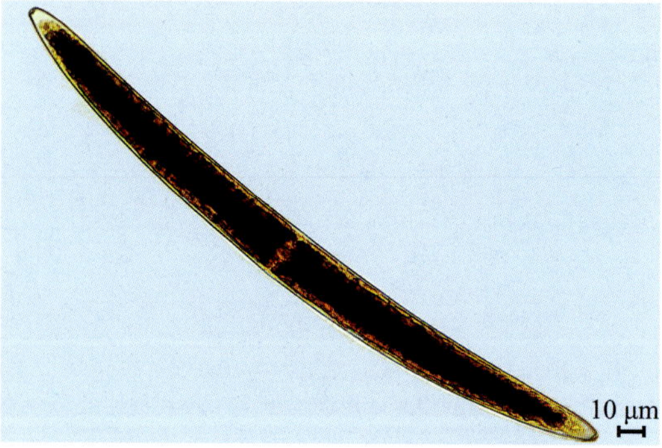

南京市龙泉水库-10月(鲁哥氏液固定)

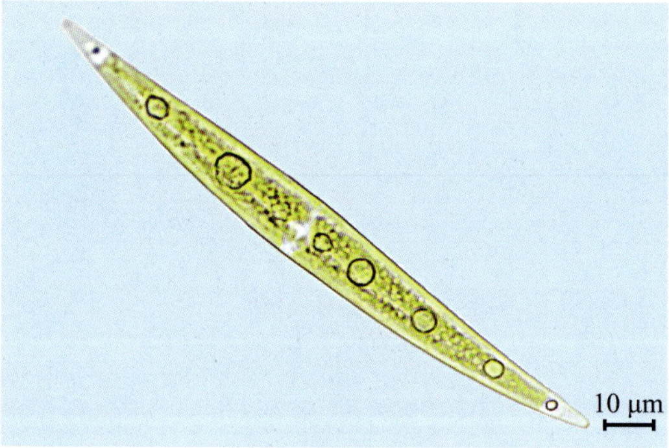

南京市运粮河-2月

形态特征:藻细胞大,狭长纺锤形,长为宽的7～16倍,背缘略弯曲,呈50°～100°的弓形弧度,腹缘近平直或略凸,其后向顶部逐渐狭窄,呈圆锥形,顶端狭窄和呈截圆形,常略增厚。细胞长260～682 μm,宽32～85 μm,顶部宽4～13 μm。细胞壁无色、平滑,较成熟的细胞呈淡黄褐色,并具很难见的线纹,10 μm中约10条,具中间环带。色素体具5～12个脊状,中轴具一纵列5～29个蛋白核,末端液泡含数个运动颗粒。

生态分布:生长在贫营养至略有有机质污染的水体中,水温为10～30 ℃,pH为6～9。

项圈新月藻

Closterium moniliforum (Bory) Ehrenberg, 1838; 魏印心, 中国淡水藻志, 第七卷, 双星藻目,中带鼓藻科, 鼓藻目, 鼓藻科, 67-68页, 图版4: 12, 2003.

南京市运粮河-7月

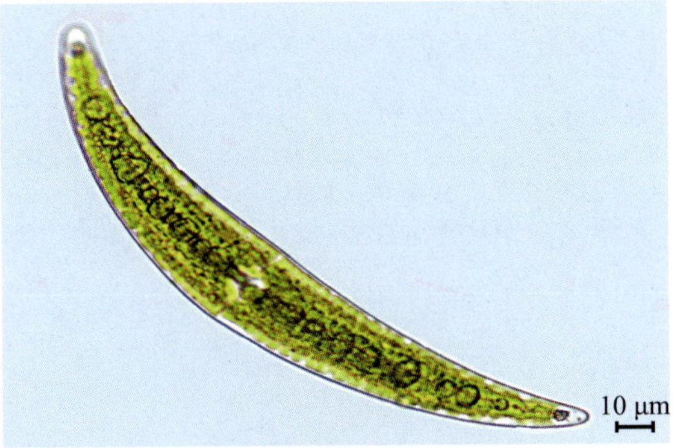

南京市莫愁湖-6月

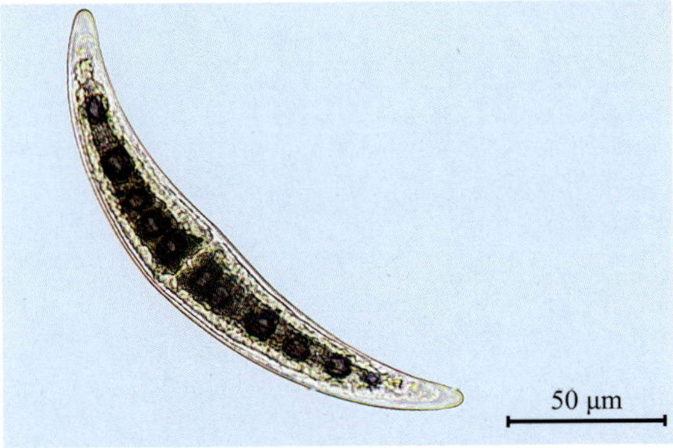

南京市固城湖-7月(鲁哥氏液固定)

形态特征：藻细胞中等大小，长为宽的5～8倍，中等程度弯曲，背缘呈50°～130°弓形弧度，腹缘中部略膨大，其后均匀地向顶部逐渐变狭窄，顶端钝圆；细胞长165～415 μm，宽25～59 μm，顶部宽5～9 μm；细胞壁平滑、无色；色素体约具6条纵脊，中轴具一列6～7个蛋白核，末端液泡具许多运动颗粒。

生态分布：全世界所有陆地水域均有分布的普通种类。

鼓藻属 *Cosmarium* Corda ex Ralfs 1848

植物体为单细胞，细胞大小变化很大，侧扁，缢缝常深凹入，呈狭线形或张开；半细胞正面观截顶角锥形、方形、长方形、梯形、卵形、椭圆形、半圆形、近圆形等，顶缘圆，平直或平直圆形，半细胞缘边平滑或具波形、颗粒、齿，半细胞中部有或无膨大或拱形隆起；半细胞侧面观绝大多数呈椭圆形或卵形；垂直面观椭圆形或卵形；细胞壁平滑，具点纹、圆孔纹、小孔、齿、瘤，或具一定方式排列的颗粒、乳头状突起等；色素体轴生或周生，每个半细胞具1个、2个或4个色素体(极少数具8个)，每个色素体具1个或数个蛋白核，有的种类具周生的、带状的色素体(具6～8条)，每条色素体具数个蛋白核；细胞核位于两个半细胞之间的缢部。

鼓藻属的种类主要生长于偏酸性的、贫营养的软水水体中，有的生长在中性或偏碱性的水体中，少数在 pH 较高的碱性水体中，较少生长在富营养的水体中。在水坑、池塘、湖泊、水库、河流的沿岸带和沼泽等生境中存在，少数种类亚气生，许多种类是世界性分布的。

光滑鼓藻

Cosmarium laeve Rabenhorst，1868；胡鸿钧等：中国淡水藻类，455 页，图版 100：15-17，1980.

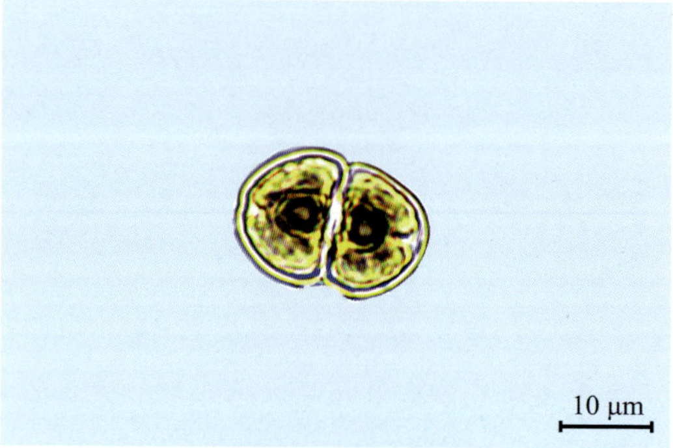

长江南京段-12 月

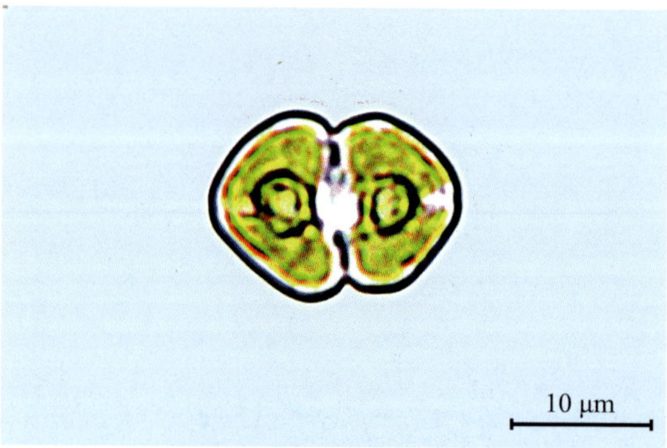

南京市玄武湖-6 月

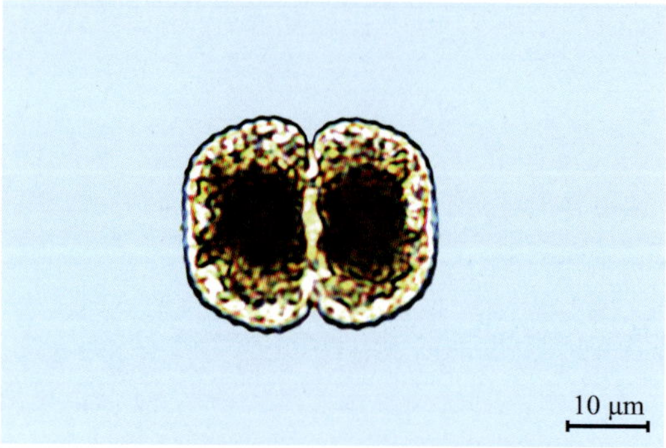

南京市金牛湖-5 月(鲁哥氏液固定)

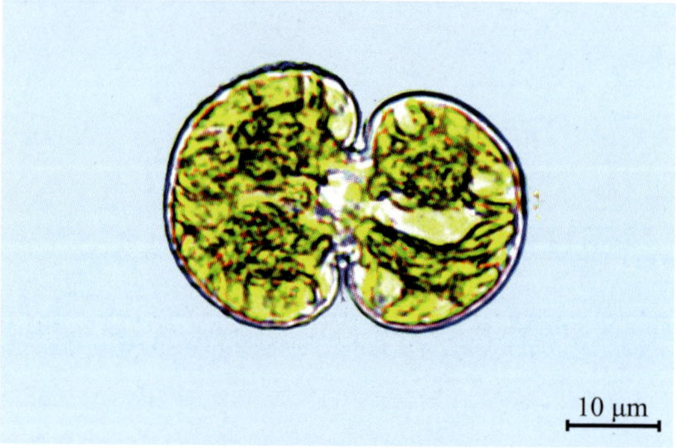

南京市运粮河-6 月

形态特征：藻细胞小，长约为宽的 1.5 倍，缢缝深凹，狭线形，外部略膨大；细胞长 15～42 μm，宽 11.5～31 μm，厚 8～20 μm；半细胞正面观近 2/3 椭圆形或半椭圆，顶缘狭、平直或略凹入，基角圆或略圆；半细胞侧面观卵形至椭圆形；垂直面观椭圆形，宽和厚的比例为 1.5∶1；细胞壁具精致的、有时为稀疏的穿孔纹至圆孔纹。

生态分布：生长在稻田、池塘、湖泊、水库和沼泽中，浮游或附着于其他基质上。国内外广泛分布。

梅尼鼓藻

Cosmarium meneghinii Brébisson ex Ralfs，1848；胡鸿钧等：中国淡水藻类，459-460 页，图版 102：12-14，1980.

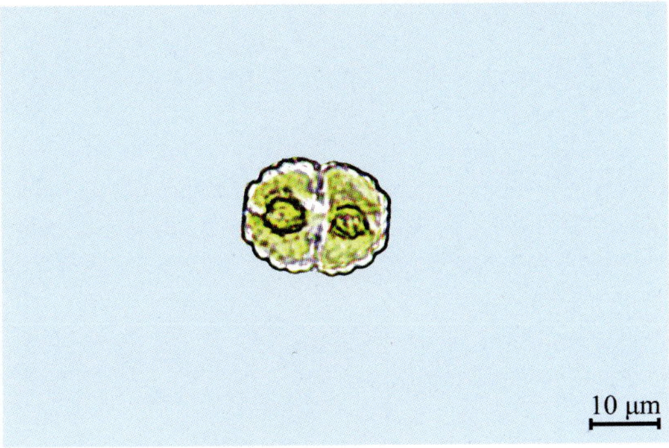

无锡市横山水库- 6 月

形态特征:藻细胞小,近八角形,长约为宽的 1.5 倍,缢缝深凹,狭线形;细胞长 12.5～24 μm,宽 9.5～17 μm;缢部宽 2～7 μm,厚 6～11 μm;半细胞正面观近六角形,半细胞上部截顶角锥形,侧缘凹入,明显向顶部辐合,顶缘宽,略凹入,顶角和侧角圆,半细胞下部呈横长方形,两侧缘近平行或略凹入;半细胞侧面观广椭圆形或近圆形,垂直面观椭圆形,宽与厚的比例为 1.5∶1。

生态分布:生长在各种变化的生境中,在贫营养至中营养,偏酸性至碱性(pH 为 4.3～9.2)的沼泽、水库、湖泊、池塘和稻田中,兼性浮游或附着于其他基质上,国内外广泛分布。

近膨胀鼓藻

Cosmarium subtumidum Nordstedt, in Wittrock & Nordstedt, Alg. Exsicc., No. 172, 1878; 胡鸿钧等: 中国淡水藻类, 462 页, 图版 102: 2-4, 1980.

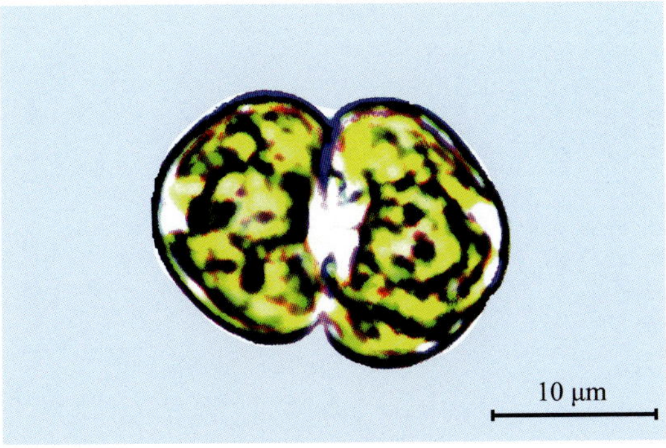

南京市运粮河- 3 月

形态特征:藻细胞小到中等大小,长为宽的 1.14～1.2 倍,缢缝深凹,狭线形,顶端略膨大;细胞长 29.5～75 μm,宽 20～65 μm;缢部宽 5.5～22.5 μm;半细胞正面观为截顶角锥形至半圆形,顶端宽、平直,侧缘凸出,顶角和基角广圆;半细胞侧面观圆形;垂直面观广椭圆形,宽和厚的比例约为 1.8∶1,两侧圆,有时略凸出;两端中间略膨大;细胞壁具点纹;半细胞具 1 个轴生的色素体,其中央具 1 个蛋白核。

生态分布:生长在各种营养型的由酸性至碱性(pH 值为 4.5～8.5)的稻田、水坑、池塘、湖泊、水库、沼泽、溪流、流泉和河流的沿岸带中,兼性浮游或附着于其他基质上。

钝鼓藻

Cosmarium obtusatum Schmidle, 1898;胡鸿钧等:中国淡水藻类, 461 页, 图版 100: 13-14, 1980.

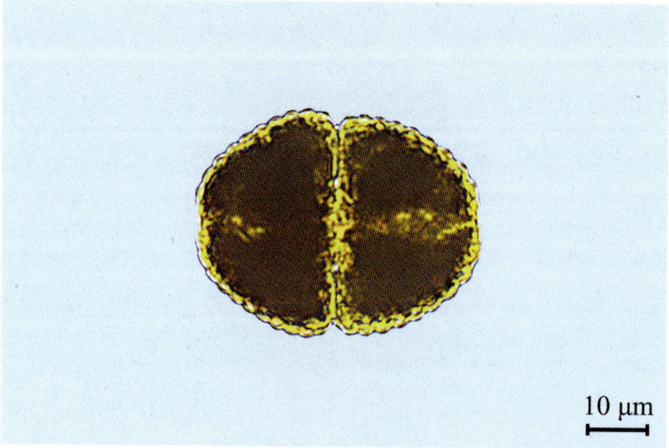

洪泽湖-12 月

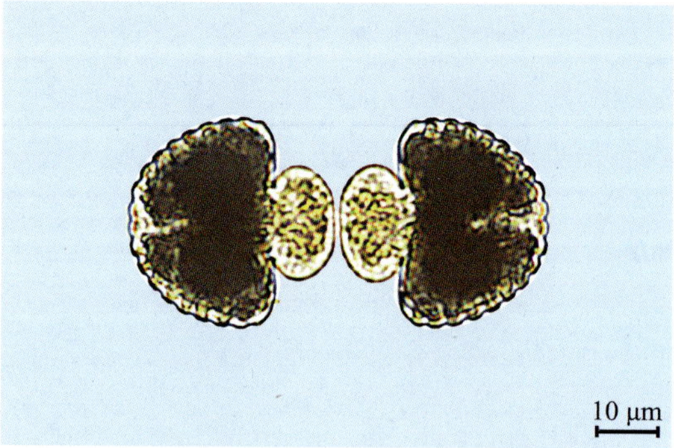

宿迁市骆马湖-12 月(鲁哥氏液固定)

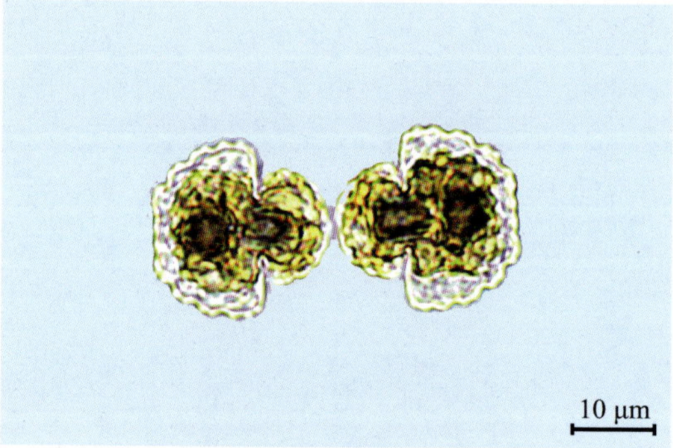

阳澄湖-7 月

形态特征:藻细胞中等大小到大,长约为宽的 1.2 倍,缢缝深凹,狭线形,顶端略膨大;细胞长 44.5～80 μm,宽 39.5～65 μm;缢部宽 12.5～23 μm,厚 22～37 μm;半细胞正面观截顶的角锥形,顶缘截圆形,侧缘凸出,约具 8 个波纹,缘内具 2 列明显的颗粒,基角略圆;半细胞侧面观广椭圆形;垂直面观长圆至椭圆形,宽和厚的比例约为 2∶1,侧缘波形,缘内具 4～5 列近平行的波纹;细胞壁具粗点纹;半细胞具 1 个轴生的色素体,具 2 个蛋白核。

生态分布:生长在贫营养至富营养的,酸性至碱性的稻田、池塘、湖泊、水库和沼泽中,兼性浮游或附着于其他的基质上。

方鼓藻

Cosmarium quadrum Lundell，1871；胡鸿钧等：中国淡水藻类，467 页，图版 104：1-2，1980.

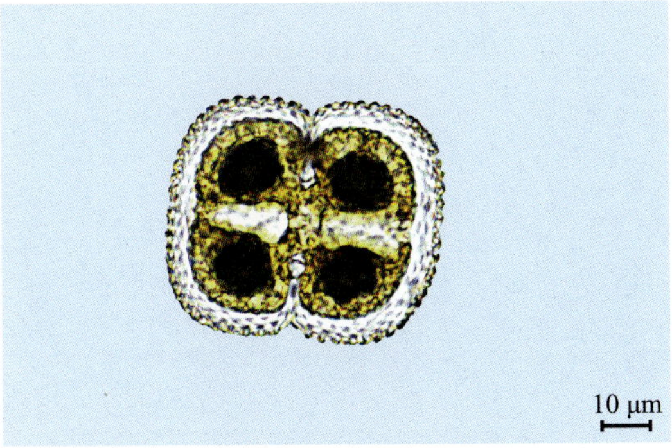

南京市固城湖-9 月(鲁哥氏液固定)

形态特征：藻细胞中等大小，常呈方形，长约等于或略大于宽，缢缝深凹，狭线形，外端略膨大；细胞长 57～92.5 μm，宽 53～93 μm；缢部宽 15～27 μm，厚 24～47 μm；半细胞正面观近横长方形，顶缘略凹入，有时平直，顶角广圆，侧缘略凸出，有时几乎平直，基角圆；半细胞侧面观近圆形；垂直面观长圆形至椭圆形，两端近平行；细胞壁具密集的颗粒，半细胞缘边具 34～37 个，颗粒呈斜向十字形和有时多少略呈垂直排列，顶部中间的颗粒略变小；半细胞具 1 个轴生的色素体，具 2 个蛋白核。

生态分布：生长在中营养型的，偏酸性至碱性的稻田、水坑、池塘、湖泊、水库、溪流和沼泽中，兼性浮游或附着于其他的基质上。世界广泛分布，但主要在热带和亚热带地区。

肾形鼓藻

Cosmarium reniforme (Ralfs) Archer，1871；胡鸿钧等：中国淡水藻类，462 页，图版 102：7-8，1980.

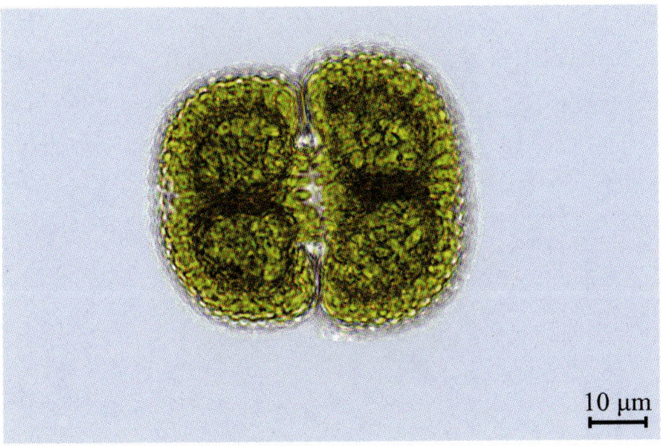

南京市八里湖-6 月

形态特征：藻细胞中等大小，长略大于宽，缢缝深凹，狭线形，向外张开和外端宽膨大；细胞长 31～62.5 μm，宽 28.5～54 μm；缢部宽 9～29 μm，厚 15～35 μm；半细胞正面观肾形，顶角广圆，基角圆；半细胞侧面观圆形；垂直面观椭圆形；细胞壁具斜十字形或有时不明显垂直排列的颗粒，半细胞缘边具 30～36 个颗粒；半细胞具 1 个轴生的色素体，具 2 个蛋白核。

生态分布：生长在贫营养至富营养，偏酸性至碱性（pH 为 6～9）的多年的池塘和稻田、溪流、沼泽、水库、湖泊、水坑、鱼池中。

凹顶鼓藻属 *Euastrum* Ehrenberg ex Ralfs 1848

植物体为单细胞，细胞大小变化大，多数中等大小或小型，长为宽的 1.5～2 倍，呈卵圆形、椭圆形、方形、长方形等，扁平，缢缝常深凹入，呈狭线形，少数向外张开；半细胞常呈截顶的狭卵形、角锥形，顶部中间浅凹入、“V”字形凹陷或垂直向深凹陷，很少种类顶部平直，半细胞近基部的中央通常膨大，平滑或由颗粒或瘤组成的隆起，半细胞通常分成 3 叶，2 个侧叶和 1 个顶叶，有的种类侧叶中央凹入再分成 2 个小叶，有的种类顶叶和侧叶的中央具圆颗粒、孔纹或瘤，半细胞中部具或不具胶质孔或小孔；半细胞侧面观常为卵形、截顶的角锥形，少数为近长方形或椭圆形，侧缘近基部常膨大；垂直面观常为椭圆形；细胞壁极少数平滑，通常具点纹、颗粒、圆孔纹、齿、刺或乳头状突起；绝大多数种类的色素体为轴生，常具 1 个蛋白核，少数大的种类具 2 个或多个蛋白核。

此属中的绝大多数种类生长在软水水体中，较大型和具较多纹饰的种类生长在有机质丰富的水体中。在种类的特征描述中，细胞分小、中和大三种类型，这三种类型的细胞大小有一个幅度范围。中国的凹顶鼓藻属的种类，小的细胞一般长为 13～42 μm、宽为 11～36 μm，中等大小的细胞一般长为 37～96 μm、宽为 31～73 μm，大的细胞一般长为 65～205 μm、宽为 45～107 μm。

凹顶鼓藻属

Euastrum sp.

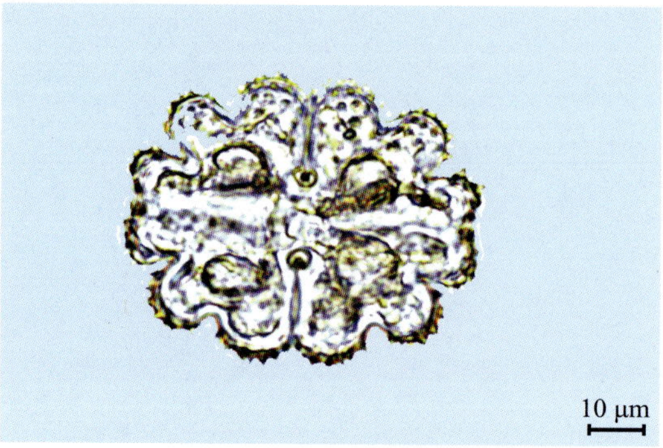

常州市滆湖-10 月（鲁哥氏液固定）

形态特征：植物体为单细胞，细胞大小变化大，多数中等大小或小型，长为宽的 1.5～2 倍，卵圆形、椭圆形、方形、长方形等，扁平，缢缝常深凹入，呈狭线形，少数向外张开；半细胞常呈截顶的狭卵形、角锥形，顶部中间浅凹入、"V"字形凹陷或垂直向深凹陷，很少种类顶部平直，半细胞近基部的中央通常膨大，平滑或由颗粒或瘤组成的隆起，半细胞通常分成 3 叶，2 个侧叶和 1 个顶叶，有的种类侧叶中央凹入再分成 2 个小叶，有的种类顶叶和侧叶的中央具颗粒、圆孔纹或瘤，半细胞中部不具或具胶质孔或小孔；半细胞侧面观常为卵形、截顶的角锥形，少数近长方形或椭圆形，侧缘近基部常膨大；垂直面观常为椭圆形；细胞壁极少数平滑，通常具点纹、颗粒、圆孔纹、齿、刺或乳头状突起；绝大多数种类的色素体轴生，常具 1 个蛋白核，少数大的种类具 2 个或多个蛋白核。

生态分布：此属中的绝大多数种类生长在软水水体中，较大形和具较多纹饰的种类生长在腐殖质丰富的水体中。

微星鼓藻属 *Micrasterias* Agardh ex Ralfs 1848

植物体除 1 种为单列不分枝的丝状体外，均为单细胞，多数为大型，细胞呈广椭圆形或圆形，明显侧扁，缢缝深凹，狭线形，少数向外张开；半细胞正面观宽卵形、近半圆形，半细胞通常分成 3 叶，2 个侧叶和 1 个顶叶，有的种类侧叶中央凹入再分成 2 小叶，小叶可再分，顶叶常为宽楔形，少数种类顶角延长形成突起，有的种类顶叶和侧叶具刺、齿，半细胞顶部中间浅凹入、"V"字形凹陷或凹陷，少数种类顶部平直，半细胞缢部上端有或无由颗粒、齿或瘤组成的拱形隆起；半细胞侧面观常为长卵形，侧缘近基部常膨大；垂直面观常为椭圆形至披针形、线形披针形；细胞壁平滑，具点纹、齿或刺，不规则或呈放射状排列；绝大多数种类具 1 个周生的与细胞形态相似的色素体，具许多散生的蛋白核。

放射微星鼓藻

Micrasterias radians 王业耀等：中国流域常见水生生物图集，443 页.

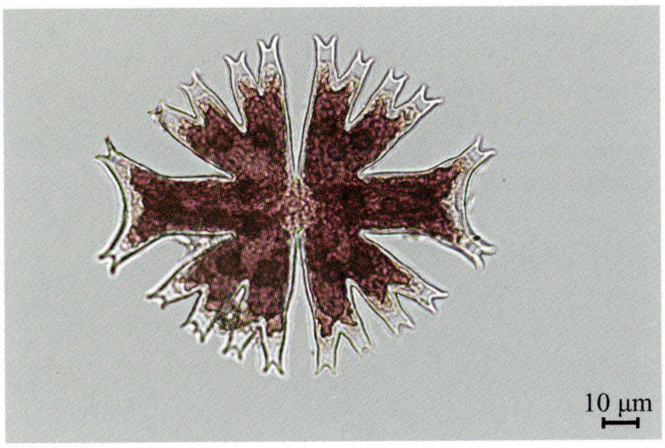

长江南京段-11 月（鲁哥氏液固定）

形态特征：藻细胞中等大小，长略大于宽，缢缝深凹，从内向外张开成锐角；细胞长 150～170 μm，宽 132～150 μm；缢部宽 17～21 μm，顶叶宽 51～55 μm；半细胞正面观顶叶略高出，顶缘深凹陷，顶角斜向上伸出形成短突起，角顶具 2 个刺，顶叶下半部两侧近平行，顶叶和侧叶间的凹陷深而宽，侧叶中间深凹陷分成两个分叶，分叶中间较浅凹陷分成2个小叶，其顶端具2个叉状长刺，小叶基部有时略膨大；半细胞侧面观卵形至披针形；垂直面观近菱形；细胞壁平滑或具点纹。

生态分布：长江流域、松花江流域。

顶接鼓藻属 *Spondylosium* Brébisson ex Kützing 1849

植物体为不分枝的丝状体，藻丝长，有时缠绕，常具胶被，有时以基部短的胶质垫附着在水生植物上；细胞小或中等大小，侧扁，缢缝深凹或中等深度凹入，狭线形或从内向外张开；半细胞正面观呈长方形、三角形或椭圆形，顶缘平直，略凸起或略凹入，每个半细胞的顶部与相邻半细胞的顶部互相连接形成丝状体；半细胞侧面观圆形或近三角形；垂直面观呈四角形、三角形或椭圆形；细胞壁平滑或具点纹；半细胞具1个轴生的色素体，其中央具1个蛋白核。

顶接鼓藻属

Spondylosium sp.

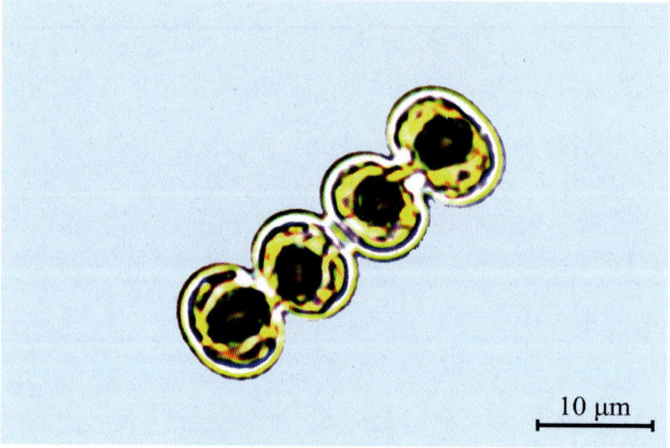

南京市运粮河-7月

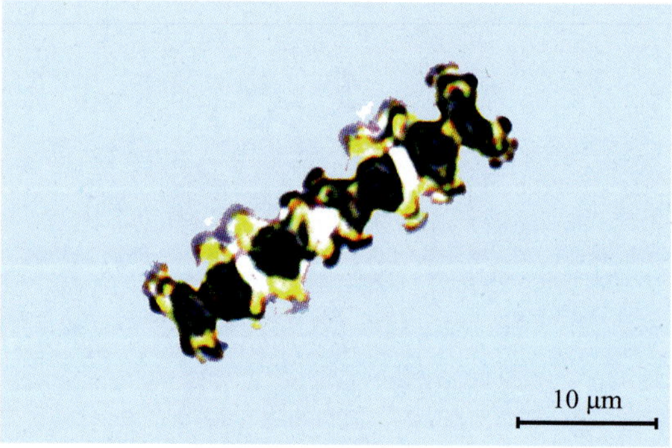

南京市琵琶湖-6月

形态特征：植物体为不分枝的丝状体，藻丝长，有时缠绕，常具胶被，有时以基部短的胶质垫附着在水生植物上；细胞小或中等大小，侧扁，缢缝深凹或中等深度凹入，呈狭线形或从内向外张开；半细胞正面观长方形、三角形或椭圆形，顶缘平直，略凸起或略凹入，每个半细胞的顶部与相邻半细胞的顶部互相连接形成丝状体；半细胞侧面观近三角形或圆形；垂直面观椭圆形、三角形或四角形；细胞壁平滑或具点纹；半细胞具1个轴生的色素体，其中央具1个蛋白核。

生态分布：国内外广泛分布。

角星鼓藻属 *Staurastrum* Meyen 1848

植物体为单细胞，一般长略大于宽（不包括刺或突起），绝大多数种类呈辐射对称，少数种类两侧对称及细胞侧扁，中间的缢部分细胞成两个半细胞，多数缢缝深凹，从内向外张开成锐角，有的为狭线形；半细胞正面观楔形、杯形、碗形、梯形、四角形、近三角形、圆柱形、椭圆形、近圆形、半圆形等，细胞不包括突起的部分称“细胞体部”，半细胞正面观的形状指半细胞体部的形状，许多种类半细胞顶角或侧角向水平方向、略向上或向下延长形成长度不等的突起，缘边一般呈波形，具数轮齿，其顶端平或具 2 个至多个刺，有的种类突起基部长出较小的突起称“副突起”；垂直面观多数为三角形至五角形，少数圆形、椭圆形、六角形或多达到十一角形；细胞壁平滑，具点纹、圆孔纹、颗粒及各种类型的刺和瘤；半细胞一般具 1 个轴生的色素体，中央具 1 个蛋白核，大的细胞具数个蛋白核，少数种类的色素体周生，具数个蛋白核。

此属大约有 1 200 多种，多数生长在贫营养或中营养的、偏酸性的水体中，是鼓藻类中主要的浮游种类，许多种类半细胞的顶角或侧角延长形成各种长度的突起，细胞常被球形的胶质包被，特别是浮游的种类，因此适合浮游习性。

纤细角星鼓藻

Staurastrum gracile Ralfs ex Ralfs，1848；胡鸿钧等：中国淡水藻类，448 页，图版 98：7-8，1980.

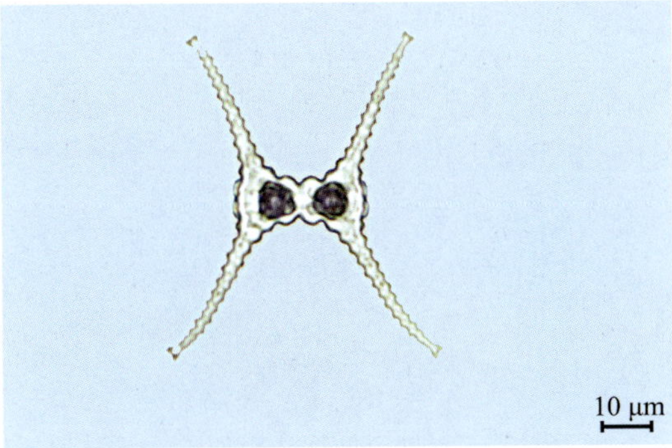

无锡市横山水库-10 月(鲁哥氏液固定)

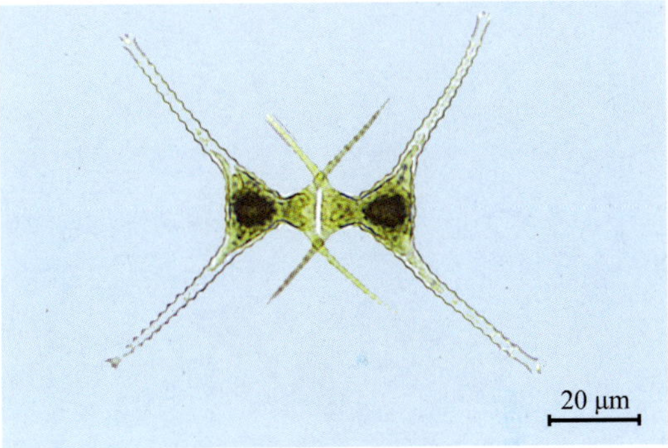

洪泽湖-1 月

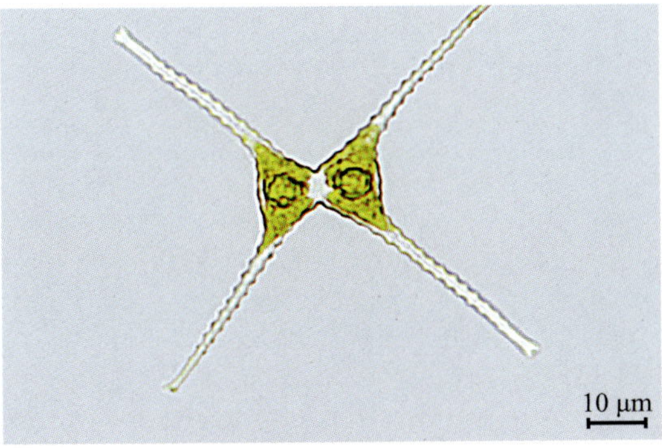

常州市长荡湖-3 月

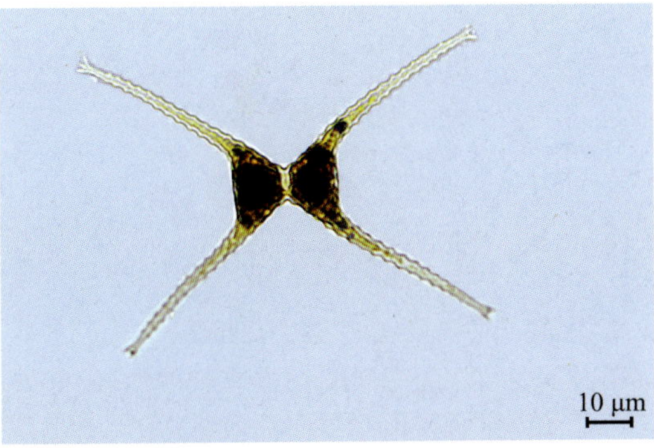

长江南京段-12 月(鲁哥氏液固定)

形态特征：藻细胞小到中等大小，形状变化很大，长约为宽的 1.5 倍(不包括突起)，缢缝凹入较深，顶端尖或“U”形，向外张开成锐角；细胞长 27～60 μm，宽(包括突起)44～110 μm；缢部宽 5.5～13 μm；半细胞正面观近杯形，顶缘宽、略凸出或平直，具 1 列中间凹陷的小瘤或成对的小颗粒，在缘边瘤或小颗粒下的缘内具数纵行小颗粒，顶角斜向上或水平向延长形成细长的突起，具数轮小齿，突起缘边呈波形，末端具 3 或 4 个刺；垂直面观三角形，少数四角形，侧缘平直，少数略凹入，缘边具 1 列中间凹陷的小瘤或成对的小颗粒，缘内具数列小颗粒，有时成对。

生态分布：生长于池塘、湖泊、水库和沼泽中，浮游生活。

柱形鼓藻属 *Penium* de Brébisson Dict 1844

植物体为单细胞；细胞纺锤形、椭圆形、近圆柱形或圆柱形，长为宽的数倍，中部略具收缢或不收缢；细胞中部两侧近平行，向顶部逐渐狭窄，顶端圆、截圆形或平截；每个半细胞具 1 个轴生的色素体，由数个辐射状纵长脊片组成，绝大多数种类每个色素体具一球形至杆形的蛋白核，但常可断裂成许多小球形至不规则形的蛋白核，少数种类具中轴 1 列蛋白核，个别种类半细胞具 1 个周生、带状的色素体；少数种类细胞两端各具 1 个液泡，内含数个石膏结晶的运动颗粒；垂直面观为圆形；细胞壁平滑，具线纹、小孔纹或颗粒，纵向或螺旋状排列，无色或黄褐色；细胞核位于 2 个色素体之间、细胞的中部。

柱形鼓藻属

Penium sp.

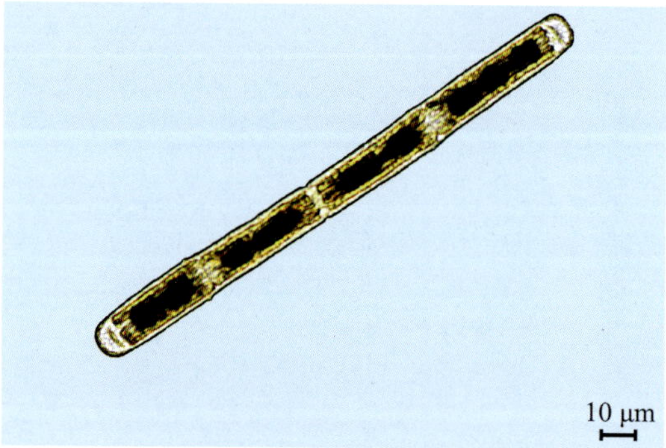

南京市龙墩水库-10 月

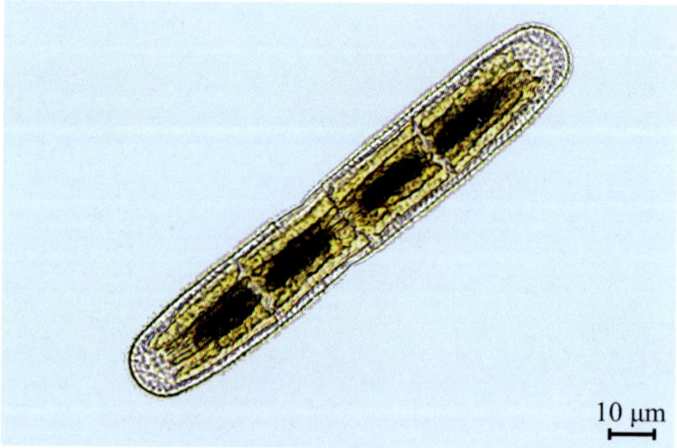

南京市固城湖-11 月

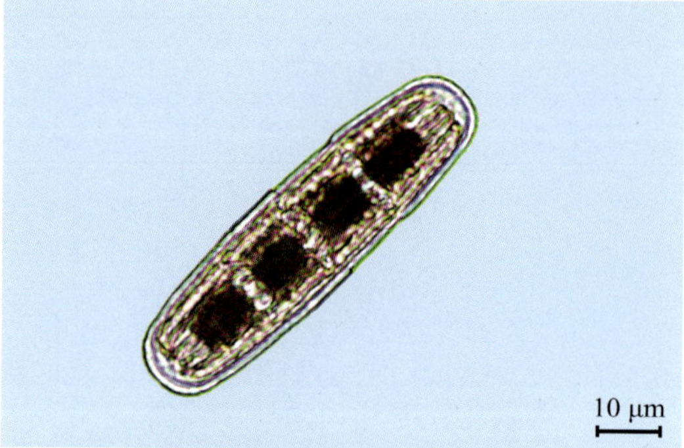

长江南京段-8 月(鲁哥氏液固定)

形态特征:植物体为单细胞;细胞呈纺锤形、椭圆形、近圆柱形或圆柱形,长为宽的数倍,中部略具收缢或不收缢;细胞中部两侧近平行,向顶部逐渐狭窄,顶端圆、截圆形或平截;每个半细胞具1个轴生的色素体,由数个辐射状纵长脊片组成,绝大多数种类每个色素体具一球形至杆形的蛋白核,但常可断裂成许多小球形至不规则形的蛋白核,少数种类具中轴1列蛋白核,个别种类半细胞具1个周生、带状的色素体;少数种类细胞两端各具1个液泡,内含数个石膏结晶的运动颗粒;垂直面观为圆形;细胞壁平滑,具线纹、小孔纹或颗粒,纵向或螺旋状排列,无色或黄褐色;细胞核位于2个色素体之间、细胞的中部。

生态分布:生长于福建闽江流域、闽东南诸河流域、长江流域。